熱膨張制御材料の開発と応用

Control of Thermal Expansion: Materials and Applications

監修：竹中康司
Supervisor：Koshi Takenaka

JN246962

シーエムシー出版

は じ め に

　温度の上昇とともに体積が大きくなる「熱膨張」は，固体材料にとっての避けがたい現象である。我々は，機器やシステムを構築する際，材料は熱膨張するものだとして設計している。しかしながら，高度に産業技術が発達した現代においては，一般的な感覚からすればわずかな，線歪にして 10^{-6} 程度の形状変化である熱膨張ですら，決して放置できない，深刻な問題を生み出す。そのため，これまでに様々な熱膨張制御法が考案されてきた。しかしながら，熱膨張が固体材料の普遍的な性質であるがゆえに，その制御は常にやっかいな問題であり続けている。技術の進歩によりその要求はますます高くなってきており，常に新しい制御法の考案が求められていると言っても過言ではない。

　本書は，その難題である熱膨張制御に対して，材料機能の観点から答えようするものである。とりわけ，熱膨張制御の核になる「温めると縮む」負熱膨張材料に関しては，この 10 年に著しく研究が進展し，熱膨張制御技術に対してパラダイムシフトをもたらしつつある。本書はその成果を受けて編集された。第 1 編「総説」では，熱膨張制御の問題を考える上で基礎となる，無機および有機材料の熱膨張機構や，金属や樹脂を基材とした複合材料の基礎を解説した。続く第 2 編「負熱膨張材料とその機構」では，熱膨張抑制剤としての役割を果たす負熱膨張材料について，最新の成果も取り込んで，負熱膨張の機構ごとに解説した。第 3 編「熱膨張制御材料」では，主として市販されている材料について，開発の経緯や機能を解説した。そして第 4 編「熱膨張制御の実例」では熱膨張制御方法の具体例を解説した。

　材料ならびに材料機能に特化しているがゆえに，本書は熱膨張の評価方法等については触れていない。また，熱膨張制御法については，実に多岐にわたっており，それらを全て網羅することを本書は目的としていない。そのため，第 4 編については，一部の代表的な事例に限定したものとなっている。その分，材料，とりわけ負熱膨張材料については，背景となる物理機構から詳しく解説している。技術が短期間に長足の進歩を遂げる現代にあって，書籍もともすれば短期間のうちに「時代遅れ」ともなりかねないが，上記のような構成をとることで，本書は「息の長い」ものになることを目指した。熱膨張制御に関連して課題が出てきたときに紐解くと，その中に解決の糸口がある，そんな書籍になればと願う。本書が読者の皆様の課題解決に少しでもお役に立てれば幸いである。

　本書は言うまでもなく，各章の優れた解説があってはじめて成り立つものである。ご多忙の折，貴重な時間を割いてご執筆いただいた全ての著者の皆様に厚く御礼申し上げる。最後に，私の力量不足により遅れがちに進んだ編集プロセスを忍耐強く支えていただいた㈱シーエムシー出版編集部の伊藤雅英氏に，お詫びを申し上げるとともに謝意を表する。

2018 年 1 月

名古屋大学

竹中康司

執筆者一覧 （執筆順）

竹　中　康　司　名古屋大学　大学院工学研究科　応用物理学専攻　教授
東　　　正　樹　東京工業大学　フロンティア材料研究所　教授
扇　澤　敏　明　東京工業大学　物質理工学院　教授
石　川　隆　司　名古屋大学　ナショナルコンポジットセンター　特任教授　総長補佐
小　橋　　　眞　名古屋大学　大学院工学研究科　物質プロセス工学専攻　教授
山　村　泰　久　筑波大学　数理物質系　准教授
表　　　篤　志　パナソニック㈱　先端研究本部　材料デバイス研究室　副主幹研究長
藤　田　麻　哉　(国研)産業技術総合研究所　磁性粉末冶金研究センター
　　　　　　　　エントロピクス材料チーム　チーム長
岡　　　研　吾　中央大学　理工学部　応用化学科　助教
竹　澤　晃　弘　広島大学　大学院工学研究科　輸送・環境システム専攻　准教授
荒　井　　　豊　新日鉄住金マテリアルズ㈱　エグゼクティブ・エキスパート
大　野　康　晴　東亜合成㈱　R&D総合センター　製品研究所
藤　田　俊　輔　日本電気硝子㈱　技術統括部　材料技術部　第三グループ
南　川　弘　行　㈱オハラ　特殊品事業部　特殊品ビジネスユニット
　　　　　　　　特殊品ビジネスユニット長
河　原　正　美　㈱高純度化学研究所　先端材料研究部　主任研究員
木　野　久　志　東北大学　学際科学フロンティア研究所　新領域創成研究部　助教
田　中　　　徹　東北大学　大学院医工学研究科　教授
佐々木　　　拓　積水化学工業㈱　高機能プラスチックスカンパニー　開発研究所
　　　　　　　　先端技術センター　主任研究員
八　島　正　知　東京工業大学　理学院　化学系　教授
鈴　木　義　和　筑波大学　数理物質系　物質工学域　准教授

目　　次

第14章　極低膨張ガラスセラミックスクリアセラム^{TM}-Z　　南川弘行

第15章　Smartec®－熱膨張抑制剤　　河原正美

【第4編　熱膨張制御の実例】

第16章　三次元集積化デバイス　　木野久志, 田中　徹

第1編
総　説

第1章　無機材料の熱膨張と負熱膨張材料

東　正樹[*]

　熱膨張は，固体，液体，気体の別に依らない，物質の基本的な性質である。昇温すると，固体中の原子はその平均位置を中心として熱振動する。隣り合う原子との距離が近づくとエネルギーが高くなるため，振動エネルギーは原子間距離に対して非調和である。このため，熱振動の増大につれて原子間距離が増大，すなわち熱膨張が起きる[1,2]。

　表1に各種材料の熱膨張係数を示す。1度あたりの長さ変化である線熱膨張係数は，10^{-6}/Kまたは10^{-6}/℃（ppm/K，ppm/℃）を単位として表されることが多い。鋳鉄の線熱膨張係数 α_L は 11.8×10^{-6}/K であるので，長さ 10 cm の鉄の棒を 1℃加熱すると，1.18 μm 膨張することになる。また，樹脂（プラスチック）の熱膨張係数は 100×10^{-6}/K 程度である。

　一方，強固な共有結合やイオン結合を持つ無機材料（セラミックス）の熱膨張係数は，一般に樹脂や金属のものよりも小さい。このため，半導体パッケージなど，異種材料の接合が温度環境の変化にさらされるデバイスでは，割れやそりを避けるため，熱膨張係数のすり合わせが行われる。光通信に用いられる精密光学機器や，大型天体望遠鏡，半導体製造装置などでは，温度変化に伴う位置の狂いを避けるため，熱膨張をゼロに近づける必要がある。低熱膨張材料は，調理器具などの熱ショックを受ける分野にも使われる。近年では，負熱膨張を持つ材料を金属や樹脂に分散させ，加工性，機械特性に優れたゼロ膨張材料を作ろう，という試みもなされるようになってきている。ここでは，低熱膨張セラミックスと，負熱膨張セラミックスに分けて解説する。なお，代表的な負熱膨張材料それぞれについては，第2編，第3編で詳しく解説しているので，適宜参照していただきたい。

1　低熱膨張セラミックス

1.1　コージェライト

　コージェライト $Mg_2Al_4Si_5O_{18}$ は，図1に示すように，Mg-Al-O からなる2次元格子が，Si-O の共有結合で3次元的につながった，層状構造を有する。加熱するとイオン性の Mg-O 結合が膨張するため，六方晶の結晶構造の a 軸が伸長するのに対し，Si-O 共有結合の伸びは小さいため，c 軸長は収縮する[1]。両者が打ち消し合うため，無配向の緻密焼結体においては，300℃まではほぼゼロ熱膨張が実現する[3]。商品化された純粋な β コージェライト焼結体の線熱膨張係数は，

＊　Masaki Azuma　東京工業大学　フロンティア材料研究所　教授

表1　各種材料の室温付近での線熱膨張率

元素線熱膨張係数 α_L (10^{-6}/K)	
Al	23.1
Si	2.6
C（ダイヤモンド）	1.0
Au	14.2
Pt	8.8
Fe	11.8
Cu	16.5
Fe-Ni 合金	12-13
スーパーインバー	0.12
ポリエチレン	100-200
ポリメタクリル酸メチル	80
エポキシ樹脂	60-65
ポリイミド	20
溶融石英	0.53
ホウケイ酸塩ガラス（パイレックス）	2.8
アルミナ	5.4
ジルコニア	8.8
$Mg_2Al_4Si_5O_{18}$（コージェライト）	1.8
$LiAlSi_2O_6$（β-スポジュメン）	1.9
$LiAlSiO_4$（β-ユークリプタイト）	$-1 \sim -6$
αZrW_2O_8	-9
$Mn_3Cu_{0.53}Ge_{0.47}N$	-16
$Mn_3Zn_{0.5}Sn_{0.5}N_{0.85}C_{0.1}B_{0.05}$	-30
ScF_3[11]	-8
$Cd(CN)_2$[12]	-33.5
$Cu_3(btb)_2$[13]	-10.7

表篤志，固体物理，**42**，391（2007），竹中康司，*Sci. Technol. Adv Mater.*，**13**，013001（2011）より抜粋，加筆

室温〜1000℃で 1.8×10^{-6}/K とされている。また，添加物を加えた商品では，20〜25℃で 0.02×10^{-6}/K をうたう物もある。コージェライトは熱膨張係数が小さいほか，ハニカム状の成形が容易であることなどから，自動車の三元触媒の担体やセラミックスフィルターなどに使われている他，最近では，半導体製造装置のシリコンウエハーのステージにも用いられている[4]。

1.2　結晶化ガラス

　低熱膨張材料として一番身近なのは，パイレックスとして知られる硼珪酸ガラスであろう。パイレックスの線熱膨張係数は0〜300℃で 3×10^{-6}/K 程度であるが，石英ガラス（溶融石英）はさらに小さく，0.5×10^{-6}/K 程度である。石英ガラスに TiO_2 を添加すると，熱膨張率を 0.03×10^{-6}/K 以下に押さえることができる。このタイプの低膨張ガラスは，すばる望遠鏡の主鏡に使

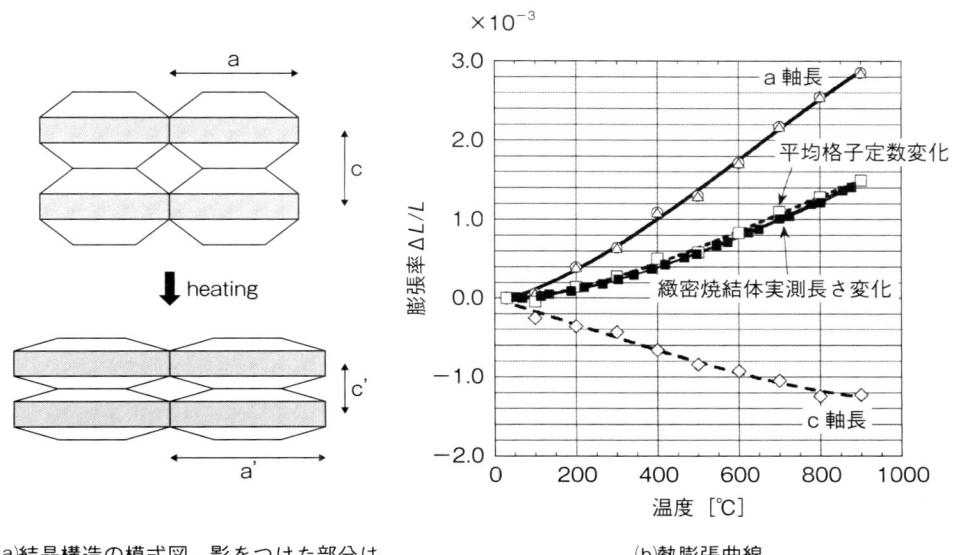

(a)結晶構造の模式図。影をつけた部分は
イオン結合，直線は共有結合。

(b)熱膨張曲線

図1　コージェライトの熱膨張特性
（竹中康司，*Sci. Technol. Adv. Mater.*, **13**, 013001（2012），Y. Kobayashi *et al.*,
J. Am. Ceram. Soc., **96**, 1863（2013）より引用）

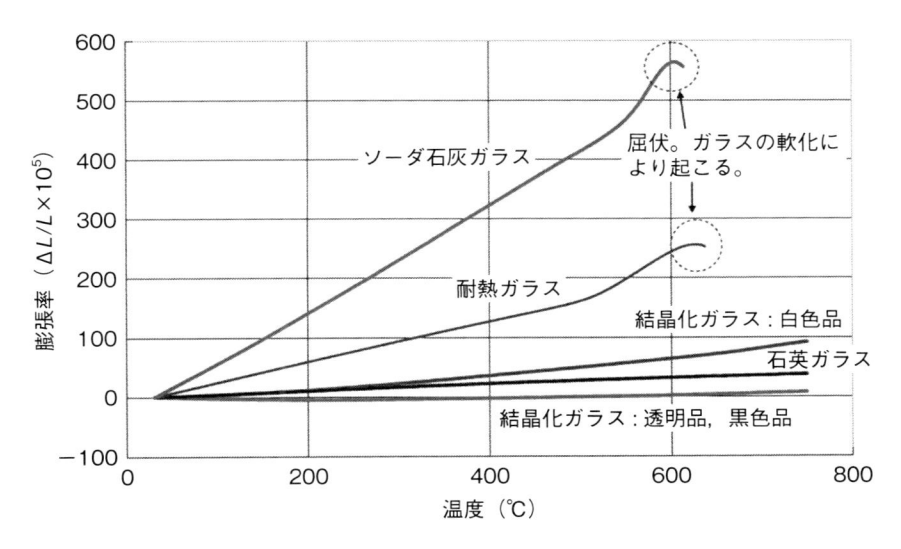

図2　低熱膨張ガラスの熱膨張曲線
（中根慎護，セラミックス，**44**，203（2009）より引用）

われている。Li_2O-Al_2O_3-SiO_2 を主成分とするガラスマトリックス中に β-ユークリプタイト（β-$LiAlSiO_4$）固溶体や β-スポジュメン（β-$LiAlSi_2O_6$）固溶体の結晶質を析出させた結晶化ガラスは、反射望遠鏡の主鏡の他、半導体露光装置、食器、電気・ガス調理機器のトッププレート、電子レンジ用棚板などに広く使われている。β-ユークリプタイトを析出させた物は透明品と呼ばれ、β-ユークリプタイトが負の熱膨張特性を持つため、0-50℃で 0.01×10^{-6}/K 以下の熱膨張率が実現している。白色品と呼ばれる、β-スポジュメンを析出させた物は熱膨張率はやや大きいものの、電磁波を良く通すことから、電子レンジのターンテーブルや棚板に使われている[5]。

2　負熱膨張セラミックス

前述の通り、β-ユークリプタイトは小さいながらも負の熱膨張を示す。この起源は、コージェライトと同様、層状構造の面間が縮むことである。β-スポジュメンの熱膨張率が小さいのも同様のメカニズムによる。イオン導電体 NASICON が属することで知られる $NaZr_2(PO_4)_3$ 型構造の化合物の中にも、同様に異方的な負熱膨張を示すものがあり、商品化されている[6]。

$PbTiO_3$ 等の正方晶の強誘電体は、立方晶の常誘電相への転移に伴って負熱膨張を示す[2]。最近では、還元処理した Ca_2RuO_4 焼結体が、針状粒子の異方的な熱膨張のために、345 K 以下の 200 K もの温度域に渡って $\alpha_L = -115 \times 10^{-6}$/K もの負熱膨張を示すことが報告され、注目を集めている（9 章参照）[7]。

一方、等方的な負の熱膨張を示す材料として、タングステン酸ジルコニウム ZrW_2O_8（5 章参照）とマンガン窒化物逆ペロブスカイト（7, 16 章参照）がある。また、合成に人造ダイヤモンドと同程度の数万気圧の高圧力が必要なため基礎研究に留まっているが、$BiNi_{1-x}Fe_xO_3$ の、Bi-Ni 間電荷移動による負熱膨張は $\alpha_L = -187 \times 10^{-6}$/K にも達する（8 章参照）[8]。

$SrCu_3Fe_4O_{12}$ も同様に Cu-Fe 間電荷移動によって負熱膨張を示す[9]。こうした材料は、組成を制御することで単体のゼロ熱膨張材料として使用する他、樹脂や金属と複合化し、ゼロ膨張と機械的特性、加工性を両立した材料を作るのに使われる。

2.1　タングステン酸ジルコニウムと関連化合物

ZrW_2O_8 は、ZrO_6 八面体と WO_4 四面体が頂点共有でつながった結晶構造を持つ。共有されていない頂点があることなどから、結晶格子内には多くの空隙がある。昇温すると、熱振動のため、多面体間の角度が小さくなり、空隙が減少することで、結晶格子全体の収縮が起こる。こうした格子振動を、Rigid Unit Modes（RUMs）と呼ぶ。約 400 K に α 相から β 相への結晶構造転移に伴う変曲点があるものの、負の熱膨張は 0.3-1050 K という広い温度範囲にわたって継続する[1]。Zr を Hf で置換した HfW_2O_8 や、類似の構造を持つ $MgHfW_3O_{12}$ も同様に負の熱膨張を示し、後者と $MgWO_4$ との混合焼結体を作ることで、熱膨張係数を -6×10^{-6}/K から 9×10^{-6}/K の間で制御可能である（6 章参照）[10]。

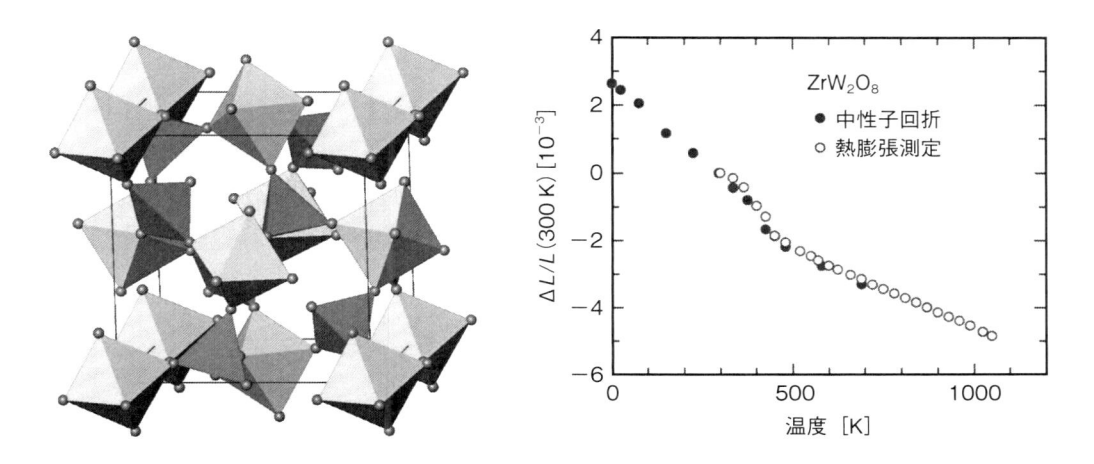

図3　ZrW_2O_8 の結晶構造と熱膨張特性

（T. A. Mary, J. S. O. Evans, T. Vogt, and A. W. Sleight, *Science*, **272**, 90（1996）より引用）

ZrW_2O_8 同様に RUMs による負熱膨張を示す化合物として，ScF_3[11] と，$Cd(CN)_2$ 等の金属シアン化物[12]，そして $Cu_3(btb)_2$（btb = 4,4',4"–benzene–1,3,5–triyl–tribenzoate）等の金属有機構造体（Molecular Organic Framework：MOF）がある[13]。

2.2　マンガン窒化物逆ペロブスカイト

八面体の中心に N が，頂点に Mn が位置することから，逆ペロブスカイトと呼ばれる Mn_3GaN と Mn_3ZnN は，常磁性から反強磁性への一次転移に際して磁気体積効果を示し，低温の反強磁性相の方が約 2% 体積が大きい。ここで Ga や Zn を一部 Ge や Sn で置換すると，一次転移に伴う急激な体積変化が緩慢になり，連続的な負の熱膨張がおこる。さらに N を C で同時置換することで，室温付近の線熱膨張係数は $30 \times 10^{-6}/K$ を超える。また，窒素を欠損させることで，単一物質でのゼロ膨張材料も実現している。この材料の特徴は，①室温付近での巨大な負の熱膨張係数，だけではなく，②元素の組み合わせや比率により負熱膨張の大きさを自由に制御できる，③立方晶の結晶構造を持つため，等方的な負熱膨張で，さらに温度履歴がない，④ヤング率が 300 GPa と硬いため，複合材料の強度を上げられると期待される，といった点も挙げられる[1]。

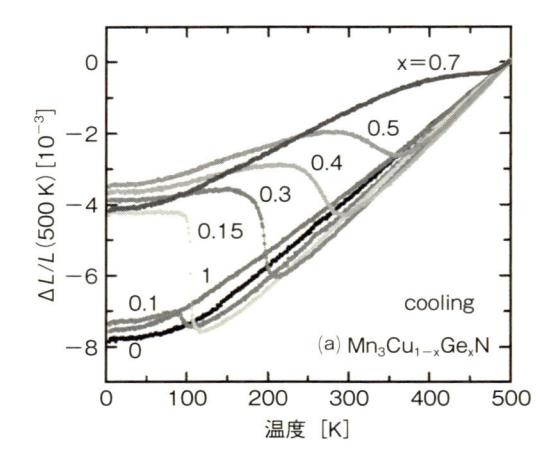

図4　$Mn_3Cu_{1-x}Ge_xN$ の熱膨張特性
（K. Takenaka and H. Takagi, *Appl. Phys. Lett.*, **87**, 261902（2005）より引用）

文　　献

1）　Koshi Takenaka, *Sci. Technol. Adv. Mater.*, **13**, 013001（2012）

2）　Jun Chen, Lei Hu, Jinxia Deng and Xianran Xing, *Chem. Soc. Rev.*, **44**, 3522（2015）

3）　緒方逸平, 水谷圭祐, 牧野健太郎, 小林雄一, デンソーテクニカルレビュー, **13**, 112（2008）

4）　日本化学会編, "第6版　化学便覧　応用科学編", p.935, 丸善（2003）

5）　中根慎護, セラミックス, **44**, 203（2009）

6）　山井　巌, 太田敏孝, 金　平, $Na_{1-x}Nb_xZr_{2-x}(PO_4)_3$ 系低熱膨張セラミックス, 日本セラミックス協会学術論文誌, **96**, 1019（1988）

7）　Koshi Takenaka, Yoshihiko Okamoto, Tsubasa Shinoda, Naoyuki Katayama and Yuki Sakai, *Nature Communictions*, **8**, 14102（2017）

8）　東　正樹, セラミックス, **52**, 590（2017）

9）　山田幾也, セラミックス, **52**, 593（2017）

10）　表　篤志, 固体物理, **42**, 391（2007）

11）　Benjamin K. Greve, Kenneth L. Martin, Peter L. Lee, Peter J. Chupas, Karena W. Chapman and Angus P. Wilkinson, *J. Am. Chem. Soc.* **132**, 15496（2010）

12）　Anthony E. Phillips, Andrew L. Goodwin, Gregory J. Halder, Peter D. Southon, and Cameron J. Kepert, *Angew. Chem. Int. Ed.*, **47**, 1396（2008）

13）　Yue Wu, Vanessa K. Peterson, Emily Luks, Tamim A. Darwish, and Cameron J. Kepert, *Angew. Chem. Int. Ed.*, **53**, 5175（2014）

参考文献

・　熱膨張抑制技術－革新技術と応用展開－, 東レリサーチセンター調査研究部

第2章 有機材料の熱膨張機構とその制御

扇澤敏明*

1 はじめに

　物質は，いろいろな条件により膨張したり収縮したりする。特に，ほとんどの場合，熱により膨張する。つまり，非平衡あるいは準安定状態にある物質は熱により収縮することがあるだけでなく，相転移がその温度範囲にある場合も収縮することがあるが，平衡状態にある物質は熱力学の要請により膨張する場合がほとんどである。しかも，その膨張の程度は物質・材料によって大きく異なり，物質の最も重要な基本特性の一つである。温度が全く変化しない状況下で使われる材料はほとんどないことから，熱膨張の制御は大変重要である。例えば，電車のレールなど熱膨張そのものが問題となる製品や，異なる熱膨張係数を有する材料が複合化されている製品など，その制御が大変重要となる。

　高分子を代表とする有機材料が軽量（低密度），易成形性などのために多くの分野で用いられている。しかし，金属や無機材料と比べて低強度であるだけでなく，熱膨張係数が大きいといった点で劣る。そのため，これらを克服するために，有機材料自身の高性能化や金属や無機系の充填剤を有機材料に混ぜるといった複合化がなされている。材料の熱膨張を制御するためには，まず，そのメカニズムを知る必要があることから，ここでは，有機高分子材料における熱膨張機構およびその制御について記述する。

2 熱膨張機構

　通常，温度の上昇にともない分子運動が増加し，これが膨張を引き起こす。ただし，有機高分子材料の骨格である炭素間の結合（C–C）の長さは数百℃以上のかなりの高温までほとんど変化せず一定であるが，この材料は大きく熱膨張する。つまり，結合長の増加以外の要因で熱膨張するのである。この熱膨張機構を知ることは，低熱膨張材料の開発などに対して大変重要である。状態によって熱膨張機構が異なることから，以下にそれぞれの場合について示す。

2.1 固体（結晶，ガラス）

　C–C結合の長さが高温まで変化しないのは，図1(a)に示すように温度が上昇して原子の運動が激しくなっても原子間ポテンシャルの形が調和振動型（つまり，放物線型）に近いため，振動

＊　Toshiaki Ougizawa　東京工業大学　物質理工学院　教授

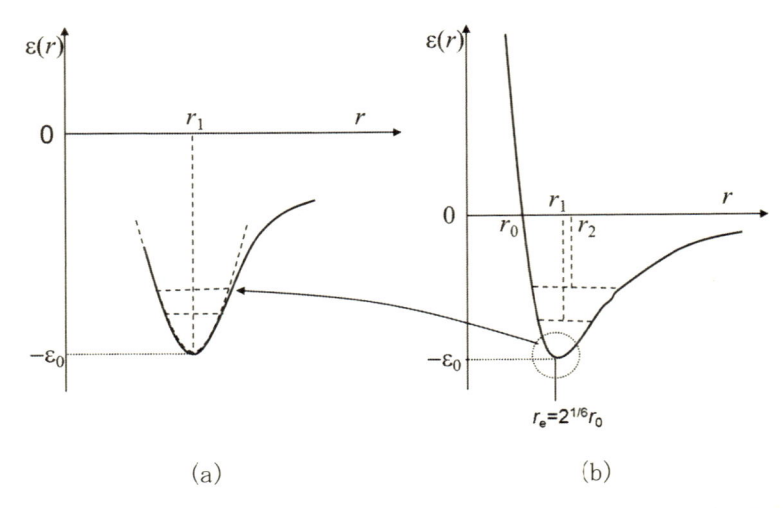

図1　(a)調和振動型ポテンシャル近似，(b)レナード・ジョーンズ型ポテンシャル（非調和振動型）

の中心位置がほとんど変わらないためである。もちろん，もっと高温になると調和振動型からより外れるようになり，膨張が起こることになる。例えば，原子間あるいは分子間ポテンシャルとして多くの場合，図1(b)に示すレナード・ジョーンズポテンシャル

$$\varepsilon(r) = 4\,\varepsilon_0 \left[\left(\frac{r_0}{r} \right)^{12} - \left(\frac{r_0}{r} \right)^{6} \right] \tag{1}$$

（ε_0：最小のポテンシャル，r_0：$\varepsilon = 0$ での距離）

が用いられている。これは非調和振動型のポテンシャルであるため，熱振動により結合（あるいは原子間距離・分子間距離）の中心位置が大きくなる（$r_1 \rightarrow r_2$）ため，膨張することになる。これを，格子振動の非調和性に基づく膨張と呼ぶ。もちろん，すべての原子間および分子間のポテンシャルは非調和振動型であると考えられるが，低温で分子運動性が低い領域では図1(a)のように調和振動型と近似することができるため，上記のC−C結合のように広い温度範囲でこの近似が成立する場合は，熱膨張がしにくいことになる。

　通常，結晶やガラスの膨張は，この非調和振動による機構で説明される。

2.2　液体（＋気体）

　液体では，固体とは異なり分子の位置が定まっておらず常に変化している。分子運動の増加にともない，運動空間つまり自由体積と呼ばれる空間の増加により膨張が起こる。もちろん，固体と同様に格子振動の非調和性に基づく膨張も起こると考えられるが，自由体積の膨張が支配的である。

　この自由体積の膨張を組み入れて液体の膨張を表す統計的なモデルがいくつか提案されてい

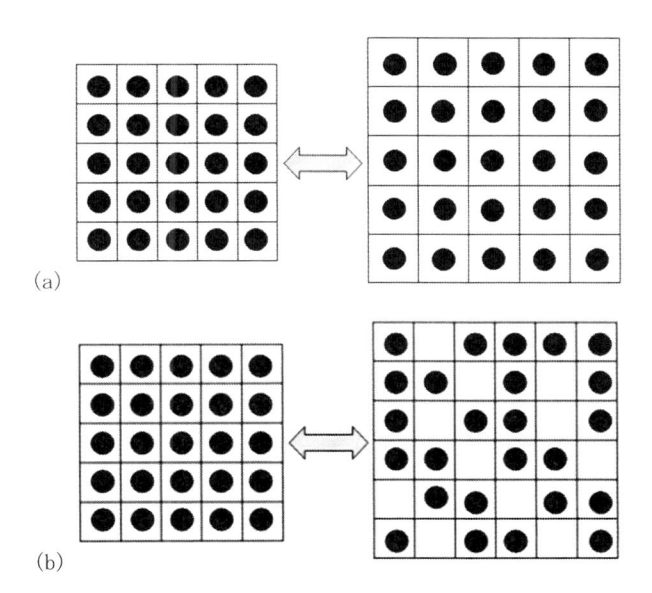

図2　液体のモデル：(a)細胞モデル，(b)空孔モデル

る。主なものとして，図2に示す細胞モデルと空孔モデルの2つがある。両モデルとも格子に分子（物理的に言えばセグメント）を配置する形であり，細胞モデルでは格子の膨張・収縮により全体の膨張・収縮を表す。これに対して，空孔モデルでは空の格子の量の増加・減少によって，膨張・収縮を表すことになる。細胞モデルでは，各分子はその隣接分子がつくる細胞の中を，平均としての力の場の中で振動しているとする。そして，この力の場が(1)式などに基づくとして分配関数を構築し，圧力－体積－温度の関係を示す状態方程式を導くことにより，膨張・収縮を記述することが多い。また，空孔モデルでは，空の格子を含んだ状態の分配関数を構築し，格子の占有率や換算体積による自由エネルギーの最小化から状態方程式を導き，膨張・収縮を記述することが多い。

　気体では，分子の運動エネルギーが増加し，容器を押す力（圧力）が増加することで，定圧条件では体積の膨張を引き起こすことになる（液体と気体は流体なので，膨張機構は類似している）。

2.2.1　自由体積

　上記したように，液体の膨張には自由体積がかなり大きな役割を果たしているが，その実態についてはよくわからないことが多い。高分子辞典において，「液体中の原子，分子，セグメントの間に存在する非占有空間で，原子，分子が再配置できる空間」と記述されている。しかし，自由体積の定義が理論的になされているが，異なる理論ではその定義自身が異なる場合が多い。このことが，自由体積を複雑なものとしている。ここでは，自由体積について現在なされているいくつかの考え方を紹介する。

自由体積の熱力学的な定義の例として，以下に表されるものがある。

$$v_f = \int \exp[-(E(\bar{a}) - E_0)/kT]d\bar{a} \tag{2}$$

ここで，E_0 はセルの中心にセグメントをおいた場合に周りのセグメントから受ける場の平均ポテンシャルエネルギーを示しており，$E(\bar{a})$ はセル内の位置 $\bar{a}$ にセグメントがある場合の相互作用エネルギーを表している。この積分がセル体積にわたってなされたものが，自由体積であると定義している。この考えを基に，細胞モデルにおける状態方程式を示す式が提案されている。

この他に，粘度の式から得られるものなどがある。例えば，Doolittle の粘度式は次式で表される[1]。

$$\ln \eta = \ln A + B(v - v_f)/v_f \tag{3}$$

（A と B：経験的な定数）

この式と WLF 式[2]を関係づけると，自由体積分率（f_{v_f}）が評価され，ガラス転移温度における値 $f_{v_f,g}$ が高分子種によらず，0.025 程度となることが提案されている。また，Cohen と Turnbull は，液体中で分子の移動が起こるためにはある空隙（自由体積）が必要であるという考えから，以下の式を導いた[3]。

$$D = ART \exp\left(-\frac{\gamma v^*}{v_f}\right) \tag{4}$$

（D：拡散定数，v^*：分子の移動のための臨界体積，A, γ：定数）

つまり，分子の拡散は自由体積の大きさに依存することになる。この式は，高分子中での気体分子の拡散を説明するためにも用いられている。これらは，物性が自由体積に関連しているという考え方から導かれている。

これに対して，自由体積を単純に分子間の隙間と考える場合もある。分子動力学による分子シミュレーションを行い，ある時のスナップショットから隙間を算出することができる。例えば，分子間ポテンシャルの井戸を示す距離（r_1）で面を描くと多くの隙間が物質の中に生じているのがわかる。これをすべて自由体積と考えることができないわけではないが，先に記述したように自由体積を再配置のために使える空間と考えた場合，小さな隙間は再配置には使えず，自由体積に含めない方が良いであろう。そこで，ある直径を有する球がこれらの隙間に入るかどうか，例えば径が 3Å や 5Å といった仮想球が入る隙間を自由体積とみなして，評価することができる（図 3[4]）。ただし，この方法では，仮想球の大きさによって自由体積分率が大きく異なり，任意性が入る。実験的に考えると，分子シミュレーション結果における仮想球を実験に用いたプローブの大きさに対応させることによって比較・検討することが可能となる。

逆に考えれば，自由体積（分率）が理論やそれを基にした実験手法によって異なるのは，対応する物性がどの程度までのサイズの隙間に影響しているかの違いによるので，定義が定まらない

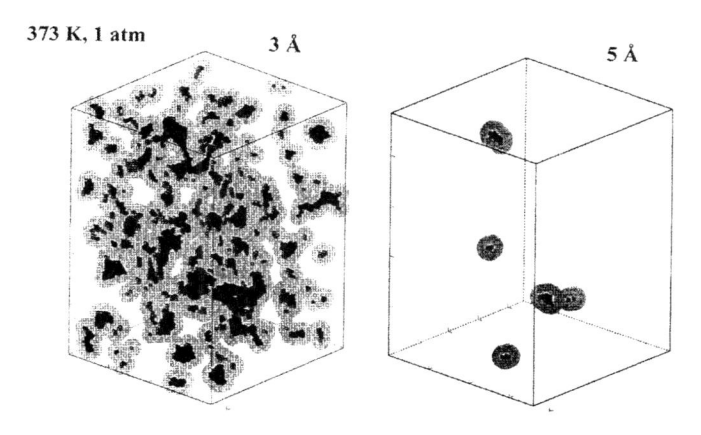

図3　分子動力学シミュレーションによる異なる大きさの仮想球が入る隙間
　　　（自由体積）の分布[4]

のも仕方がないのかもしれない。例えば，ガラス状態の自由体積分率が粘度測定から0.025となるのは，比較的大きな隙間（自由体積）のみが関連しているからであり，気体の透過性などではより小さな隙間も関連することになるゆえ，その分率がより大きくなってしまうのである。

2.3　有機高分子

　高分子においても液体（融体）では他の物質と同様に，格子振動の非調和性に基づく膨張に加えて自由体積の増加に基づく膨張によって体積が増加すると考えられる。高分子において，複雑なのは固体，つまり結晶あるいはガラス状態の場合である。高分子は結晶化温度以下でも完全な固体とは言い切れない。それは，長い分子鎖からなっており，完全結晶（結晶化度100%）を達成することができないため流動を起こす場合があるからである。また，ガラス状態においても，非平衡状態で緩和時間が長いため，完全な固体とは呼べない。しかし，一般に，ガラス転移温度（T_g）以下では，通常の時間スケールでほとんど固体とみなすことができる。この状態では，高分子がガラス状非晶のみか結晶とガラス状非晶が混在しているかのどちらかである。それゆえ，他の物質と同様に，格子振動の非調和性により膨張が起こると考えられる。図4に高分子の熱膨張モデルを示す[5]。縦軸が比容であり，上の実線が完全非晶の場合で，下が完全結晶の場合である。液体（融体）状態から冷却すると，結晶化するものは結晶化温度 T_c で結晶化し，完全非晶は T_g でガラス化する。完全に結晶化するものは，非晶部が無いため，T_g で屈曲は示さない。ガラスや結晶状態では格子振動の非調和性のみにより膨張が起こるので比容の温度に対する傾きが同じとなっている。高分子は完全に結晶化することが不可能なので，実在の高分子は結晶化度に応じて2つの実線の間で，これらの実線に平行となる挙動を示すと考えられる。

　実際は，この説明が正しいとは言えない。高分子は長い分子鎖からなっており，多くの分子鎖骨格はC−C結合であるゆえ，1本の鎖を引き伸ばした時の長さ（経路長）は温度によって変わらない。しかし，分子間の相互作用は van der Waals 力だけといったようにかなり弱い場合が多

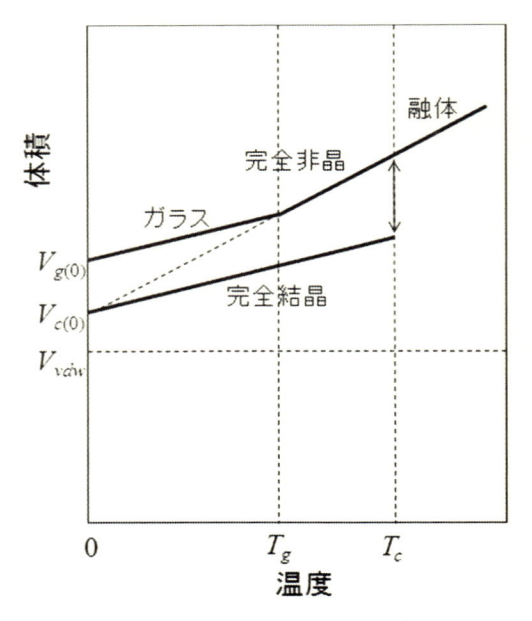

図4　高分子の熱膨張モデル[5]

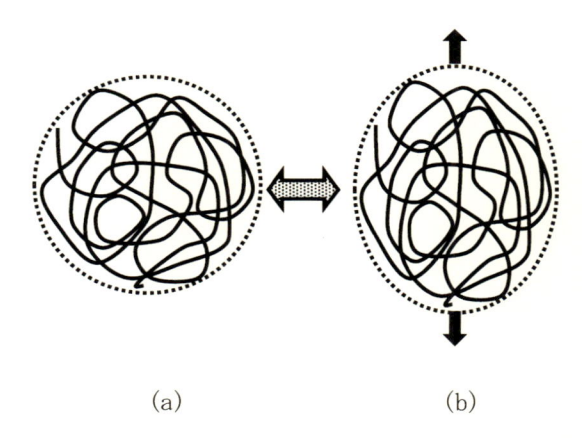

(a) (b)

図5　高分子鎖のランダムコイル(a)とそれを引き伸ばした場合(b)

い。温度の上昇にともなってC-C結合周りの回転が容易になり，より曲がりやすくなる。そして，液体（融体）では，1本の高分子鎖だけを取り出してみると通常ランダムコイルと呼ばれる糸毬状の構造を形成している（図5(a)）。ガラス状態は，この構造が分子運動の低下によって凍結された状態である。しかし，これは分子鎖の拡散といった大きな運動（重心の位置の変化）が凍結されているだけで，温度によっては局所的にモノマー数個分くらいの運動が起こる場合もある。図6は，陽電子消滅寿命測定法を用いて，種々の非晶性高分子における平均自由体積サイズの温度依存性を測定した結果である[6]。ガラス状態であっても自由体積サイズが変化しているこ

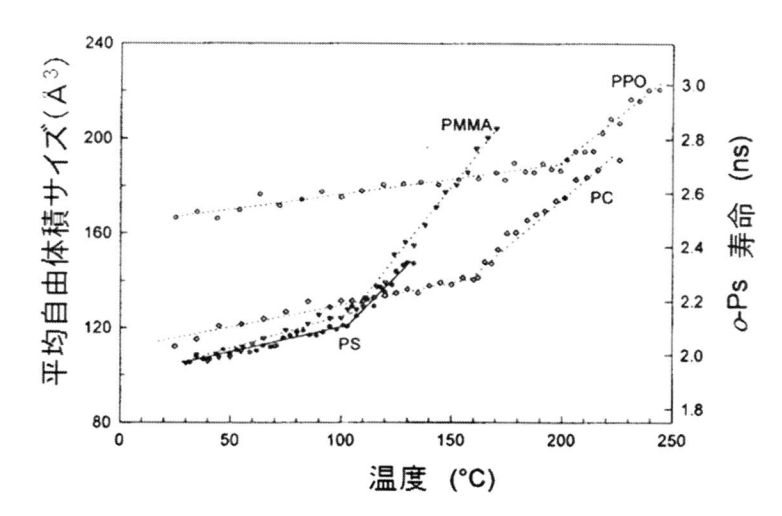

図6　代表的な非晶性高分子における自由体積の温度依存性[6]

表1　T_g における完全非晶と完全結晶の熱膨張率
（dV_{sp}/dT）の値とその比[7]

	$dV_{sp}/dT \times 10^4$ （$\mathrm{cm^3g^{-1}K^{-1}}$）		比
	完全非晶	完全結晶	（非晶／結晶）
PET	2.038	0.945	2.16
PEN	1.418	0.630	2.25

とがわかる。つまり，高分子のガラス状態は，格子振動の非調和性によってだけでなく，自由体積によっても熱膨張していることを示している。先に述べたモノマー数個分くらいあるいはそれ以下の運動によって自由体積が増加することによる。

　実際，ガラスと結晶が同じ熱膨張係数を持つのであれば，体膨張係数は，高分子の結晶化度に依存せず（基準体積の取り方によるが），同じ値となるはずである。しかし，実際は結晶化度依存性を有しており，表1に示すようにポリエチレンテレフタレート（PET）やポリエチレンナフタレート（PEN）では T_g での完全非晶の熱膨張率は完全結晶の値に比べて約2倍となっている[7]。つまり，完全非晶と完全結晶の差は，自由体積の膨張の寄与によるものと考えられ，ガラス状態の膨張は格子振動の非調和性だけでなく，自由体積によっても膨張していることを物語っている。以上から，図4の比容の増加率を示す傾きは，完全非晶のガラス状態と完全結晶状態では異なるのが正しいと言える。

2.3.1　自由体積の熱膨張への寄与

　図6は，自由体積の平均サイズの温度依存性を示している。この結果だけから自由体積分率およびその熱膨張への寄与を見積もることはできないが，熱膨張モデルを仮定することにより比容の温度依存性の実験結果を用いて以下のようにして評価することができる。図7に示すように，

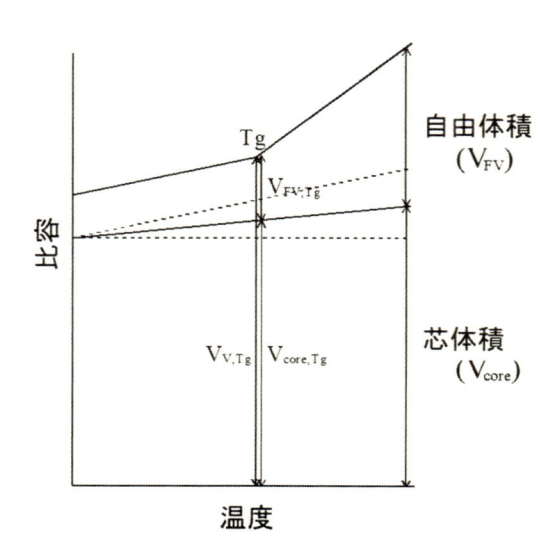

図7　ガラス状態においても自由体積が膨張に寄与する
とした場合の非晶性高分子の熱膨張モデル[6)]

芯体積がすべての温度域において一定の割合で増加し，ガラス状態でも自由体積が膨張するとしたモデルを用いる。そして，自由体積の数が温度によって変化せず，自由体積の平均サイズの増加量が自由体積全体の増加量に比例すると仮定すると，自由体積の熱膨張率が図6から評価される。比容の温度依存性（熱膨張率）の測定値を用いて，以下の連立方程式を解くことにより，T_g における自由体積分率を評価することができるとともに，熱膨張に寄与する割合を出すことができる[6)]。

$$\frac{\alpha_{FV, glass, Tg}}{\alpha_{V, glass, Tg}} = \frac{\dfrac{dV_{V, glass}}{dT} - \dfrac{dV_{core}}{dT}}{\dfrac{dV_{V, glass}}{dT}} \cdot \frac{V_{V, Tg}}{V_{FV, Tg}} \tag{5}$$

$$\frac{\alpha_{FV, liquid, Tg}}{\alpha_{V, liquid, Tg}} = \frac{\dfrac{dV_{V, liquid}}{dT} - \dfrac{dV_{core}}{dT}}{\dfrac{dV_{V, liquid}}{dT}} \cdot \frac{V_{V, Tg}}{V_{FV, Tg}} \tag{6}$$

表2にこのようにして求めた典型的な非晶性ポリマーの T_g での自由体積分率を示す[6)]。Doolittleの式と WLF の式から求めた 0.025 という値と比べてすべて大きな値となるとともに，高分子種によって大きな差が生じていることがわかる。これらの値は図7のモデルと近いと考えられる Simha-Somcynsky 状態方程式と比容データから求めた自由体積分率とも近い値を示している[8)]。この方法により求めた自由体積分率が意味を持つものであると考えられるが，より詳細な検討が必要である。

表2　各種非晶性高分子の T_g
での自由体積分率[6]

	$f_{v_{f,g}}$
PS	0.057
PMMA	0.083
PC	0.085
PPO	0.148

表3　各種非晶性高分子の熱膨張に対する自由体積の寄与率[6]

	PS	PMMA	PC	PPO
$\dfrac{dV_{FV,glass}/dT}{dV_{V,glass}/dT} \times 100$ （%）	42.4	75.8	53.2	43.9
$\dfrac{dV_{FV,liquid}/dT}{dV_{V,liquid}/dT} \times 100$ （%）	75.5	88.7	81.4	76.1

　さらに，表3に，表2に示した高分子について T_g での液体（融体）とガラス状態での熱膨張に対する自由体積の寄与率を示す[6]。液体（融体）では，75％〜90％が自由体積の寄与によって膨張していることがわかる。これに対して，ガラス状態でも，だいたい50％前後が自由体積の寄与によって膨張していることがわかる。高分子の場合は，ガラス状態であっても自由体積の寄与が大きいことがこのことからもわかる。また，表1で示した完全非晶の体膨張率が完全結晶の2倍であることから，その差が自由体積の寄与から生じていると考えると，ガラス状態でも50％前後が自由体積の寄与により膨張していることと一致しており，上記の評価法の妥当性を支持している。

3　高分子における熱膨張係数の制御（低減）

　熱膨張機構として，格子振動の非調和性と自由体積の膨張という2つの機構があることを示した。それぞれの機構による膨張を抑えるための基本的な指針として，次のように考える。

⑴　格子振動の非調和性に由来する膨張の低減：なるべく多くの調和振動型に近い結合つまり共有結合を導入することで抑制が可能。そのためには，タイトな3次元網目構造，究極はダイヤモンド構造を導入することである。しかし，高分子としての多くの特性が失われてしまうので，熱硬化性樹脂であってもこれは不可能である。それゆえ，対処法としては，網目間の分子量を極力下げて共有結合の量を増やし，なるべく欠陥を無くすことが重要である。

(2) 自由体積に由来する膨張の低減：自由体積を生じにくく，増加しにくい構造を導入する必要がある。つまり，剛直な分子構造を導入するか，分子鎖に分子運動を抑制するためのなんらかの制限を加える必要がある。

その他として，

(3) 非平衡状態の利用：場合によっては1回限りしか使えないが，熱によって平衡状態に移る過程における収縮機構を用いる。例えば，熱収縮フィルムなどで利用されている。

(4) 低熱膨張係数材料の混合：熱膨張係数の大きな高分子に対して，無機系充填剤などの熱膨張係数の小さな材料を混合することは，その低減にもっとも効果的で確実な方法である。工業的には，この方法がもっとも多く使われている。最近では，充填剤をナノサイズにして高分子との界面積を増やして，より効果的に熱膨張係数を低減させる試みが盛んに行われている（ナノコンポジット）。この手法については，この本の随所で述べられているので，ここでは割愛する。

これらのことを基に，いくつかの低減法について以下に述べる。

3.1 自由体積の膨張の抑制

自由体積理論から熱膨張係数とT_gの関係として次式が導かれている[9]。

$$\alpha_{\text{liq}} T_g = \text{Constant} \tag{7}$$

この式は完全に成立するわけではないが，おおよその傾向を示している。つまり，最もT_gの高い高分子においてαが最小となることを表している。結晶性高分子においても，融点T_mはT_gが高いものほど高いので，T_mが高い高分子においてαが小さくなる。よって，T_gやT_mの高い高分子鎖は熱膨張係数が低いことになる。実際，T_gやT_mの高い高分子は剛直な構造（環構造等）を有しているものが多く，自由体積を生じにくい構造となっており，熱膨張係数も低い。また，分子鎖のパッキングを上げることも1つの方法である。さらに，少しでも分子間相互作用を強いものにするためには，van der Waals力だけでなく水素結合などのより強い分子間相互作用の導入も検討の価値がある。

結晶性高分子では通常結晶領域では自由体積を生じないため，結晶化度を上げることが熱膨張係数の低減に効果がある。また，結晶欠陥の低減も同様に効果がある。

以上から，複合化を行わないで高分子自身の熱膨張係数の低減を図るには，主なものとして以下の3つがあることになる。

　　・網目密度の向上（格子振動の調和性，つまり共有結合の利用）

　　・剛直な構造の導入

　　・結晶化度の向上

これら以外に，以下に示す高分子に特有の性質を利用して熱膨張係数の低減を図ることができる。これらは実際の材料にも利用されている。ただし，いずれも方向性があり，線膨張係数の低

減手法である。

3.2　ゴムのエントロピー弾性による収縮力

　高分子鎖の非晶状態の形状が図5(a)のようになっていることを述べた。これはエントロピー的に安定な状態である。架橋ゴムは，この状態で分子鎖のところどころが架橋されている。ランダムコイルを形成している高分子鎖を引っ張ると（図5(b)），配意のエントロピーSが減少し不利となるため，縮もうとする。引っ張ったまま長さlを一定に保ち温度Tを上げると，分子運動が激しくなり，分子鎖がより安定な構造であるランダムコイル状になろうとする力が大きくなり張力fが増す。このことを示したのが以下の式である。

$$f = -T \left(\frac{\partial S}{\partial l} \right)_{T,V} \cong T \left(\frac{\partial f}{\partial T} \right)_{l,V} \tag{8}$$

エントロピー弾性を示す物質は，引き伸ばすとエントロピーが減少，つまり $(\partial S / \partial l)_{T,V} < 0$ であることから張力が大きくなる。温度が上昇すると張力が増すこともわかる。高分子鎖を1次元ガウス鎖と仮定すると，その張力f_xは以下の式で表される。

$$f_x = \frac{R_x}{NL^2} kT \tag{9}$$

　　（R_x：末端間距離，N：セグメント数，L：セグメントの長さ，k：ボルツマン定数）

この式は，分子鎖が引き伸ばされる（R_xが大きくなる）と張力が増大し，温度が上昇すると張力が増大することをよく表している。

　このことを線膨張係数の低減に利用した例がある。自動車のバンパーは，ほとんどが樹脂製（厳密には複合材料）であり，例としてポリプロピレン（PP），エチレン・プロピレンゴム（EPR），タルクなどからなっている。自動車のボディは金属が主であり，バンパーの線膨張係数低減が必要である。しかし，衝撃吸収というバンパー本来の機能を犠牲にすることができないことから，充填剤の量をあまり増やすわけにはいかない。それゆえ，上記で示したゴムの収縮力を利用した線膨張係数の低減がなされた。図8に示すように[10]，ゴムであるEPRをマトリックスとし，PPやEPRの結晶が島相となるような相分離構造が構築されている。成形加工における流動時にゴム分子が引き伸ばされた状態で，結晶相をうまく差し込んだ形で形成させゴム相に張力を負荷したままの状態で構造が凍結されるように工夫がなされている。ゴムの分子が引っ張られている方向に働く収縮力を利用して，熱膨張（線膨張係数）を抑えたものである。通常は，熱膨張係数のより小さいプラスチック相（PP）をマトリックスとするのが普通の考え方であるが，逆転の発想として熱膨張係数の高いゴム相（EPR）をマトリックスにして，ゴムのエントロピー弾性による収縮力を利用して線膨張係数をうまく制御した例といえる。

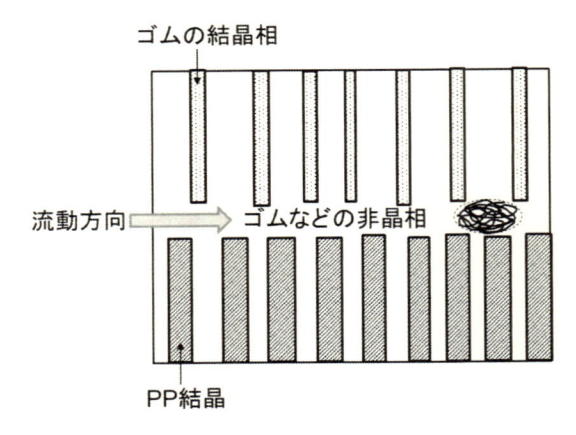

図8　PP/EPR系バンパーにおける低線膨張係数を達成した相分離構造の模式図[9]

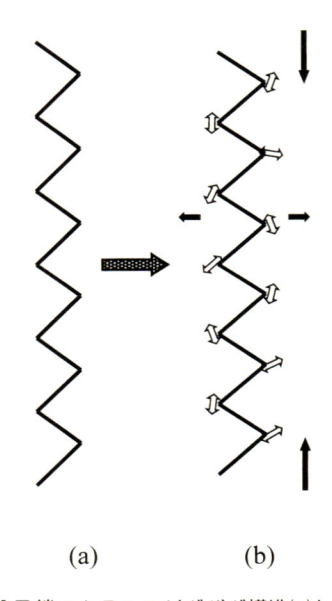

(a) 　　　　　(b)

図9　分子鎖のトランスジグザグ構造(a)と熱収縮(b)

3.3　高分子の配向

　前節で説明したように高分子鎖は，非晶状態であれば図5(a)のようにランダムコイル状の形態をしている。これを引き伸ばすと，図5(b)のように楕円体となる。この場合，C-C結合を分子鎖骨格としている高分子鎖が引張方向に配向することになり，共有結合に方向性が出るとともに，その密度も引張方向とそれに垂直方向で差がでる。つまり，共有結合の密度が大きい引張方向の線膨張係数が抑えられることになる。さらに引き伸ばし配向させると最終的な理想構造として図9(a)のようにトランスジグザグ構造となる。これは，これ以上伸ばすことができない状態であるため，各原子が激しく運動すると図9(b)のように，結果として分子鎖軸方向に収縮すること

になる。これは，糸をピンと張り，中央部を横に振動させた場合と同じと考えることができる。もちろん，配向方向に対して垂直方向では膨張し，全体の体膨張係数は正である。実際，高分子鎖が高配向した繊維，例えばアラミド繊維，炭素繊維などでは，繊維軸方向に収縮するものが多い。つまり，繊維軸方向の線膨張係数は負である。繊維でなくても高配向が期待できる液晶性高分子で作製したシートにおいても，射出（流れ）方向における線膨張係数が負となるようにすることができる。これらの繊維で強化したプラスチック（FRP）では，かなりの線膨張係数の低減を図ることができる。

4　おわりに

　この章では，有機高分子材料の熱膨張の基礎つまりそのメカニズムに焦点をあてて述べた。特に，この材料の熱膨張において重要となる自由体積については，その定義の問題も含めてまだわかっていない点が多く，より詳細な研究が望まれる。

　熱膨張係数が大きい高分子材料をうまく使いこなすためには，その材料の特徴をある程度頭に入れておくことが必要であり，特に材料がどのような原理で熱膨張をするのかについてよく理解した上でその制御を行うことが重要である。その機構ついては，拙書[11]においていくらか詳しく記述している。参考になれば幸いである。

文　　　　献

1)　A. K. Doolittle, *J. Applied Physics*, **22**, 1471（1951）；**23**, 236（1952）
2)　M. L. Williams, R. E. Landel, J. D. Ferry, *J. American Chemical Society*, **77**, 3701（1955）
3)　M. H. Cohen, D. Turnbull, *J. Chemical Physics*, **31**, 1164（1959）；**34**, 120（1960）
4)　福田光完，菊地洋昭，高分子論文集，**59**, 267（2002）
5)　D. W. van Krevelen, "Properties of Polymers", Elsevier, p.90（1997）
6)　K. Hagiwara, T. Ougizawa, T. Inoue, K. Hirata, Y. Kobayashi, *Radiation Physics and Chemistry*, **58**, 525（2000）
7)　大倉正之，村松誠，久保山敬一，扇澤敏明，平田浩一，小林慶規，高分子学会予稿集，**51**（1），915（2002）
8)　田中正和，扇澤敏明，狩野武志，伊崎健晴，高分子学会予稿集，**57**（2），3270（2008）
9)　R. Simha, R. F. Boyer, *J. Chem. Phys.*, **37**, 1003（1962）
10)　トヨタ社資料から模式化
11)　扇澤敏明，"電子材料・実装技術における熱応力の解析・制御とトラブル対策"，技術情報協会，第1章第1〜3節（2006）

第3章　炭素繊維FRP

石川隆司*

　炭素繊維強化プラスチック（CFRP）の一つの特徴は，熱膨張係数に関して，著しい異方性が発現されることである。その原因は，炭素繊維自身が繊維の方向に零か，あるいは種類によるが，僅かに負の熱膨張係数を有することである。一方向性 CFRP の場合，繊維方向では繊維の特性が卓越して発現されるが，繊維と直角方向では，母材（マトリックス）樹脂の特性に支配され，樹脂の熱膨張係数は大きな値であるので，結果として，繊維方向の熱膨張係数と，それに直角な方向の熱膨張係数は，激しく異なる。図1に，著者自身がかつて測定した CFRP 一方向材の繊維方向と角度 θ をなす方向の熱膨張係数の測定例（Off-Axis 特性）[1]を示す。

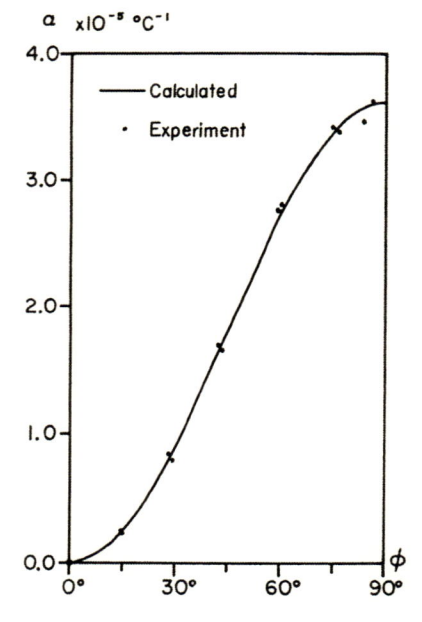

図1　CFRP（T300／エポキシ）一方向材の
　　　熱膨張係数の Off-Axis 特性

＊　Takashi Ishikawa　名古屋大学　ナショナルコンポジットセンター　特任教授　総長補佐

　繊維方向の熱膨張係数を α_L，繊維と直角方向の熱膨張係数を α_T と書くと，異方性の力学から，一方向材 θ 方向の熱膨張係数 α_θ は，以下の簡単な式

$$\alpha_\theta = \alpha_L \sin \theta + \alpha_T \cos \theta \tag{1}$$

と記述されることが知られており，この実験結果は，この式と良く一致していることがわかる。α_L を支配するのは，繊維の熱膨張係数（α_{fL}），繊維の弾性係数（E_{fL}），樹脂の熱膨張係数（α_m），樹脂の弾性係数（E_m）と，樹脂の体積含有率（V_f）であり，弾性係数修正型の複合則[2]と呼ばれる次式で記述される。

$$\alpha_L = E_{fL} \alpha_{fL} V_f + E_m \alpha_m (1 - V_f) / [E_{fL} V_f + E_m (1 - V_f)] \tag{2}$$

繊維と直角方向の熱膨張係数 α_T は，簡単な式では表示されないが，近似的には次式で書かれる[2]ことが知られている。

$$\begin{aligned}
\alpha_T =& (E_{fL} v_m - E_m v_{TT})(\alpha_m - \alpha_{fT})(1 - V_f) V_f / \{E_{fL} V_f + E_m (1 - V_f)\} \\
&+ \alpha_{fT} V_f + \alpha_m (1 - V_f)
\end{aligned} \tag{3}$$

　CFRP を実際に構造物に適用する時は，一方向材をいろいろな角度に向けて積層して硬化し，部材とすることが普通であり，典型例としては，等しい板厚の一方向材を，中央平面に対称に $[(45/0/-45/90)]$sym. と 8 層を積層した板がある。この板が弾性係数が積層面内に等方性を示すことから，この板を疑似等方性積層板と呼んでいる。

　積層板では，各層が相互に拘束しあって，自由に動けないので，各層の弾性係数と熱膨張係数が相互に関連して，積層板の熱膨張係数が決定される。このような積層板の弾性係数や熱膨張特性を記述するのに便利な手法として，積層パラメータと呼ばれる手法[3]があり，積層板の各層の配向角 θ のいくつかの三角関数の厚さ方向積分値のことで，積層板の熱膨張係数の理論として使用されるものは以下である。

$$\xi_1 = \int_0^1 \cos 2\theta \, du, \quad \xi_2 = \int_0^1 \cos^2 2\theta \, du$$

$$\xi_3 = \int_0^1 \sin 2\theta \, du, \quad \xi_4 = \int_0^1 (\sin 2\theta - \cos 2\theta) du \tag{4}$$

これらの積層パラメータを用いると，中央面に関して対称な積層構成を持ち，θ 層と $-\theta$ 層の厚さの等しい積層板の熱膨張係数 $\tilde{\alpha}_i$ は，積層板の面内剛性 A_{ij} などを用いて，以下[3]のように書かれる。

$$\tilde{\alpha}_i = A_{ij}^{-1} \bar{A}_j \tag{5}$$

ここに $\bar{A}_j$ は積層パラメータを用いて記述される以下の量である。

$$\bar{A}_j = (h/2) \begin{cases} q_1^* + q_2^* \xi_1 \\ q_1^* - q_2^* \xi_1 \\ q_2^* \xi_3 \end{cases} \tag{6}$$

q_i^* は熱弾性不変量と呼ばれる値で，一方向材の等価剛性と，その繊維方向と直角方向の熱膨張係数を用いて，以下のように表される。

$$q_1^* = Q_{11} \, \alpha_L + Q_{12}(\alpha_T + \alpha_L) + Q_{22} \, \alpha_T$$
$$q_2^* = Q_{11} \, \alpha_L + Q_{12}(\alpha_T - \alpha_L) - Q_{22} \, \alpha_T \tag{7}$$

この積層板の熱膨張係数の記述式と，広い温度範囲で取得した一方向 CFRP 材の α_L と α_T のデータを基礎に，著者は，かつて，広い範囲で熱膨張係数を零に近く制御することが可能な積層構成が存在することを見出し，論文として出版[3]した。

　基礎材料として，当時の最も一般的な CFRP である東レ㈱製の炭素繊維 T300／エポキシ CFRP を選択した場合には，まずその繊維方向熱膨張係数の広い温度範囲の実験結果は，図 2 に示すようになり，この場合，図 3 に示す積層構成（θ）で，広い温度範囲でこの図の 0°方向の熱膨張を零にすることが可能である。

　この理論の実証のため，フィラメントワインド（FW）という一方向 CFRP の糸を巻きつけて硬化する手法で，近似的に図 3 の積層構成を満足する円筒を製作し，その円筒の軸方向の熱膨張係数を広い温度範囲で測定した。その結果（$\theta = 45°$ の場合）を温度を横軸にとって図 4 に示す。

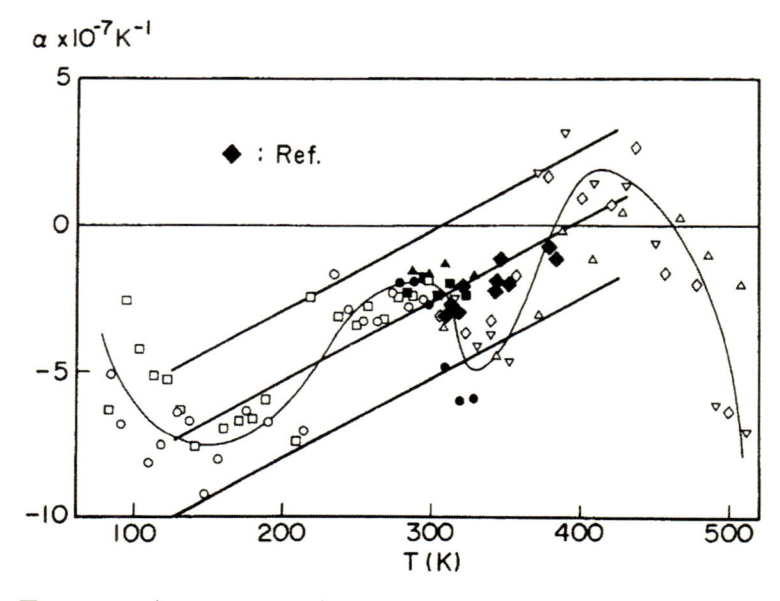

図2　CFRP（T300／エポキシ）一方向材繊維方向の広い温度範囲の実験結果

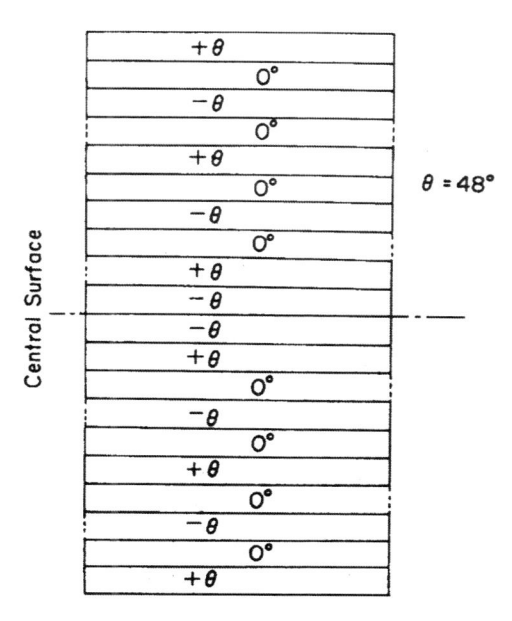

図 3　CFRP（T300／エポキシ）積層材の熱膨張係数を広い
範囲で零にすることが可能な積層構成の断面図

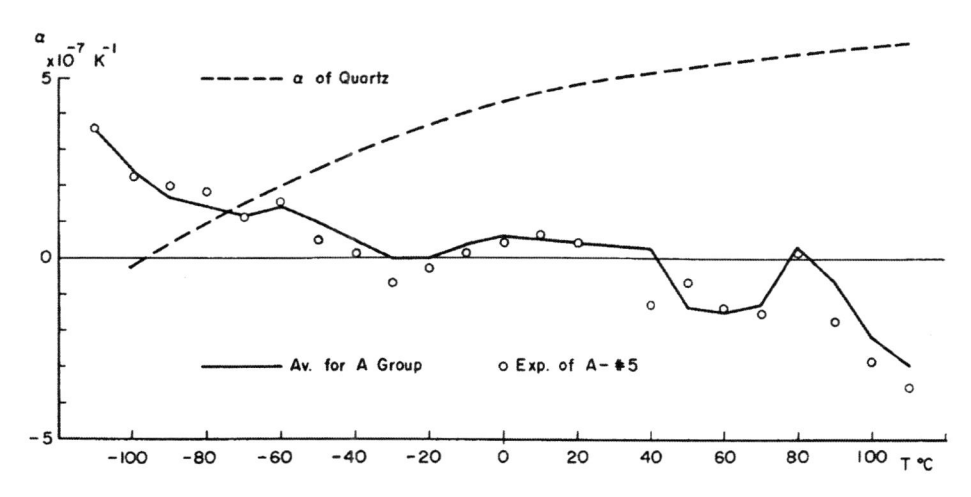

図 4　CFRP 積層材の一つの主軸方向の広い温度範囲での熱膨張係数の実験結果

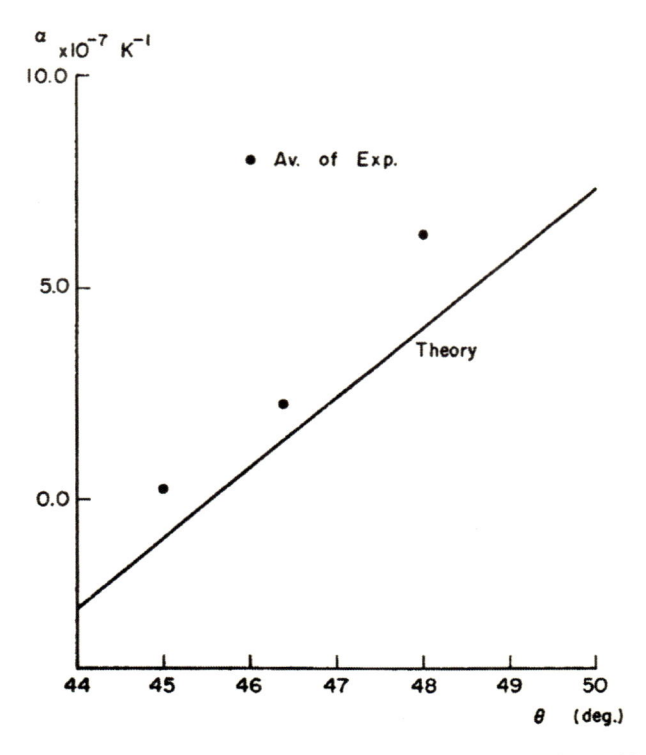

図5　図3に示す CFRP 積層材の積層交角 θ と熱膨張係数の関係

さらに高精度に零に近づけるために，θ を変数として変化させて円筒を製作して，その熱膨張係数を測定した。その結果を θ を横軸にとって図5に示す。$\theta = 48°$ とした時が，最も零に近づくことがわかる。

　このように，著者の提唱した理論により，CFRP の熱膨張係数を広い温度範囲で制御できることがわかる。

　しかし，ここに示した理論は本質的に，積層板の一つ主軸の方向の熱膨張係数だけを零に近づけるものであり，一種類の CFRP 材を用いる限り，実用的に重要な全方向の熱膨張係数を零に制御することは不可能である。この全方向の熱膨張係数を零に制御するには，繊維方向の熱膨張係数がかなりの負値を示す高弾性型 CFRP と，今まで例示した，高強度型 CFRP（その初期タイプが T300／エポキシ）を適切に積層することで実現できる。基本理論は，既に示した熱膨張係数の式(4)〜(7)で完結しており，これに配向角の厚さ方向分布で決定される式(4)の積層パラメータと，両種の CFRP の α_L，α_T の実験値を代入して計算することにより，全方向の熱膨張係数を零にすることができる。この手法の実例のここでの記述は省略する。

　以上に述べたように，CFRP を使用すると，その熱膨張係数の著しい異方性と，繊維方向の熱

膨張係数が高強度型 CF ではほぼ零に近く，高弾性型 CF ではかなりの負値を示すことから，積層板の熱膨張係数を，相当に広い温度範囲で零に制御することが可能であることを示した。

文　　献

1) Takashi Ishikawa, Kazuo Koyama and Shigeo Kobayashi: "Thermal Expansion Coefficients of Unidirectional Composites", *Journal of Composite Materials*, **12** (2), 153-168 (1978)
2) 邉吾一，石川隆司編著："先進複合材料工学"，㈱培風館，2005.5."
3) 石川隆司，福永久雄，小野幸一："広い温度範囲で一主軸方向の熱膨張係数を零近傍に制御した積層複合材"，日本航空宇宙学会誌，**36** (418)，512-519 (1988)

第4章　金属／セラミックス複合材料

小橋　眞*

1　はじめに

　複合材料は，辞書[1]を紐解くと "強度，剛性，軽量化などの特性向上のために，2種類以上の性質が異なる素材を，それぞれの相を保ったまま界面で強固に結合し，合体・複合した材料。一つの成分（マトリックス母材）に他の成分（フィラー強化材）を分散・埋没させる場合が多く，マトリックスに有機高分子を使ったものをFRP，金属を使ったものをFRMと略称する。複合の形態，割合により特性が大きく変化するため，材料設計が行える。" と定義されている。ここでは，金属とセラミックスの複合材料について述べる。金属が母相となる金属基複合材料はMMC（Metal Matrix Composite）と表記される場合も多い。

　複合材料の特徴は，一つの特性が向上するだけにとどまらず，二つ以上の特性を制御することができ，それにより均一材料では見られなかった特性の組み合わせを得ることが可能であるという点である。例えば，ヤング率と熱伝導率の組み合わせに着目すると図1に示すように，均質材料では，ヤング率と熱伝導率には明確な相関関係があり，高ヤング率材料は熱伝導率が高く，低

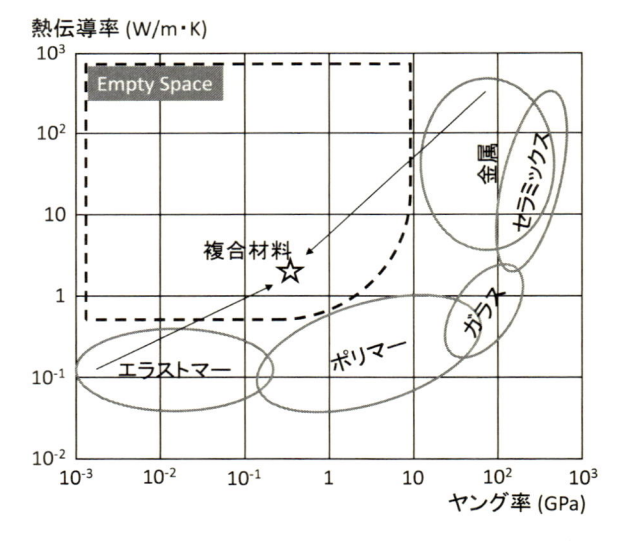

図1　様々な材料の熱伝導率と熱伝導率の組み合わせ[2]

＊　Makoto Kobashi　名古屋大学　大学院工学研究科　物質プロセス工学専攻　教授

ヤング率材は熱伝導率が低い[2]。すなわち，均質材料では，低ヤング率かつ高熱伝導率という特性が両立しない。そこで，高ヤング率・高熱伝導率材と低ヤング率・低熱伝導材を複合化することにより，図1中点線に囲まれた領域（empty space）における特性の組み合わせ（すなわち純物質では見られない特性の組み合わせ）を持つ材料を得る可能性が開けてくる。また，複合材料の特性は経験則ではなく，数値計算で予測可能であるため，材料設計が容易である点を大きな特徴とする。

　本章では，金属／セラミックス複合材料の用途展開，特性の計算予測方法，様々な製造プロセスについて紹介する。

2　金属／セラミックス複合材料の用途展開

2.1　金属を母相とする場合

金属中にセラミックス粒子を分散させることにより，次のように様々な特徴が変化する。
- ・剛性，強度，硬度……向上
- ・高温強度，耐クリープ特性……向上
- ・熱膨張係数……低下（分散相の体積率配合率による制御）
- ・振動減衰能……向上
- ・中性子遮蔽特性……発現（分散粒子に B_4C 等を用いた場合）

これらの特性から，車のプッシュロッド，高速鉄道ブレーキディスク，中性子遮蔽使用済核燃料保管容器，エンジンのピストンヘッド部分などへの適用が検討されてきた。

　熱制御分野への応用展開に関しては，半導体デバイス等の放熱基板材料として利用されてきた。近年のコンピューターや電動自動車の急速な進歩は，半導体素子および回路の発達が急速に進んでいることが大きな要因であることは言うまでもない。しかしながら，課題の一つに半導体部品の発熱がある。この発熱の問題は，更なる高集積化，高性能化により，より顕著になると予想される。この半導体部品から発生する熱を拡散・放出する技術が欠かせない。

　多くの熱を放出するためには出来る限り性能の良い放熱材料が求められる。この場合，放熱材料の性能とは熱伝導率が高いこととパッケージされる半導体素子に近い熱膨張率を持っていることである。図2は半導体パッケージモデル例を示している。図2の中で最も半導体素子の近くにあるのが，パッケージ材で熱応力による故障を防ぐためにはシリコンやガリウムヒ素などの半導体素子に近い熱膨張係数であることが望ましい。信頼性を重視したパッケージ材にはアルミナなどのセラミックス材料が用いられる[3]。素子の片面には多くの場合，金属でできたヒートスプレッダと呼ばれる部分があり，ここからさらにヒートシンクに熱が伝わり最終的に外部へと逃がしている。そこで，半導体素子に近い熱膨張率を持つヒートスプレッダが半導体素子に直接密着していることが好ましい。これまでに放熱基板材料として使われている材料について熱膨張係数，熱伝導率をプロットした図を図3に示す[4]。そのような材料には，Kovar，Cu/W，Cu/Mo

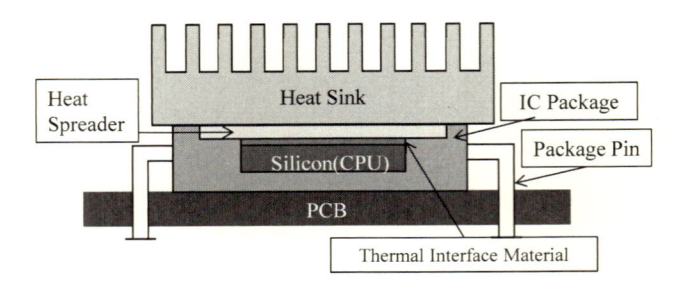

図2 半導体パッケージと放熱材料

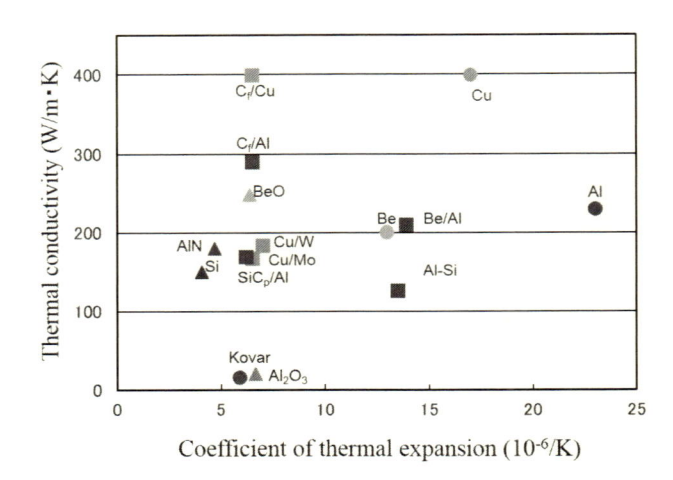

図3 各種材料の熱伝導率と熱膨張率

などが知られている。Kovar は熱伝導率が低く，Cu 系材料では Cu/W，Cu/Mo は熱膨張係数，熱伝導率と特性は両立されているが密度が高く軽量性が求められる用途には向かない。以上から，低熱膨張材料として軽量なセラミックスが用いられる場合がある。SiC 粒子分散アルミニウムなどの金属／セラミックス複合材料が開発されている[5]。

2.2 セラミックスを母相とする場合

　セラミックスを母相とする複合材料の例として，過電流保護素子（Positive Temperature Coefficient：PTC 素子）への展開を紹介する[6]。

　過電流保護素子とは，電気回路に過電流が発生した際にその電流を遮断する素子である。この素子は，絶縁母相に導電性のフィラーを複合した材料であり，パーコレーションしきい値よりわずかに多い導電粒子が分散していると室温では導電性を持つが，過電流が流れた際に母相が熱により膨張しパーコレーションが失われ，絶縁性となる（図4）。ポリマーを母相とする素子は開発されているが，ポリマーの耐熱性の低さから，大電流に耐えることができない。そこで，セラ

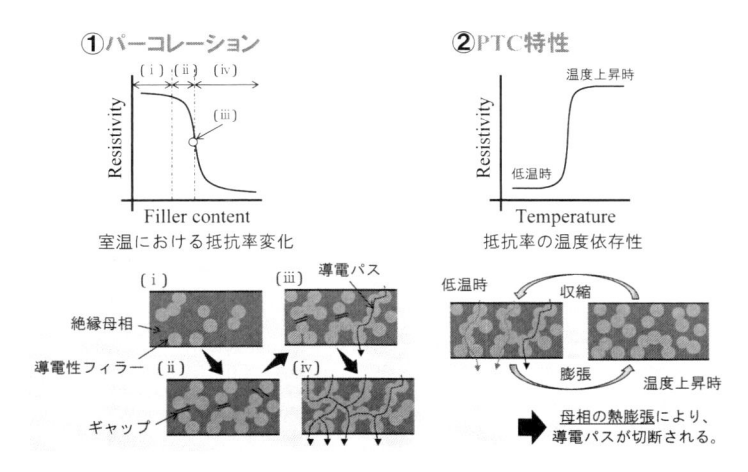

図4　過電流保護組織の概念図

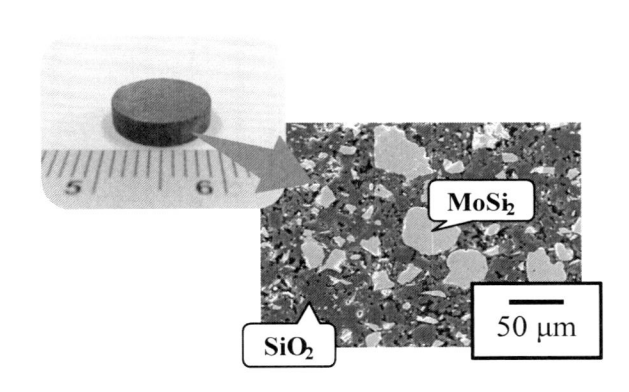

図5　クリストバライト母相中にMoSi₂導電粒子を分散した複合材料

ミックスを母相とし，大電流に対応できる無機の過電流保護素子の開発が試みられている。絶縁セラミックスにクリストバライト型 SiO_2 粉末，導電性フィラーに耐熱性の高い $MoSi_2$ 粉末を用いた例を図5に示す。

3　複合材料の特性値予測

3.1　複合則

　母相，分散相の特性から複合材料の特性を計算予測するための様々な計算方法が提案されている。複合材料の特性を計算予測するための最も簡便な方法が複合則（Rule of Mixture：ROM）である。複合則は，複合材料の実効的な特性を母相，強化相の特性の加重平均で求める方法であり，一般的に次式で表現される。

$$P_c = V_1 P_1 + V_2 P_2$$

ここで，Pは着目している特性値（密度，ヤング率，熱伝導率など），Vは各相の体積率（0〜1，$V_1 + V_2 = 1$），添字の c は，複合材料を表し，1，2 は，それぞれ複合材料を構成する相 1（母相），相 2（分散相）を表している。複合則は簡便である反面，分散相の形態（アスペクト比など）や界面の状態（熱伝達，接合状態）が考慮されていないことに注意を払う必要がある。

3.2 弾性率の予測

ヤング率に関しては，一方向連続繊維強化複合材料における繊維方向，あるいは図 6 に示す積層板における荷重方向が(a)である時に下記が成立する。

$$E_c = V_1 E_1 + V_2 E_2$$

ここでEはヤング率である。

このモデルは複合材料内のひずみ分布が一様であると仮定している（Voigt model，等ひずみモデル）。

荷重方向が図 6 中(b)のように繊維あるいは積層板の面と垂直方向である場合は，材料内部で応力の分布が一様であると仮定する（Reuss model，等応力モデル）。すなわち，相 1，相 2 内の応力は一定で，ひずみが相毎に異なる（$\sigma_1 = \sigma_2 (= \sigma_c)$，$\varepsilon_1 \neq \varepsilon_2$ ここで，σ，ε は各相内の応力およびひずみ）。この時，複合材料の実効的なひずみは相 1，相 2 のひずみの加重平均で求められ，次式が成立する。

$$\begin{aligned}
\varepsilon_c &= \varepsilon_1 V_1 + \varepsilon_2 V_2 \\
&= (\sigma_1/E_1) V_1 + (\sigma_2/E_2) V_2 \\
&= (\sigma_c/E_1) V_1 + (\sigma_c/E_2) V_2
\end{aligned}$$

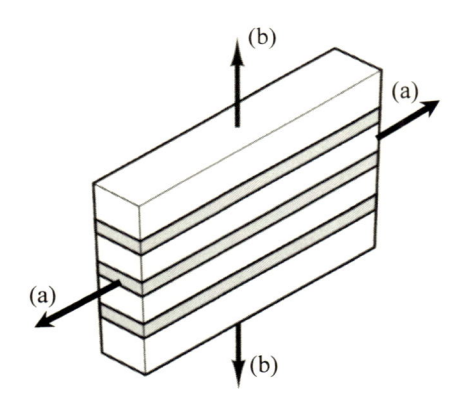

図 6　異方性を持つ複合材料（積層板）の荷重負荷方向

ここで複合材料のヤング率 E_c は，フックの法則より次式で表される。

$$\sigma_c = E_c\,\varepsilon_c$$

よって，

$$1/E_c = \varepsilon_c/\sigma_c$$
$$= V_1/E_1 + V_2/E_2$$
$$\therefore E_c = E_1 E_2/(V_1 E_2 + V_2 E_1)$$

複合材料のヤング率は，分散相の形態により異なるが，分散相のヤング率が相対的に母相のヤング率より大きい場合は，Voigt モデルが上界値，Reuss モデルが下界値となり，粒子分散複合材料のヤング率は，その間に分布することが知られている。

　図7に Cu/W 複合材料のヤング率の Voigt 則による上界値と Reuss 則による下界値の理論線と実測値のプロットを示す[7]。分散相の体積率が低い場合には等応力分布モデルである Voigt 則に従うが，体積率が高くなり分散相が連結するようになると，等ひずみモデルである Reuss 則に近い値をとるようになる。

　体積弾性率の上限値（$K_{c,\,\text{upper bound}}$），下限値（$K_{c,\,\text{lower bound}}$）は Hashin-Shtrikman らによって，次のように導かれている[8]。

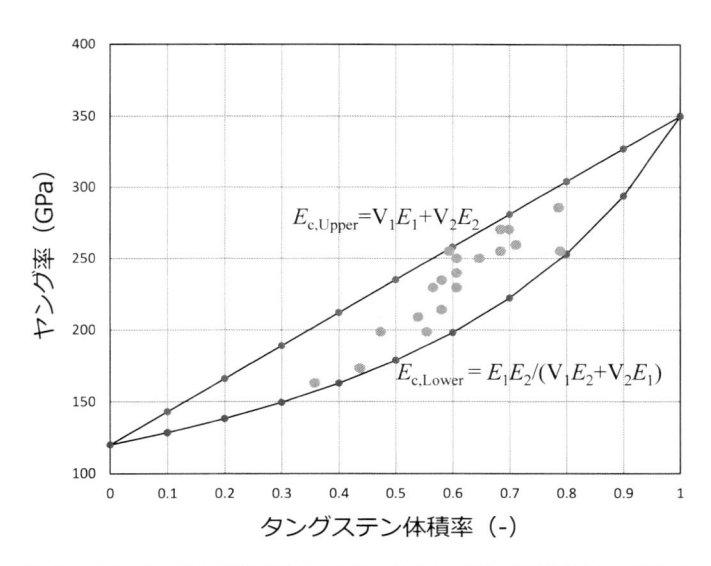

図7　タングステン分散銅基複合材料のヤング率（複合則による計算（線）と実測値（点））[7]

$$K_{c,\,lower} = K_1 + \cfrac{V_2}{\cfrac{1}{K_2 - K_1} + \cfrac{V_1}{K_1 + 4G_1/3}}$$

$$K_{c,\,upper} = K_2 + \cfrac{V_1}{\cfrac{1}{K_1 - K_2} + \cfrac{V_2}{K_2 + 4G_2/3}}$$

ただし，上式は $G_1 < G_2$（G はせん断弾性率）である時に成立し，$G_1 > G_2$ のときは，上界値と下界値が入れ替わる。

3.3　熱膨張率の予測

粒子分散複合材料の熱膨張率については，複合則を適用すると次式となる。

$$\alpha_c = V_1 \alpha_1 + V_2 \alpha_2$$

ここで，α は線熱膨張率を表す。しかしながら，母相と分散相の熱膨張率が異なる場合は，内部応力が発生するので，この熱応力による体積弾性と母相のせん断変形を考慮する必要がある。このため，複合則では，正しい値が得られない。

Turner らは，複合材料の熱膨張率について，母相と分散相の熱膨張率のミスフィットにより生じる内部応力を考慮した理論を導いている[9]。ただし，このモデルでは複合材料内部のひずみは一定と仮定し，母相のせん断変形がないものとして計算している。はじめに，温度変化により，母相（相1）および分散相（相2）の内部に生じる応力（σ_1, σ_2）は，それぞれ，次式で表すことができる。

$$\sigma_1 = (\beta_c - \beta_1) K_1 \Delta T$$
$$\sigma_2 = (\beta_c - \beta_2) K_2 \Delta T$$

ただし，K は体積弾性率，β は体積熱膨張率（$\fallingdotseq 3\alpha$）である。

ここで，複合材料全体で内部応力が釣り合っている仮定すると，次式が成立する。

$$\sigma_1 V_1 + \sigma_2 V_2 = 0$$

よって，次式が導かれる。

$$\alpha_c = (V_1 K_1 \alpha_1 + V_2 K_2 \alpha_2) / (V_1 K_1 + V_2 K_2)$$

Turner のモデルは複合材料内部のひずみが一定と仮定しているので，片方の相が粒子形状で不連続に分散する複合形態よりも，両方の相が3次元的に連結している複合形態（相互浸透相複合材料，Interpenetrating Phase Composite）の場合に，実験に近い値を示す。また，Turner のモデルでは，母相のせん断変形が考慮されていないため，分散相の熱膨張率が小さいときに複合

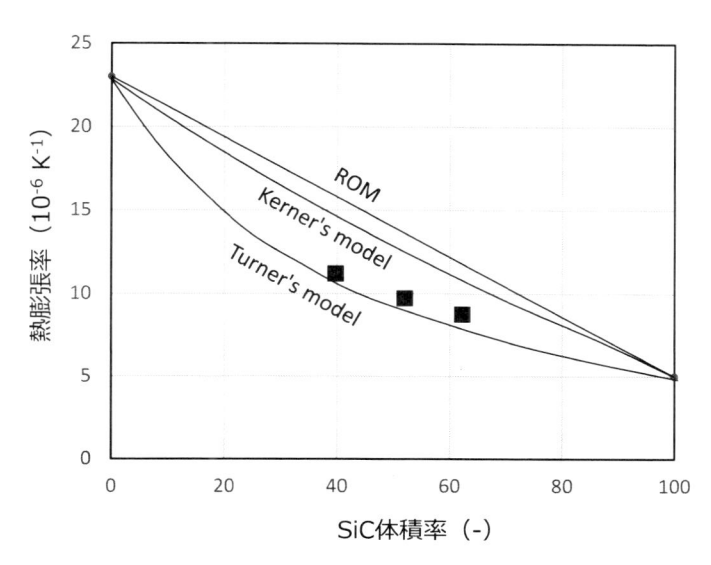

図8　SiC 粒子分散アルミニウム基複合材料の熱膨張率（計算（線）と実測値（点））[10]

材料の熱膨張率が非常に低く予測される。ここで，K_1 と K_2 が等しいときには，単純な複合則（Voigt モデル）と同じ形になる。

　母相のせん断変形を考慮したモデルとして，Kerner は次式に示す理論式を提案している。このモデルでは相 1，相 2 のせん断弾性率が計算中に導入されている[10]。

$$\alpha_c = \alpha_1 - V_2(\alpha_1 - \alpha_2) \cdot A/B$$
$$A = K_1(3K_2 + 4G_1)^2 + (K_2 - K_1) \times (16G_1^2 + 12G_1K_2)$$
$$B = (3K_2 + 4G_1)[4V_2 G_1(K_2 - K_1) + 3K_1K_2 + 4G_1K_2]$$

　図8に SiC 粒子分散アルミニウム基複合材料について，各予測方法による熱膨張率の予測値（実線）と実測データ（点）を示す。

3.4　熱伝導率の予測

　熱伝導率の計算予測も，いくつかの理論式が提案されている。ここでは，複合則，Hashin-Shtrikman の式を紹介する。

　複合則に関しては，積層板に関して図6(a)の方向（あるいは連続繊維複合材料の繊維軸方向）に熱が流れる場合の熱伝導率（λ）は，Voigt 則により次のように表される。

$$\lambda_c = \lambda_1 V_1 + \lambda_2 V_2$$

　また，図6(b)の方向に熱が流れる場合には，Reuss 則により

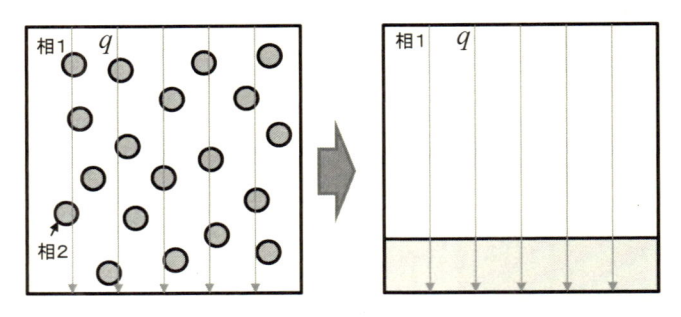

図9 Reuss則による熱伝導率の近似予測

$$\lambda_c = \lambda_1 \lambda_2 / (\lambda_1 V_2 + \lambda_2 V_1)$$

となる。

　粒子分散複合材料の熱伝導率については，熱が図9の矢印のように一方向にまっすぐに伝達すると仮定し，かつ，熱流束が場所によらず一定であると仮定すると，積層板の積層面に垂直な方向に熱が流れる場合と等価になり，Reuss則を適用することができる。

　異方性を持たない複合材料の熱伝導率は，Hashin と Shtrikman によって次のように上界値と下界値が与えられている[11]。

$$\lambda_{c,\,lower} = \lambda_2 + \cfrac{V_2}{\cfrac{1}{\lambda_1 - \lambda_2} + \cfrac{V_2}{3\lambda_2}}$$

$$\lambda_{c,\,upper} = \lambda_1 + \cfrac{V_2}{\cfrac{1}{\lambda_2 - \lambda_1} + \cfrac{V_1}{3\lambda_1}}$$

ただし，$\lambda_1 > \lambda_2$ の場合であり，$\lambda_1 < \lambda_2$ の場合は上界値と下界値が入れ替わる。

4　複合材料の製造方法

　セラミックス粒子が分散した金属基複合材料の製造プロセスは様々な方法がある。溶湯法，粉末冶金法，燃焼合成法，加圧含浸法，無加圧浸透法など様々な方法が報告がされている。以下にそれぞれの方法と特徴について簡単に述べる。

4.1　溶湯撹拌法
　溶湯撹拌法は，図10に示すように母相となる金属を溶融し，そこへセラミックス粒子を添加して撹拌機と撹拌子を用いて撹拌することにより，セラミックス粒子を溶融金属中に分散させる方法である[12]。溶融金属とセラミックス粒子の濡れ性が良好であることが必要であるので，溶融

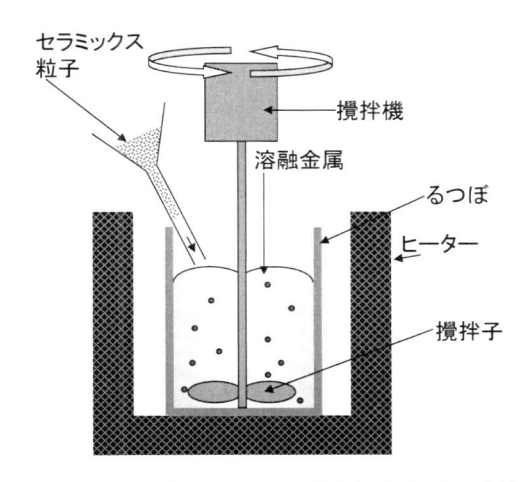

図10　溶湯撹拌法による金属基複合材料の製造方法

金属にセラミックス粒子との濡れ性を改善するための合金元素を添加したり，セラミックス粒子表面の表面改質をするなどの方法がとられている。鋳造法であるので，複合材料の製造法としては，比較的簡便であり，大型の製品を作製することができる。しかしながら，セラミックス粒子が高体積率になると溶湯の見かけの粘性が上昇し撹拌ができなくなり，雰囲気ガスを巻き込むなどにより複合材料の製造が困難になる。粒子分散の場合は，体積率で30％程度以上を分散させることは難しい。また，セラミックス粒子の粒径が微細（通常，数十 μm 以下）になると，溶融金属との濡れ性が悪くなり複合化が困難である。また，凝固の過程で，セラミックス粒子が液相部分に押し出され，分散状態が不均一になる場合がある[13]。

4.2　粉末冶金法

　金属粉末およびセラミックス粉末を所要の形状に圧粉成形し，焼結して十分な強度をもつ製品をつくる方法であり，複合材料の製造プロセスとして多く利用されている。この方法では，溶湯撹拌法と比べてセラミックス粒子の配合率が高い材料を得ることができる。また，セラミック体積率の傾斜化なども比較的容易である。その反面，複雑な形状や大型の部品の製造は困難である。他にはメカニカルアロイングと粉末冶金法を組み合わせた方法[14, 15]や強化相をめっきによりコーティングし粉末冶金法による作製を試みた報告もされている。

4.3　燃焼合成法

　燃焼合成法は，セラミックスや金属間化合物を構成する元素粉末あるいはその構成元素を含む化合物の粉末を混合し，加熱することで大きな発熱を伴いながら目的のセラミックスまたは金属間化合物を合成する方法であり[16]，比較的低い温度で反応が開始し（例えば Al–Ti 系ではアルミニウムの融点），一旦反応が開始すると強い発熱を伴い数秒程度の短時間で目的とする化合物の

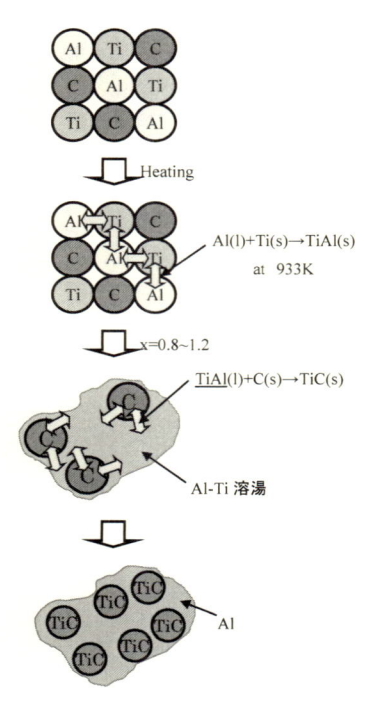

図 11　アルミニウム，チタン，炭素粉末から TiC 粒子
分散アルミニウム基複合材料の燃焼合成

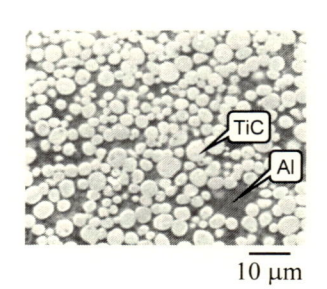

図 12　燃焼合成法により作製した
TiC 粒子分散アルミニウム
基複合材料の微視組織

合成が終了することが特徴である。図 11 にアルミニウム，チタン，炭素粉末から TiC 粒子分散アルミニウム基複合材料を合成する燃焼合成反応の模式図を示す。アルミニウムの融点付近でアルミニウムとチタンの発熱反応が生じ，これに続いて炭素とチタンが反応して TiC 粒子が生成する（図 12）。同様の方法で TiB_2 粒子分散アルミニウム基複合材料も合成できる。大規模な装置を必要とせず，秒単位で化合物が合成されること，マトリックスと強化粒子間の界面に不純物が存在しない。また，直径が数 μm 程度の比較的微細な粒子を分散させることが可能である。しかしながら，燃焼合成後の試料は多孔質になりやすいといった欠点がある[17, 18]。

4. 4　溶湯含浸法

4. 4. 1　加圧含浸法

　強化相のみをはじめに仮焼結などしてプリフォームを成形し，パンチ荷重またはガス圧を用いて機械的に溶融金属をプリフォームに圧入する方法である。加圧浸透法の模式図を図 13 に示す。この方法では，プリフォームを予熱して金型内に設置する。そして，溶融金属を注いで加圧することにより，溶融金属をプリフォーム内に含浸させて複合材料を作製する。含浸に必要な圧力は，プリフォーム中の空隙の形状と大きさ，強化材と溶融金属との濡れ性，プリフォームの温度などで決まる。加圧含浸法においては，セラミックスと溶融金属との濡れ性が悪くても高い加圧力を

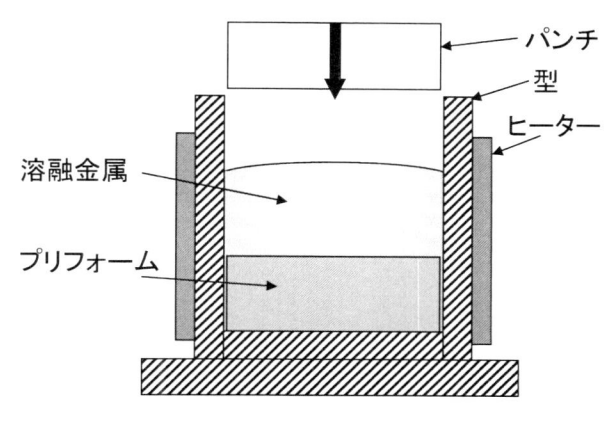

図13　加圧含浸法の模式図

加えることで溶融金属の含浸が可能になるが[19]，圧力が高すぎるとプリフォームの破壊が生じてしまう。この他に間接的な加圧法として，ガス圧を溶融金属に伝える方法（gas pressure infiltration）[20, 21]もある。これらのプロセスで溶融金属の含浸に圧力が必要であるのは，強化相と溶融金属の濡れ性が良好ではないから，毛細管力が溶融金属をプリフォームから排出する方向に作用することと，多孔体中を溶融金属が含浸することから次式に示される Darcy 則による圧力損失が生じることに加えて，毛細管力が浸透を妨げる方向に作用するためである。

$$Q = k_D A \, \Delta P / L$$

ここで，Q は単位時間当りの流量（m/s），k_D は透過係数（permeability coefficient）（$m^2 \cdot Pa^{-1} \cdot s^{-1}$），$A$ は断面積（m^2），L は溶融金属がプリフォーム中に含浸した距離（m），ΔP は加圧圧力（Pa）である。

　ただし，濡れ性が良好な固液系を選択すれば，溶融金属が毛細管力により自発的にプリフォーム中に浸透することが期待できる。

4.4.2　無加圧含浸法

　上記の加圧含浸法において粉末プリフォームと溶融金属との間の濡れが良好であれば，溶融したメタルに圧力を負荷しなくとも，溶融金属が粉末プリフォーム中に自発的に浸透することが期待できる。無加圧浸透法により複合材料が作製できると，次のようなメリットが現れる。

　　・プロセスの簡略化による製造コストの低減
　　・体積配合率の高い複合材料の作製
　　・near-net shape を持つ複合材料の作製への応用

　無加圧浸透が可能になる条件の重要な要素の一つとして毛細管力を挙げることができる。毛細管力 P は，

$$P = \frac{2\gamma\cos\theta}{r}$$

γ：表面張力，θ：静的法による固液間の接触角，r：毛細管 半径

という式で表すことができる。無加圧浸透法において，粉末プリフォームへの溶融金属の浸透を考える場合，粉末層における毛細管半径は

$$r = \frac{(毛細管中に浸透した液相の体積)}{(毛細寒中の固液界面の面積)} = \frac{d \cdot \varepsilon}{6\lambda(1-\varepsilon)}$$

d：粒子の平均粒径，ε：粉末層中の空隙率，λ：幾何学的定数（$=1.4$）

と定義できる。これらの式より粉末層に発生する毛細管力は，

$$P = \frac{17\lambda(1-\varepsilon)\cos\theta}{d \cdot \varepsilon}$$

で表すことができ，これから，粒子と溶融金属間の濡れが良いほど浸透が進む傾向にあることが確認できる。

　この無加圧浸透により様々なセラミックに溶融銅の浸透を試みた例が報告されている[22]。無加圧での浸透の可否は，銅溶湯とセラミックの濡れ性でほぼ決まっていた。

4.4.3　反応浸透法

　先に，燃焼合成法によるセラミックス粒子分散金属基複合材料の合成について述べたが，一般に，燃焼合成法で作製した材料は空隙を多く含む。燃焼合成体を複合材料として使用する場合は，こうした空隙を除去する必要がある。燃焼合成法に浸透法を組み合わせた反応浸透法では空隙が除去できる[23〜25]。図14に TiB_2 粒子分散銅基複合材料の製造における反応浸透法の概要を示す。まず，銅，チタン，ホウ素混合粉末をるつぼの底部に充填して，その上部に銅インゴットを設置する。試料全体を加熱するとチタンとホウ素粉末間で TiB_2 を生成する燃焼合成反応が開始する。燃焼合成により気孔を含む TiB_2 粒子分散銅基複合材料が合成する。この複合材料は前述のように空隙を多く含むが，この空隙部分へ溶融銅が浸透する。この過程で，最終的に銅が空隙を埋めていく。浸透の可否には，固液間の濡れ性が大きく関与するが，燃焼合成では試料温度が非常に高温となるため，濡れ性は良好で，気孔のない材料を得ることができる。燃焼合成反応後の試料に溶融銅が浸透し，空隙を充填した後の試料断面を図14に示す。マクロ写真の下半分が複合材料部分で，上半分が浸透後も上部に残った銅である。図14の微視組織中の暗部は TiB_2 粒子で明部は銅母相である。

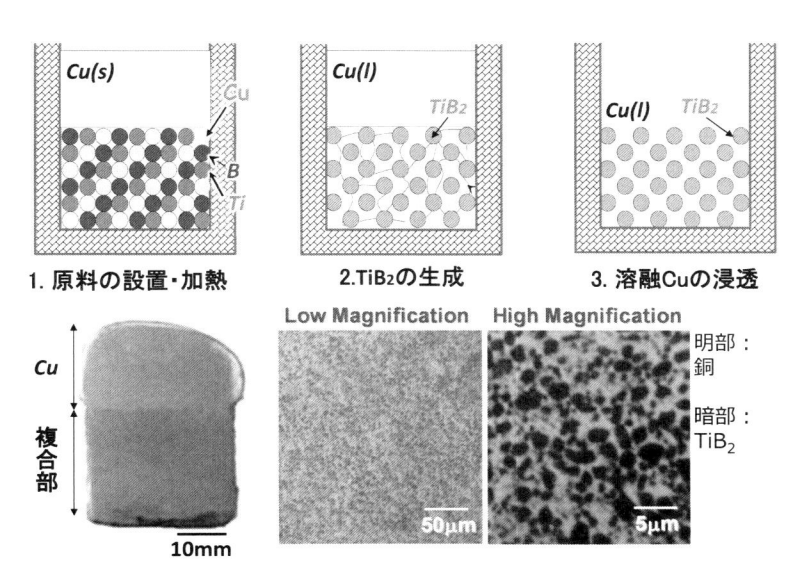

図14　反応浸透法の模式図と反応浸透法により合成された TiB$_2$/Cu 複合材料
　　　の断面写真と微視組織（写真中暗部が TiB$_2$）

5　おわりに

　金属中にセラミックス粒子を分散させることにより，力学的性質のみならず熱的性質も大きく
変化する。例えば，金属母相とセラミックス粒子の熱膨張率と配合割合で複合材料の熱膨張率を
制御することができる。複合材料の特性は，理論に基づく計算により予測することができるので，
材料設計が可能な材料である。ただし，多くの理論式が存在し，それぞれの理論式の特徴や前提
を理解して利用することが重要である。金属とセラミックスを複合化する技術は，いくつかの方
法があり，目的に応じた製造方法を選択することが重要である。

文　　　献

1)　ブリタニカ国際大百科事典 小項目事典
2)　M. F. Ashby, Y. J. M. Brechet, *Acta Materialia*, **51**, 5801-5821 (2003)
3)　村上　元, *Semicondoctor FPD world*, **11**, 1-4 (2008)
4)　例えば，Electronic Packaging: *Heat Sink Materials*, 2679～2685 (2001)
5)　K. Chu 等, *Materials and Design*, **30**, 3497-3503 (2009)

6) PTC サーミスタ部材，特願 2013-99437

7) R. H. Krock, *ASTM Proc.*, **63**, 605-612（1963）

8) Z. Hashin, S. Shtrikman, *J. Mech. Phys. Solids*, **11**, 127-140（1963）

9) I. A. Ibrahim, F. A. Mohamed, E. J. Lavernia, *J. Mater. Sci.*, **26**, 1137-1156（1991）

10) E. H. Kerner, *Proc. Phys. Soc.*, **69**, 808（1956）

11) Z. Hashin, S. Shtrikman, *J. Applied Physics*, **33**, 3125-3131（1962）

12) J. Hashim, L. Looney, M. S. J. Hashmi, *J. Mater. Proc. Technol.*, **92-93**, 1-7（1999）

13) D. M. Stefanesfu, S. Ajuha, B. K. Dhindaw, R. Phalnikar, Proc. 2nd Int. Conf. The Processing of Semi-Solid Alloy and Composites, Cambridge, MA, USA, TMS, 406-416（1993）

14) 青木　翔，久保田正広，軽金属，**61**，389-395（2011）

15) 青木　翔，久保田正広，軽金属，**60**，654-659（2010）

16) K. Morsi , *J. Mater. Sci.*, **47**, 68-92（2012）

17) A. Varma, A. S. Rogachev, A. S. Mukasyan, S. Hwang, *Adv. Chem. Eng.*, **24**, 81-209（1998）

18) K. Morsi , *Mater. Sci. Eng. A*, **299**, 1-15（2001）

19) Y. Nishida, G. Ohira, *Acta Mater*, **47**, 841-852（1999）

20) A. Demir, N. Altinkok, *Composites Sci. Tech.*, **64**, 2067-2074（2004）

21) E. Candan, *Mater. Letters*, **60**, 1204-1208（2006）

22) A. R. Kennedy, J. D. Wood, B. M. Weager, *J. Mater. Sci.*, **35**, 2909-2912（2000）

23) 小橋　眞，大浦知樹，長　隆郎，軽金属，**45**，397-402（1995）

24) 小橋　眞，斎木健蔵，金武直幸，日本金属学会誌，**75**，525-531（2011）

25) 尾村直紀，小橋　眞，長　隆郎，金武直幸，日本金属学会誌，**66**，1317-1324（2002）

第2編
負熱膨張材料とその機構

第5章　ZrW_2O_8

山村泰久[*]

1　はじめに

　近年，負の熱膨張材料の研究が精力的に行われ，新規化合物の開発や，基礎・応用に関する多様な研究が進められている。これらの端緒となった化合物が，タングステン酸ジルコニウム（ZrW_2O_8）と言っても差し支えないであろう。酸化物が 1000 K 以上に渡って等方的に熱収縮するという 1995 年の Mary らの報告[1]は，それまでの常識を覆すものであった（実は，1969 年に室温から 700℃ の間で熱収縮するという報告[2]があった）。この Mary らの論文から既に 20 年以上が経過したが，ZrW_2O_8 を始めとする幅広い負の熱膨張物質の研究が活発に続けられている。筆者は幸運なことに初期段階からこの ZrW_2O_8 の負の熱膨張の研究に携わる機会を得，これまでその物性研究を行ってきた。本稿では，これから ZrW_2O_8 系化合物を扱う研究者も対象に，ZrW_2O_8 系化合物の物性を概説する。

2　ZrW_2O_8 の合成法と熱力学的安定性

　ZrW_2O_8 は，1959 年に初めて合成[3]された。この時に報告された相図[3]によると，ZrW_2O_8 は 1380 K から 1530 K の温度範囲で熱力学的に安定である。1380 K 以下では ZrO_2 と WO_3 が安定相であるため，ZrW_2O_8 を室温で得るためには 1380 K 以上の高温で焼成し急冷する必要がある。筆者らは，ZrO_2 と WO_3 の混合粉末をペレット成形し，白金箔で包んで 1200℃ で焼成後，液体窒素に投入して急冷することにより ZrW_2O_8 を合成している[4,5]。冷却速度が足りないと，ZrW_2O_8 は ZrO_2 と WO_3 に分解してしまう。橋本ら[6]は ZrW_2O_8 の多量合成を試み，直径 40 mm，高さ 20 mm のバルク体の合成例を報告している。また，Kowach[7]は，ZrW_2O_8 と WO_3 の混合融液から ZrW_2O_8 の単結晶を成長させることに成功している。

　合成された ZrW_2O_8 は分解が始まる温度である 1050 K 以下では安定である。室温で長期間保管した場合でも，分解はみられない。筆者は合成してから 15 年以上経った焼結試料を保有しているが，ZrW_2O_8 のまま維持されている。しかし，焼結体を粉砕して微粉末にする場合には注意を要する。筆者の経験では，瑪瑙乳鉢を用いて ZrW_2O_8 の焼結体を粉砕し微粉末にすると，ゆっくりとした進行ではあるが室温における安定相である ZrO_2 と WO_3 への分解が進む。粉末 X 線回折測定の実施や材料として ZrW_2O_8 の微粉末を使用する場合には気をつけるべきである。

＊　Yasuhisa Yamamura　筑波大学　数理物質系　准教授

3 ZrW_2O_8 の結晶構造

ZrW_2O_8 の室温における結晶構造（空間群：$P2_13$)[1] を図 1 の挿入図に示す。ZrW_2O_8 は ZrO_6 八面体と WO_4 四面体から構成される。ZrO_6 八面体の頂点の酸素原子全部と，WO_4 四面体の頂点の酸素原子のうち三つが共有され，二種類の多面体が交互に連なったフレームワーク構造を形成している。この多面体とフレームワーク構造によって，格子内に熱収縮するために必要な空間が形成されている。WO_4 四面体の四つの酸素原子のうち，一つ（図 1 結晶構造中の黒丸）は共有されず，隣接する WO_4 四面体と共に単位格子の体対角線の方向（[111]，もしくは [−1 −1 −1] の方向）に整列した配向をとる。この特徴的な結晶構造をとる化合物は他に HfW_2O_8 しか知られていない。なお文献では，この結晶構造の ZrW_2O_8 は α-ZrW_2O_8 と記されている場合が多い。本稿でも相および結晶構造を区別する場合には α-ZrW_2O_8 と記す。ZrW_2O_8 は全温度領域でこの α-ZrW_2O_8 の構造を取っているわけではない。図 1 に ZrW_2O_8 と HfW_2O_8 の格子定数の温度依存性[5]を示す。両化合物とも温度上昇とともに格子定数が減少し，負の熱膨張を示す。両化合物とも 400 K から 500 K の温度範囲でその温度依存性に変化がみられる。この変化は，構造相転移によるものである。ZrW_2O_8 では 440 K[8]，HfW_2O_8 では 468 K[5] が相転移温度である。この高温相でも立方晶（空間群：$Pa\bar{3}$）をとり，ZrO_6 八面体と WO_4 四面体からなる基本構造は変わらず，酸素原子を共有した Zr-O-W 架橋によるフレームワーク構造は維持される。異なる点は，隣接した WO_4 四面体の配向である。高温相の結晶構造では，WO_4 四面体の非共有酸素原子が [111] と [−1 −1 −1] の二つの方向に"無秩序"に配向する[1]。図 2 は ZrW_2O_8 の低温

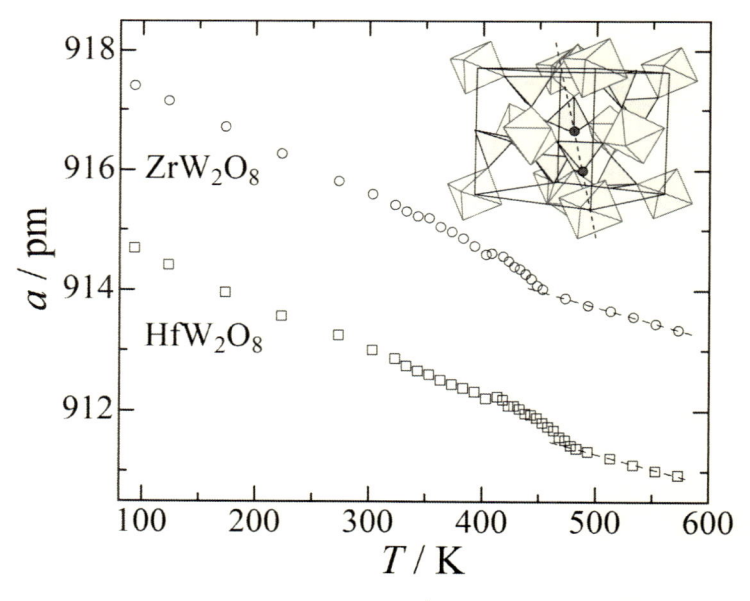

図 1　ZrW_2O_8，HfW_2O_8 の格子定数[5]と α-ZrW_2O_8 の結晶構造

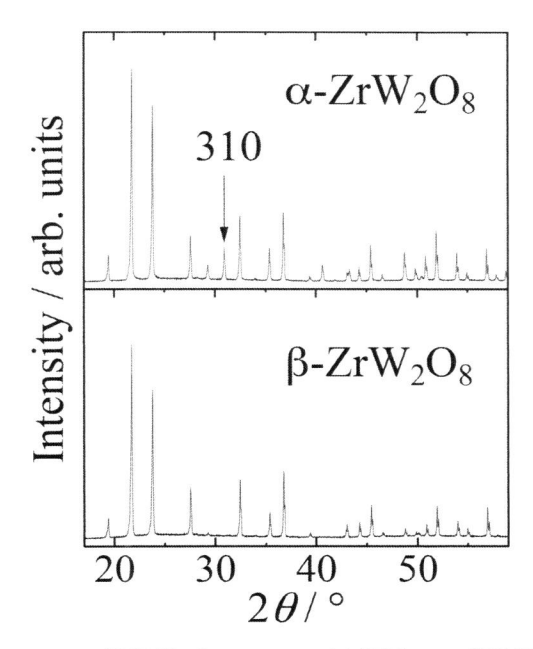

図2　α-ZrW_2O_8（低温相）と β-ZrW_2O_8（高温相）の X 線回折パターン

相と高温相の X 線回折パターン[5]である。両者ともほとんど変化しないが，2θ が約 30 度の位置にある 310 反射が高温相では消滅するため，この反射の有無で結晶構造を区別することができる。この ZrW_2O_8 の高温相は，低温相の α-ZrW_2O_8 に対して β-ZrW_2O_8 と呼ばれている。HfW_2O_8 の高温相も β-ZrW_2O_8 と同じ結晶構造を示す[5]。それ以外では，$ZrMo_2O_8$ が同じ結晶構造を示すことが報告されている[9]。$ZrMo_2O_8$ は低温でも α-構造を示さず，MoO_4 四面体の配向は全温度領域で無秩序となっている。これは Mo のイオン半径が W より小さいことから理解できる。

　ZrW_2O_8 にはもう一種類結晶相が存在することが報告されている。α-ZrW_2O_8 を加圧すると，0.21 GPa 以上の高圧下で γ-ZrW_2O_8 と呼ばれる高圧相が部分的に生じ，0.42 GPa 以上の高圧下では γ-ZrW_2O_8 のみとなる[10]。この γ-ZrW_2O_8 を大気圧下に取り出すことはできるが，390 K 以上では立方晶の α-ZrW_2O_8 に戻る[10]。この γ-ZrW_2O_8 は立方晶ではなく，斜方晶（空間群：$P2_12_12_1$）である。しかし，基本的なフレームワーク構造は α-ZrW_2O_8 とかわらず，隣接する WO_4 四面体の非共有酸素の O-W の向きが α-ZrW_2O_8 のように直線にのらない。この γ-ZrW_2O_8 も負の熱膨張を示す。これは γ-ZrW_2O_8 でもフレームワーク構造が維持されているためと考えられる。

4 ZrW_2O_8 の格子定数と熱膨張率

ZrW_2O_8 のもっとも詳細な格子定数の温度依存性は Evans らのデータ[11]で，中性子回折法により約 2 K おきに 2 K から 520 K の温度範囲で測定されている。このデータと筆者らのデータ[5]（図1）はよく一致する。HfW_2O_8 の格子定数の温度依存性については，筆者らの報告例[5]（図1）が知られるのみである。図1からわかるように，低温相でも高温相でも ZrW_2O_8 より HfW_2O_8 の格子定数が小さい。これはランタノイド収縮により Hf イオンのイオン半径が若干 Zr イオンより小さくなることに起因する。

図1の格子定数の温度依存性の傾きから線熱膨張係数を求めることができる。α-ZrW_2O_8 では -9.6×10^{-6} K（90-300 K），β-ZrW_2O_8 では -6.2×10^{-6} K（500-560 K）であり，共に負である。若干，α-ZrW_2O_8 の熱膨張係数の方が絶対値が大きい。これは，α-ZrW_2O_8 から β-ZrW_2O_8 に構造相転移をする際に格子体積が収縮し，格子がより密に詰まった構造になることに起因すると考えられる。熱膨張係数のオーダーは α-Al_2O_3 などの熱膨張率と同程度であり，それらの正の熱膨張を打ち消すにはちょうどよい負の熱膨張率を ZrW_2O_8 系化合物は持つ。HfW_2O_8 の線熱膨張は，α-HfW_2O_8 では -8.8×10^{-6} K（90-300 K），β-HfW_2O_8 では -5.5×10^{-6} K（500-560 K）である。いずれの絶対値も，ZrW_2O_8 の線熱膨張係数の絶対値より小さい。これも格子定数およびイオン半径の差に起因すると考えられる。

5 ZrW_2O_8 の負の熱膨張機構

ZrW_2O_8 の負の熱膨張機構については，ZrW_2O_8 研究の初期から検討されてきた。なかでも，ZrW_2O_8 の負の熱膨張が格子振動（フォノン）に起因することを最初に示したのが Ramirez らのグループである。彼らは，低温熱容量[12]と中性子散乱測定[13]を行い，約 10 meV の低エネルギーフォノンモードが存在し，そのモードのモードグリュナイゼン定数が負であることを実験的に示した。このフォノンモードは，ZrW_2O_8 を構成する多面体の並進および秤動振動に帰属される。彼らの報告のあと，ZrW_2O_8 の負の熱膨張の研究が現在まで数多く進められてきた。しかし，ZrW_2O_8 の負の熱膨張機構に関する研究のすべてに触れるには紙面が足りない。本稿では，ZrW_2O_8 系化合物および周辺酸化物に関する筆者らの研究を中心に紹介する。

ZrW_2O_8 のような格子振動に起因する負の熱膨張特性を理解するためには，格子振動と体積・エネルギーといった熱力学関数と結びつける関数が重要である。この熱力学関数の一つが，グリュナイゼン関数（γ）である。一般には“グリュナイゼン定数”と呼ばれているが，れっきとした熱力学関数である。一般的には次の式がよく知られている。

$$\gamma = \frac{\beta B_T V}{C_v} \tag{1}$$

（β：体膨張率，B_T：等温体積弾性率，V：モル体積，C_v：定積モル熱容量）。右辺の物理量のうち，C_v，V，B_T は必ず正であるので，β の符号と γ の符号は一致し，負の熱膨張を示す場合には γ の符号は "負" である。ZrW$_2$O$_8$ の γ も負であることが示されている[14]。この γ は，モードグリュナイゼン定数（γ_i）の熱容量による加重平均として次のように表現することができる。

$$\gamma = \frac{\sum \gamma_i C_i}{\sum C_i} \tag{2}$$

ここで，γ_i は各格子振動の振動数（v_i）の（無次元化した）体積微係数で定義され，次式で表される。

$$\gamma_i = - \left(\frac{\mathrm{d} \ln v_i}{\mathrm{d} \ln V} \right) \tag{3}$$

この関係式から，$\gamma_i < 0$ の振動モードが負の熱膨張の発現機構に密接に関係することがわかる。γ および γ_i を評価するためには，高い精度の C_v，V，B_T，β のデータが必須である。

　熱容量を各モードの寄与分（C_i）にスペクトル分解できれば，γ_i の評価は容易である。熱容量のスペクトル分解はデバイ関数とアインシュタイン関数を複数組み合わせる場合が多い。実際，Ramirez と Kowach による熱容量の解析[12]により，ZrW$_2$O$_8$ の格子振動に低エネルギーフォノンモードの存在と，その γ_i が負であることが示されている。しかし，彼らの解析では，実際の結晶でよく見られる連続したフォノンの状態密度分布を表現することは難しい。筆者らは Kieffer モデル[15]と呼ばれるモデルを使った熱容量のスペクトル解析を用いて，連続したフォノンを再現した。このモデルはフォノンの状態密度 $g(\omega)$ が ω によらず一定となる（$g(\omega) = $ 一定）箱型の状態密度分布を表す箱型関数と，デバイ・アインシュタイン関数を組み合わせたもので，デバイ関数では表現が困難な場合でも実際の状態密度分布をよく再現する。ただし，広いエネルギー範囲のフォノンスペクトルを得るためには，精確度の高い熱容量が必要となる。

　筆者らは負の熱膨張物質に共通の特有のフォノン特性を調べるため，ZrW$_2$O$_8$ 系化合物[14,16~20]，ZrV$_2$O$_7$ 系化合物[21]，Sc$_2$W$_3$O$_{12}$ 系化合物[22]の熱容量のスペクトル解析を行った。熱容量から得られた ZrW$_2$O$_8$ の有効フォノン状態密度分布（PDOS）[14]を中性子散乱法による PDOS[13]（図 3 の破線）とともに図 3 に示す。この有効 PDOS はデバイ関数一つ，アインシュタイン関数二つ，箱型関数二つで構成される。この有効 PDOS は中性子散乱法による PDOS を良く再現している。

　これらの化合物群の有効 PDOS には三つの共通の特徴が認められる。一つめは "低エネルギーフォノン" であり，基本的に Ramirez と Kowach の結果[12]と一致する。二つめは "高エネルギー領域のモード" であり，三つめは低エネルギーフォノンと高エネルギーフォノンの間にギャップが存在することである。これら三つの特徴は Ramirez と Kowach が行った従来の解析手法では

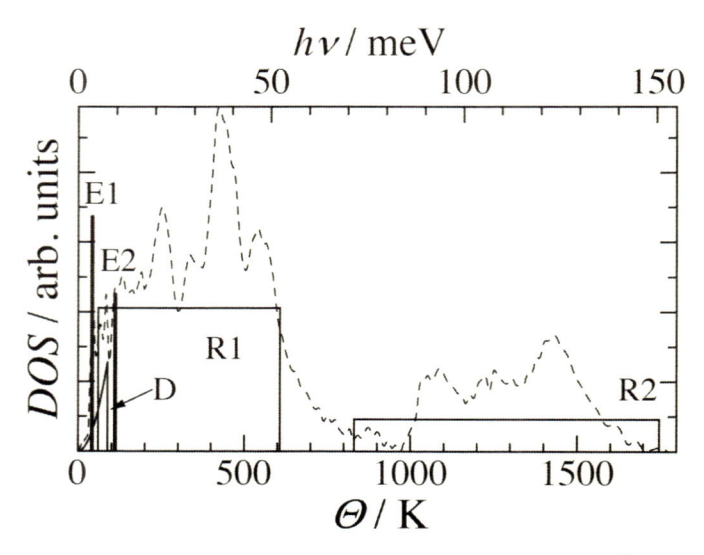

図3 α-ZrW$_2$O$_8$の有効フォノン状態密度分布（PDOS）[14]
Dはデバイ関数，Eはアインシュタイン関数，Rは箱形関数を表す。
破線は中性子散乱によるフォノン状態密度分布を示す[13]。

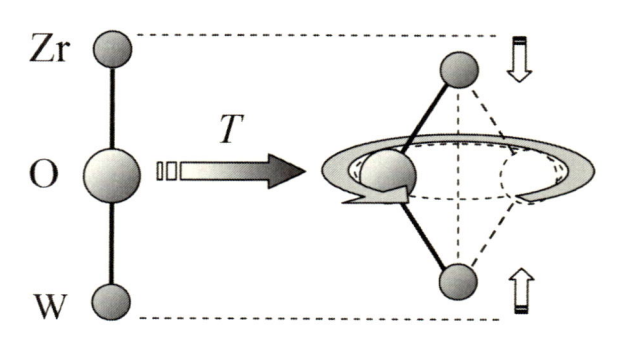

図4 ZrW$_2$O$_8$の負の熱膨張機構[19]

得ることはできない。

　一つ目の特徴である"低エネルギーフォノン"は，絶対値の大きな負のγ$_i$をもつ。これらの負のγ$_i$をもつ振動は，金属−酸素原子間の強い結合のため，Zr-O-W架橋の酸素原子が結合軸方向ではなく，結合軸に垂直方向に大きな振幅を伴う振動（tension効果[23]とも呼ばれる）に由来する（図4）。この大振幅振動により，Zr-O-W間の平均距離が縮まり，熱収縮が生じる。この大振幅振動は，フレームワーク構造では多面体の低エネルギーの並進・秤動振動に対応し，低エネルギーフォノンとして観測される[12~14, 16~22]。

　この大振幅振動の起源となる金属—酸素原子間の強い結合の特徴も，有効PDOSに現れている。それが，二つ目の特徴である750-1050 cm^{-1}という非常に高いエネルギー領域にあるモード

（図 3 の R2）である。この強い結合が強固なフレームワーク構造を形成し，多面体の大振幅振動による絶対値の大きな負の γ_i をもたらす。この特徴は負の熱膨張物質に共通している[22]。

　三つ目の特徴である "フォノンギャップ" については，ZrW_2O_8 より詳細な $\gamma_i C_i$ についての解析がある負の熱膨張物質 $Sc_2W_3O_{12}$ の有効 PDOS[22] をもとに解説する。式(2)より，格子定数や熱力学データから各モードの $\gamma_i C_i$ を算出することができる。C_i は必ず正であるので，負の熱膨張に寄与するモードは $\gamma_i C_i < 0$ のモードとなる。負の熱膨張を示すことから系全体の γC_v は負である。この負を担っているのが，$\gamma_i < 0$ の低エネルギーモードである。この低エネルギーモードの自由度は全振動自由度からするとほんのわずかであり，C_i の値は小さい。しかし，γ_i が正のモードに比べ絶対値 $|\gamma_i|$ が極端に大きいため，絶対値 $|\gamma_i C_i|$ も大きな値となる。一方，他の $\gamma_i > 0$ のモードは負の熱膨張を抑制する働きをする。この $\gamma_i > 0$ のモードの寄与を抑え，広い温度範囲におよぶ負の熱膨張の維持に重要な役割を担っているのが，三つ目の特徴であるフォノンギャップである。このギャップより高エネルギー側には全体の約 20% もの振動モードがあり，$\gamma_i C_i$ としての γC_v への "正の寄与" は無視できない大きさになる。しかし，広いギャップがあるおかげで C_v の寄与が小さく，比較的高温まで系全体の γC_v は負を維持できる。このギャップの起源は様々な多形を示す $MgSiO_3$ から読み取ることができる[22]。結晶構造内にオープンスペース（空隙）を有するガーネット構造では，PDOS にギャップが見られるが，密に詰まったペロブスカイト構造ではギャップはなく，フォノンの分布は連続する。つまり，幅広なギャップは隙間の多いオープンフレームワーク構造に由来するといえる。

　広い温度範囲で負の熱膨張を示す物質における構造とフォノンの特徴について解説してきた。構造的には「多面体で構成されるフレームワーク構造，強結合，オープンスペース」の特徴があり，「低エネルギーフォノンモード，高エネルギーフォノンモード，フォノンギャップ」というフォノンの特徴がそれらに対応している。これらの特徴は代表的な負の熱膨張物質に共通する[22]。これらの三つの構造的特徴と，対応する三つのフォノンの特徴を有する化合物であれば，たとえ正の熱膨張を示す物質であったとしても，負の熱膨張を示す化合物になり得る可能性が高い。こうした潜在的負の熱膨張物質を発見し，化学修飾等を用いて負の熱膨張特性を顕在化させることが，新たな負の熱膨張物質の開発につながる。

6　ZrW_2O_8 系化合物の構造相転移

　ZrW_2O_8 や HfW_2O_8 を負の熱膨張材料として利用する際，避け難い問題点がある。それが，熱膨張率の変化を伴う構造相転移である。ZrW_2O_8 では 440 K[8]，HfW_2O_8 では 468 K[5] が相転移温度である。この構造相転移は WO_4 四面体の配向無秩序化に起因する。低温相では ［111］ の方向に WO_4 四面体が整列した構造をとるが，高温相の β-ZrW_2O_8 では WO_4 四面体の非共有酸素原子が ［111］ と ［−1 −1 −1］ の 2 つの方向に無秩序に配向する構造をとる[1]。ZrW_2O_8 あたり WO_4 は二つあるので，考えられる配向の組合せは 4 通り （←←，←→，→←，→→） ある。し

かし，熱容量測定[4,8]から得られる転移エントロピーは $R \ln 2$（$\approx 5.8 \, \mathrm{J \, K^{-1} \, mol^{-1}}$）程度であり，これを満たすには β-ZrW_2O_8 の隣接する WO_4 四面体が必ず同じ方向（←←，→→）を向く必要がある。つまり，この相転移は，隣接する2つの WO_4 四面体に強い相関が働き協奏的にその配向が無秩序化する秩序−無秩序型である[4,5,8,19,24]。HfW_2O_8[5] および完全固溶体である $Zr_{1-x}Hf_xW_2O_8$[25] でも転移エントロピーは一致し，相転移機構は ZrW_2O_8 と同一である。また，他の4価の陽イオン（Sn^{4+}，Ti^{4+}）で Zr^{4+} サイトを置換した固溶体[26,27]においても，相転移機構はかわらない。これらの系では低温相の WO_4 四面体の配向が十分な低温では完全に秩序化することが共通する[28]。

3価の陽イオン（M^{3+}）で Zr^{4+} サイトを置換した固溶体 $Zr_{1-x}M_xW_2O_{8-y}$ の相転移挙動は4価陽イオン置換体と異なる[28〜31]。この3価陽イオン置換体における共通の特徴は主に三つある。一つは置換量に対し急激な相転移温度の低下を示すことである（図5）。二つ目は格子定数の減少で，置換可能な3価の陽イオン（Sc^{3+}，Y^{3+}，In^{3+}，Lu^{3+} 等）はいずれも Zr^{4+} より大きいイオン半径を持つにもかかわらず，格子定数は母結晶の ZrW_2O_8 よりも小さい[29]。三つ目は WO_4 四面体の配向秩序を特徴付ける 310 反射の回折強度の低下である[29,30]。これら3つの置換効果は，置換イオン種にも強く依存し，酸素欠陥生成だけでは説明がつかない[28〜31]。この一連の3価陽イオン置換効果の発現機構は，以下の様に理解されている[28,30]。3価陽イオンの置換によりその置換イオン周辺に WO_4 四面体の配向が無秩序化した状態で凍結した局所領域が生成される。この局所領域内の構造は高温相の β-ZrW_2O_8 と等構造であり，周辺の α-ZrW_2O_8 構造より体積が小さいため，置換により体積の減少が生じる。その局所領域は相転移に寄与しないため転移温度が

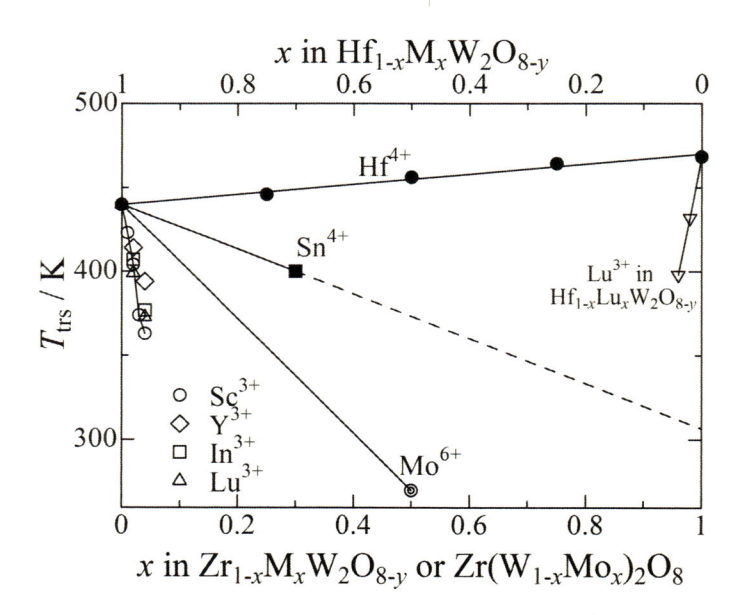

図5　ZrW_2O_8 系化合物の固溶体の相転移温度[28]

低下する。局所領域は単位格子 2〜3 個分（ZrW_2O_8 〜10 個程度）に相当するため，わずか数％の置換量でも急激な転移温度の低下を引き起こす。この生成される局所領域は置換イオン種により異なり，転移温度低下率や体積の置換イオン種依存性をもたらす[28〜31]。この α-ZrW_2O_8 構造と β-ZrW_2O_8 構造の共存は，X 線回折測定[30]だけでなく電子顕微鏡観察[32,33]によっても明らかにされている。

　ZrW_2O_8 を母結晶とする固溶体には，4 価の陽イオン置換体（$Zr_{1-x}Hf_xW_2O_8$ 等），3 価の陽イオン置換体（$Zr(Hf)_{1-x}M_xW_2O_{8-y}$（M = Sc, Y, In, Lu）），および W サイト置換体（$Zr(W_{1-x}Mo_x)_2O_8$，先天的に無秩序配向を示す MoO_4 四面体を有する[34]）が報告されている。これらの相転移温度は，一見多様な置換濃度依存性を示すが，$W(Mo)O_4$ 四面体の配向秩序度に着目すると，これらの固溶体は 2 つのカテゴリーに分類[28]されうる。1 つ目のカテゴリーには 4 価の陽イオン（Hf^{4+}，Sn^{4+}，Ti^{4+}）で Zr^{4+} サイトを置換した固溶体が属し，低温相で WO_4 四面体は完全秩序化する。もう一つのカテゴリーには 3 価陽イオン置換体 $Zr(Hf)_{1-x}M_xW_2O_{8-y}$ と W サイト置換体 $Zr(W_{1-x}Mo_x)_2O_8$ が属し，低温相で $W(Mo)O_4$ 四面体の配向が部分的に無秩序な状態で凍結する。こうして，ZrW_2O_8 を母結晶とする秩序 − 無秩序型相転移を包括的に整理することができる[28]。以上の構造相転移についての知見を利用すれば，負の熱膨張特性への構造相転移の影響を抑えることや，熱膨張率の調整を行うことが可能であり，ZrW_2O_8 の実用化に役立つことが期待される。

7　まとめ

　以上，ZrW_2O_8 系化合物の特徴を記してきた。Mary らの報告から 20 年が経過したが，依然注目を集めている化合物である。負の熱膨張物質の代表として，基礎研究，応用研究へのさらなる展開が期待される。

文　　献

1)　T. A. Mary *et al., Science*, **272**, 90（1996）
2)　C. Martinek & F. A. Hummel, *J. Am. Ceram. Soc.*, **51**, 227（1968）
3)　J. Graham *et al., J. Am. Ceram. Soc.*, **42**, 570（1959）
4)　Y. Yamamura *et al., Solid State Commun.*, **114**, 453（2000）
5)　Y. Yamamura *et al., Phys. Rev. B*, **64**, 184109（2001）
6)　橋本拓也，森戸祐幸，熱測定，**33**，66（2006）
7)　G. R. Kowach, *J. Cryst. Growth*, **212**, 167（2000）
8)　Y. Yamamura *et al., J. Chem. Thermodyn.*, **36**, 525（2004）
9)　C. Lind *et al., Chem. Mater.*, **10**, 2335（1998）

10) J. D. Jorgensen *et al.*, *Phys. Rev. B*, **59**, 215 (1999)

11) J. S. O. Evans *et al.*, *Acta Crystallogr., B*, **55**, 333 (1999)

12) A. P. Ramirez & G. R. Kowach, *Phy. Rev. Lett.*, **80**, 4903 (1998)

13) G. Ernst *et al.*, *Nature*, **396**, 147 (1998)

14) Y. Yamamura *et al.*, *Phys. Rev. B*, **66**, 014301 (2002)

15) S. W. Kieffer, *Rev. Geophys.*, **17**, 35 (1979)

16) Y. Yamamura *et al.*, *Solid State Commun.*, **121**, 213 (2002)

17) Y. Yamamura *et al.*, *J. Ceram. Soc. Jpn.*, **112**, S291 (2005)

18) Y. Yamamura & K. Saito, *J. Phys. Soc. Jpn.*, **76**, 123603 (2007)

19) 山村泰久, 熱測定, **35**, 2 (2008)

20) 山村泰久, 齋藤一弥, セラミックス, **46**, 922 (2011)

21) Y. Yamamura *et al.*, *Dalton Trans.*, **40**, 2242 (2011)

22) Y. Yamamura *et al.*, *Chem. Mater.*, **21**, 3008 (2009)

23) G. D. Barrera *et al.*, *J. Phys. Condens. Matter*, **17**, R217 (2005)

24) A. Kojima *et al.*, *J. Korean Phys. Soc.* **42**, S1257 (2003)

25) N. Nakajima *et al.*, *J. Therm. Anal. Calorim.*, **70**, 337 (2002)

26) C. D. Meyer *et al.*, *J. Mater. Chem.*, **14**, 2988 (2004)

27) K. D. Buysser *et al.*, *J. Solid State Chem.*, **180**, 2310 (2007)

28) Y. Yamamura *et al.*, *J. Phys. Chem. B*, **111**, 10118 (2007)

29) N. Nakajima *et al.*, *Solid State Commun.*, **128**, 193 (2003)

30) Y. Yamamura *et al.*, *Phys. Rev. B*, **70**, 104107 (2004)

31) Y. Yamamura *et al.*, *Thermochim. Acta*, **431**, 24 (2005)

32) Y. Sato *et al.*, *J. Am. Chem. Soc.*, **134**, 13942 (2012)

33) 佐藤幸生ほか, 顕微鏡, **50**, 197 (2015)

34) S. Closmann *et al.*, *J. Solid State Chem.*, **139**, 424 (1998)

第6章　$MgHfW_3O_{12}$

表　篤志[*]

1　はじめに

　ほとんどの物質は，温度の上昇とともに体積は膨張する。これは温度の上昇により原子，分子，格子の熱振動が激しくなることで説明される。これに反する負の熱膨張をもつ物質として，J. S. O. Evans らによる種々のタングステン複合酸化物が報告されている[1~4]。

　我々はこれら負の熱膨張物質に着目し，$MgHfW_3O_{12}$ で示される負の熱膨張材料を報告した。本章では $MgHfW_3O_{12}$ の結晶構造および熱膨張係数，さらにはこれを用いた熱膨張の制御について報告する。

　代表的な負の熱膨張材料：タングステン酸ジルコニウム：ZrW_2O_8 が挙げられる。Evans らは，高温 X 線回折を用いた詳細な結晶構造を行い，これらタングステン酸化物の負の熱膨張のメカニズムについて，結晶構造中に含まれる WO_4 四面体の挙動が要因となっていることを報告している。すなわち，温度の上昇に伴って WO_4-WO_4 間に存在する酸素原子の（横）回転モードが増大し，W-W 間の原子間距離は負となる。

　Evans らは，$A_2M_3O_{12}$（A＝Sc，In，Er，etc，M＝W，Mo）で示される負の熱膨張物質も報告するとともに，ZrW_2O_8 と同様の負の熱膨張メカニズムと，A サイトの3価の金属イオンの種々置換を試み，熱膨張係数の異なる材料，極低熱膨張を示す材料を複数報告している。

　ZrW_2O_8（HfW_2O_8）は結晶型が立方晶（cubic）であり等方的な負の熱膨張を示すが，$A_2M_3O_{12}$ で示されるタングステン酸化合物は結晶型が斜方晶（orthorhombic）であり，線熱膨張係数は異方性を示す。例えば，$Sc_2W_3O_{12}$ の場合，a 軸，c 軸は正の（線）熱膨張，b 軸は負の（線）熱膨張を示す。体積熱膨張係数（体積の変化）は a 軸，b 軸，c 軸の線熱膨張の和で表され，体積膨張係数は負を示す。A サイトを各種金属イオンで置換することによりユニットセルのサイズが変化するが，このユニットセルサイズの選択により先の酸素原子の運動が影響を受け，負の熱膨張係数が変化する様子を報告している。Al は3価の金属イオンで最も小さいイオンであり，$Al_2W_3O_{12}$ のユニットセルは最も小さくなる。このため，温度上昇に伴う酸素原子の運動が制限され，$Al_2W_3O_{12}$ は正の熱膨張係数を示す。$A_2W_3O_{12}$ で示されるタングステン酸化物は，A サイトの3価イオンの選択により，熱膨張係数の選択や制御が可能な材料となる。

　＊　Atsushi Omote　パナソニック㈱　先端研究本部　材料デバイス研究室　副主幹研究長

2　MgHfW$_3$O$_{12}$ の熱膨張と結晶構造[5,6]

本章で述べる MgHfW$_3$O$_{12}$ は負の熱膨張材料であり，J. S. O. Evans らによる A$_2$W$_3$O$_{12}$ の 2 つの A サイト（3 価イオン）を（MgHf）で置換した構造を有する。MgHfW$_3$O$_{12}$ は A$_2$W$_3$O$_{12}$ に類似の結晶構造を有することから，A$_2$W$_3$O$_{12}$ と同様に結晶構造中の WO$_4$-WO$_4$ 間の酸素原子の回転モードにより負の熱膨張を示すと考えている。

MgHfW$_3$O$_{12}$ は，MgO，HfO$_2$，WO$_3$ を用い通常のボールミルにより混合粉砕し，1150℃，4 h の焼成により作製した。作製した MgHfW$_3$O$_{12}$ の（体積）熱膨張測定結果を図 1 に示す。熱膨張は，TMA（熱機械分析）を用いて測定した。

図 1 に示すように，MgHfW$_3$O$_{12}$ は温度上昇に伴って収縮する様子が観察され，負の熱膨張を示す。700℃で熱膨張係数は −2.6 ppm/℃である。400℃付近にわずかに変曲点が確認されるが，ZrW$_2$O$_8$ や Sc$_2$W$_3$O$_{12}$ で報告されている変曲点と比較すると小さく，室温〜700℃の間でほぼ一定の収縮を示す材料であることがわかる。

MgHfW$_3$O$_{12}$ の X 線回折の結果を図 2 に示す。Sc^{3+} は，Mg^{2+}，Hf^{4+} と同等のイオン半径をもち，Sc$_2$W$_3$O$_{12}$ と類似の結晶構造を有するため XRD パターンを比較して示す。

MgHfW$_3$O$_{12}$ は，Sc$_2$W$_3$O$_{12}$ とピーク位置，強度は酷似しており，2 つの Sc サイトを Mg，Hf で置換している様子が推測される。回折パターンの違いとして 13° 付近のピークがスプリットしていることが観察され，2 つの Sc サイトに対し Mg，Hf がランダムに置換しているのではなく，それぞれが決まった位置を置換していることが想定される。

Mg，Hf のサイトを特定するため，密度汎関数法（DFT）を用いて，2 つの Sc サイトに対し Mg，Hf の位置の組合せを変え，エネルギー的に最も安定な Mg，Hf 位置を第一原理計算により求めた。結果を図 3 a）に示す。この結晶構造で XRD 回折パターンを描画すると，13° に相当す

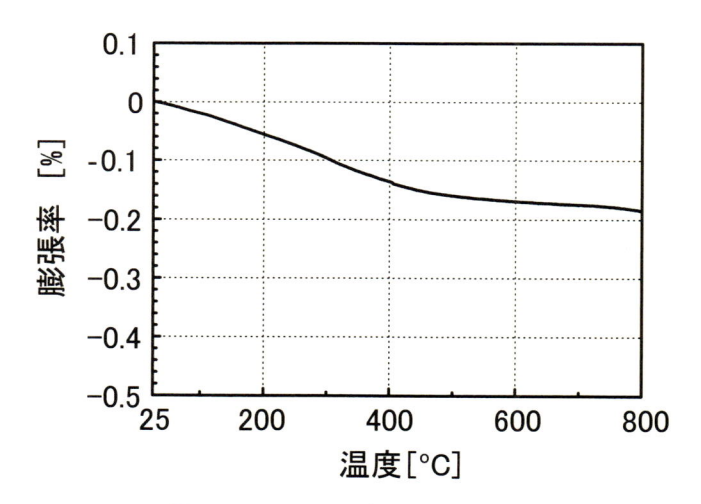

図 1　MgHfW$_3$O$_{12}$ の熱膨張率測定結果

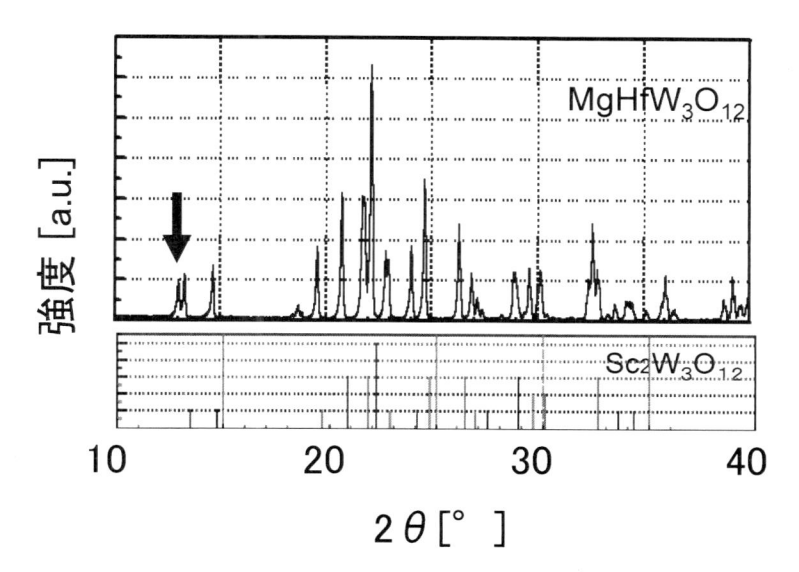

図2　MgHfW$_3$O$_{12}$のX線回折測定結果

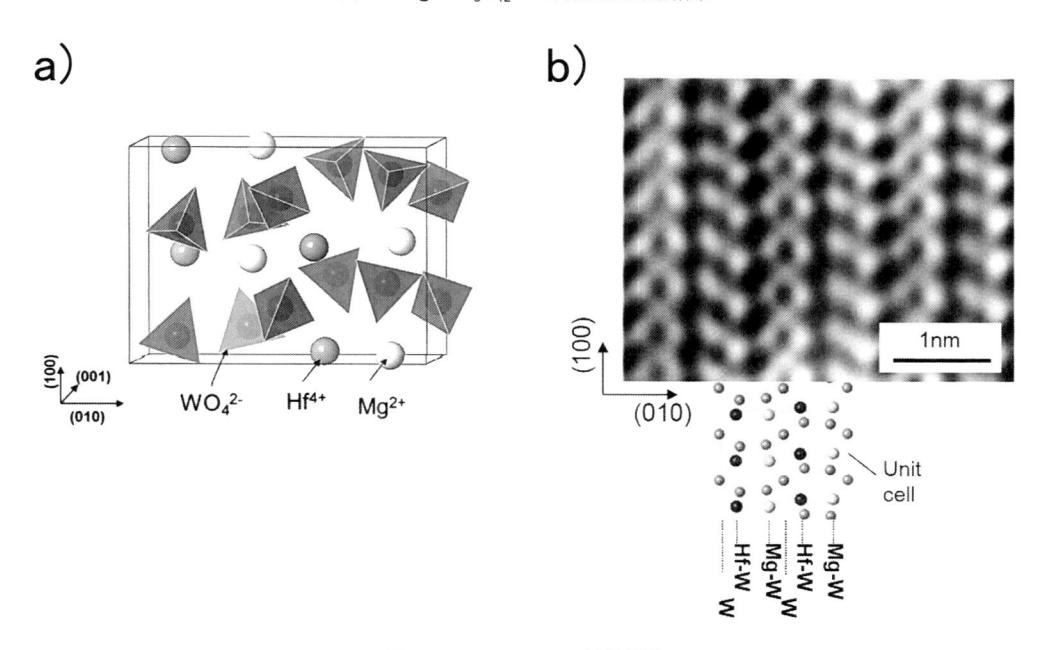

図3　MgHfW$_3$O$_{12}$の結晶構造
a）第一原理計算による最安定構造，b）HAADF-STEM像

るピークがスプリットすることが確認された（ただし，極低温での結晶構造の計算のため，正確なピーク位置は一致しない）。

　図3 a）の結晶構造では，Mg，Hfが（100）方向に配列していることから，Mg，Hfが直接観察可能な方法として HAADF-STEM（High-angle Annular Dark Field Scanning TEM）を用

い原子像の直接観察を試みた。結果を図3b）に示す。HAADF-STEM像では，原子量に比例したコントラストが得られることが知られている。図3a）の結晶構造によれば，軽元素（Mg）と重元素（Hf）が（100）方向に整列し，（010）方向には軽元素（Mg-暗）と重元素（Hf-明）に起因する明暗の原子の列が交互で現われることになる。図3b）に示すように Mg，Hf の明暗を予測どおり観察され，この結果から $MgHfW_3O_{12}$ の結晶構造，および Mg，Hf の原子位置が特定できたものと考えている。

3 単相熱膨張制御材料 （$Al_{2x}(MgHf)_{(1-x)}$）W_3O_{12}[7]

負の熱膨張材料 $MgHfW_3O_{12}$ を用いて，Evans らが報告している，$A_2W_3O_{12}$ の A サイト置換による熱膨張の制御について報告する。$MgHfW_3O_{12}$ が負の熱膨張を有することから，$A_2W_3O_{12}$ のうち正の熱膨張を有する $Al_2W_3O_{12}$ を選択し，$Al_2W_3O_{12}$-$MgHfW_3O_{12}$ の混合焼結体を作製した。混合焼結体の作成方法は，$Al_2W_3O_{12}$，$MgHfW_3O_{12}$ のそれぞれ焼成し，反応後の各々の材料を混合焼結体の原料として用いた。所望の組成比でそれぞれの材料を秤量，混合，焼結することにより混合焼結体は容易に作製可能である。

各種の組成比で作成した混合焼結体の X 線回折の結果を図4に示す。図4に示されるように，$Al_2W_3O_{12}$ と $MgHfW_3O_{12}$ の焼結体は，いずれの組成においても Al と(MgHf)1/2 が互いに置換・固溶し，組成比の変化とともにユニットセルのサイズが変化しており，単相の酸化物材料

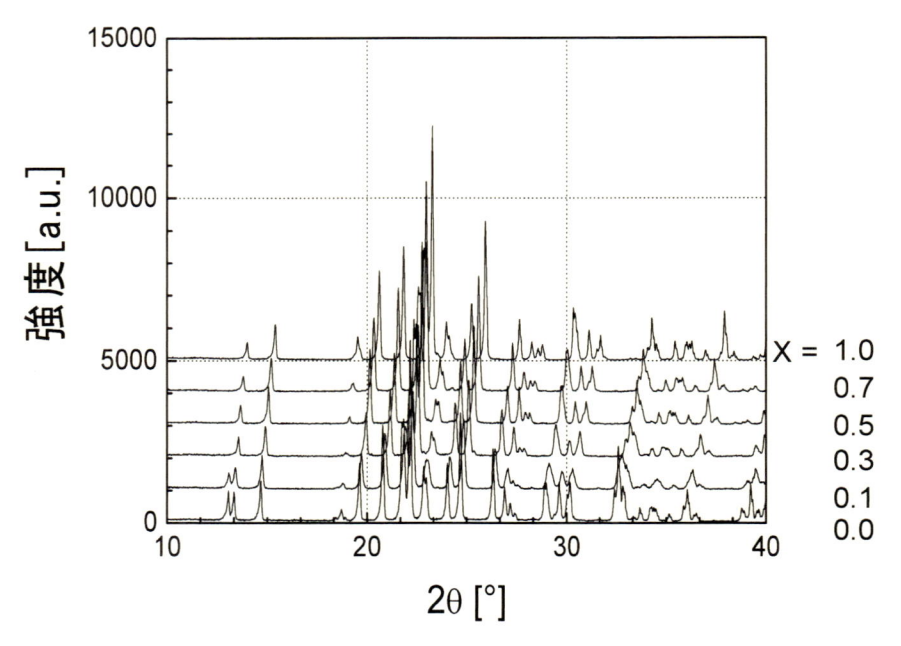

図4 （$Al_{2x}(MgHf)_{(1-x)}$）W_3O_{12} の単相焼結体の X 線回折

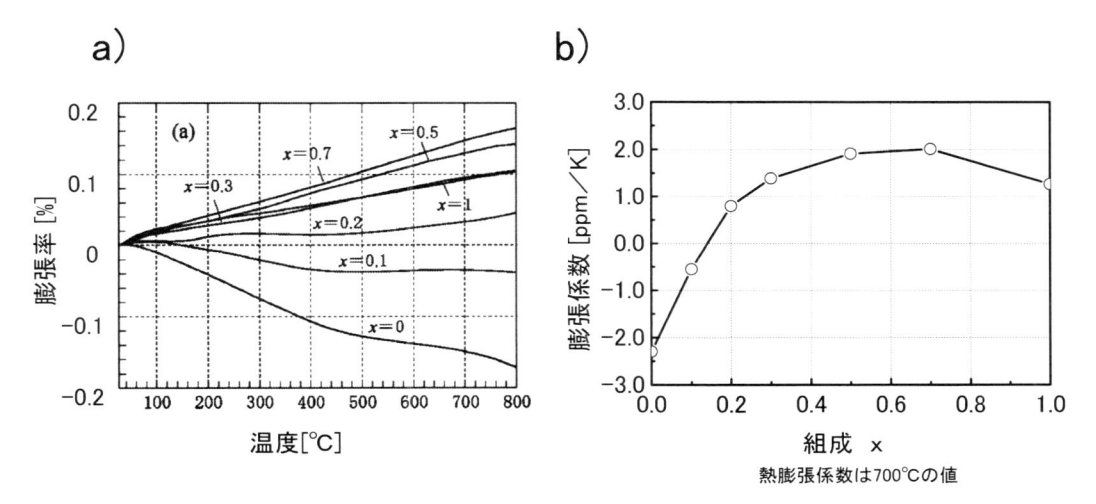

図5　(Al$_{2x}$(MgHf)$_{(1-x)}$)W$_3$O$_{12}$ による熱膨張制御
a）熱膨張率測定結果，b）熱膨張係数の組成依存

(Al$_{2x}$(MgHf)$_{(1-x)}$)W$_3$O$_{12}$ であることがわかる。

　これら焼結体の熱膨張率を TMA により測定し，700℃での熱膨張係数を求めた（図5）。図5 a）より，x ≧ 0.2 の組成範囲の熱膨張は，室温から 800℃まで一定の傾きを示し，結晶の転移などによる変曲点はない。また図5 b）に 700℃での熱膨張係数を示す。熱膨張係数は，x = 0 で最小値，x = 0.7 で最大値を示し，0 ≦ x ≦ 1 の範囲では ± 2 ppm/K の熱膨張係数が選択可能である。組成による熱膨張係数の変化は，上に凸の変化を示し，x = 0.1～0.2 付近で最もゼロに近い値を示した。この結果から，(Al$_{2x}$(MgHf)$_{(1-x)}$)W$_3$O$_{12}$ は単相の熱膨張制御材料であり，極めて小さい制御範囲であるが ± 2 ppm/K の範囲で制御可能であることがわかる。

4　擬二元系熱膨張制御材料 MgWO$_4$-HfW$_2$O$_8$[8]

　前節の (Al$_{2x}$(MgHf)$_{(1-x)}$)W$_3$O$_{12}$ は ± 2 ppm/K の熱膨張の制御が可能であるが，実際のエレクトロニクス製品や計測機器など，異種材料の界面で発生する課題に対する熱膨張の制御範囲として不十分と言わざるをえない。熱膨張の差異による各種の課題解決には，より広い範囲の熱膨張制御が必要である。

　本節では，負の熱膨張材料 HfW$_2$O$_8$（－6 ppm/K）と正の熱膨張を有するタングステン酸化物 MgWO$_4$（＋9 ppm/K）の混合焼結体による熱膨張の制御について報告する。この混合焼結体の内部には HfW$_2$O$_8$ と MgWO$_4$ の固相反応により MgHfW$_3$O$_{12}$（－2 ppm/K）が形成されることで焼結体内部の熱膨張歪みが緩和される。

　HfW$_2$O$_8$ と MgWO$_4$ からなる混合焼結体は (1-x)MgWO$_4$-xHfW$_2$O$_8$ で表記し，組成 x は 0 < x < 1 の範囲で作製可能である。作製方法は，HfW$_2$O$_8$ と MgWO$_4$ それぞれの材料を予め作製し，

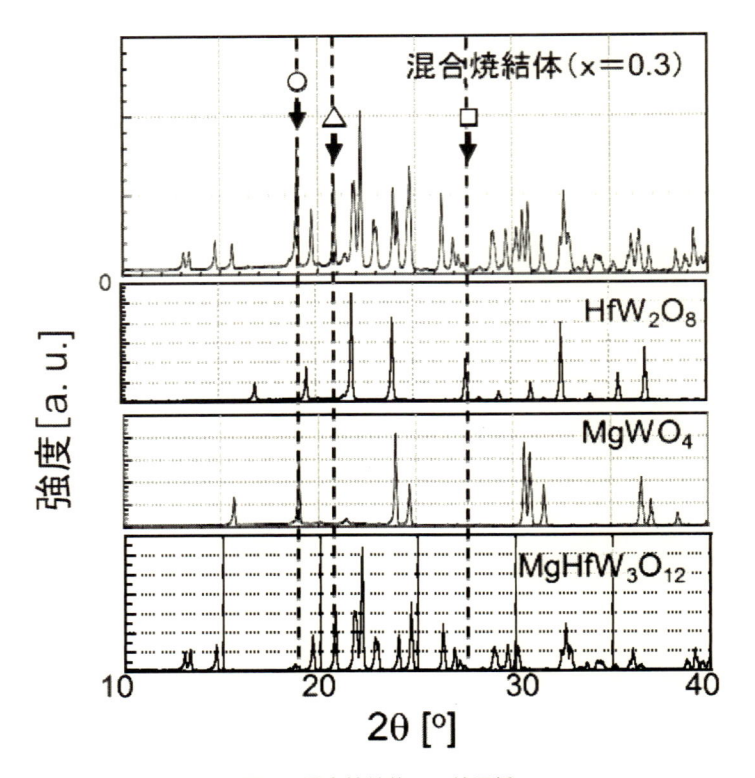

図6　混合焼結体のX線回折

　反応後の各々の材料を混合焼結体の原料として用いてよい。所望の組成比でそれぞれの材料を秤量，混合，焼結して容易に作製可能である。

　図6に混合焼結体の代表的なX線回折測定結果（x=0.3）を示す。x=0.3では$MgWO_4$と$MgHfW_3O_{12}$の混合焼結体であることがわかる。図6に示す材料固有のピーク，$MgWO_4$（○），HfW_2O_8（□），$MgHfW_3O_{12}$（△）から，混合焼結体$(1-x)MgWO_4$-$xHfW_2O_8$の内部の組成を整理した。結果を図7に示す。x=0.5は$MgWO_4$とHfW_2O_8のモル比が1:1であり，混合焼結体の内部組成が$MgHfW_3O_{12}$となることがわかる。$0<x<0.5$の範囲で$MgWO_4$と$MgHfW_3O_{12}$の混合焼結体，$0.5<x<1.0$の範囲は$MgHfW_3O_{12}$のHfW_2O_8の混合焼結体が形成される。

　これらの焼結体の熱膨張率測定結果と700℃での熱膨張係数を図7に示す。混合焼結体は，$MgWO_4$（x=0，+9 ppm/K）とHfW_2O_8（x=1，−6 ppm/K）の範囲で，熱膨張が可変であり組成により熱膨張が容易に選択可能であることがわかる。

　熱膨張制御を目的として，正の熱膨張材料；$MgWO_4$と負の熱膨張材料；HfW_2O_8の混合焼結体の取組みを紹介した。この混合焼結体は焼結体内部に$MgHfW_3O_{12}$が形成されることで$0<x<1$の範囲で熱膨張の制御が可能であり特異な焼結体と考えている。この混合焼結が成り立つ要件として，下記2点を考察した。

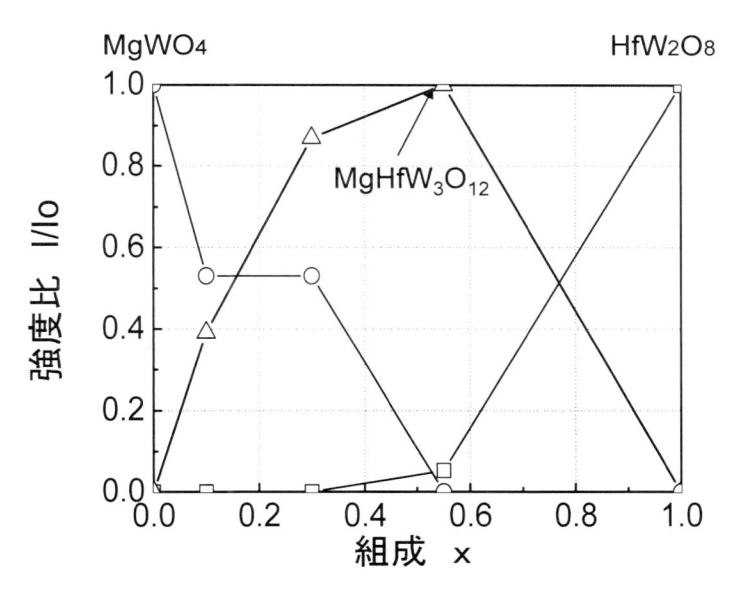

図7　MgWO$_4$-HfW$_2$O$_8$ 混合焼結体の XRD 強度変化

⑴　混合する正の熱膨張材料が広い温度範囲で安定であること

　HfW$_2$O$_8$ と MgHfW$_3$O$_{12}$ は焼結温度範囲が狭い（1100-1150℃），一方，MgWO$_4$ は700℃で固相反応が始まり1200℃までの広い温度範囲で安定である。MgWO$_4$ と HfW$_2$O$_8$ の混合焼結体は1100-1150℃で相互の固相反応が起き MgHfW$_3$O$_{12}$ が形成されるが，反応に寄与しない MgWO$_4$ または HfW$_2$O$_8$ は焼結体内部に安定に存在することができる。

⑵　WO$_4$ 四面体を結晶構造に含むこと

　MgWO$_4$ と HfW$_2$O$_8$，MgHfW$_3$O$_{12}$ は結晶構造がまったく異なるが，これらの結晶構造には，WO$_4$ 四面体と MgO$_6$ 八面体，HfO$_6$ 八面体が含まれる。負の熱膨張の起源とされる WO$_4$ 四面体を結晶構造に含む MgWO$_4$ を正の熱膨張材料として選択することで，固相反応が容易に進むことと作製した混合焼結体が安定であることが考えられる。

　混合焼結体 (1−x)MgWO$_4$-xHfW$_2$O$_8$ は，焼結体内部に MgWO$_4$ と HfW$_2$O$_8$ のほぼ中間の熱膨張係数を有する MgHfW$_3$O$_{12}$ が形成されるため，熱膨張係数の差による焼結体の内部熱歪みが軽減される。このため正と負の混合焼結体でありながら急激な温度の変化や室温－高温の繰り返しに対して安定である。これは，負の熱膨張材料を金属や樹脂材料に内包する熱膨張制御の手法と比較して，優位な熱膨張制御の手法と考えている。

　この混合焼結体は熱膨張の可変範囲（−6～＋9 ppm/K）が広いことから，他の材料との接合や熱膨張の異なる異種材料の接合面において，熱歪みによる機械的な劣化を緩和する材料として応用が期待される。

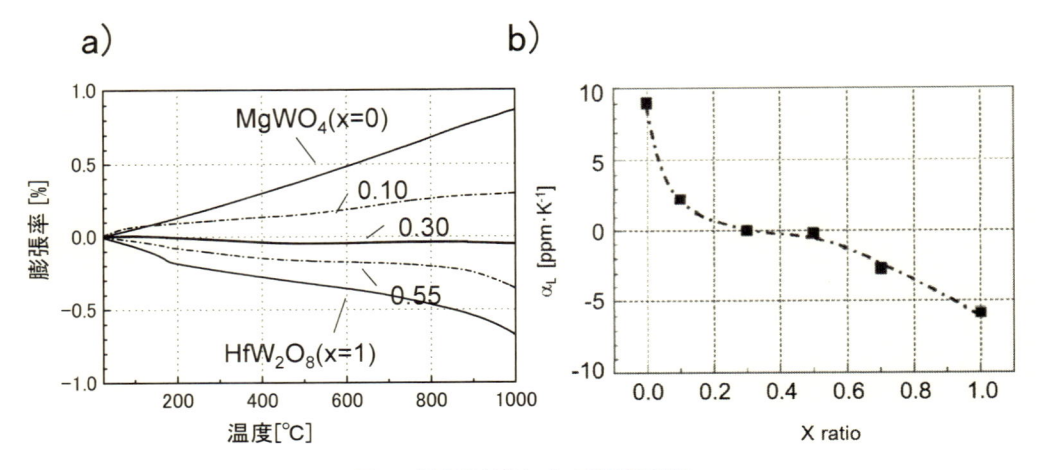

図8　混合焼結体による熱膨張制御
a）熱膨張率測定結果，b）熱膨張係数の組成依存

5　MgHfW$_3$O$_{12}$系負の熱膨張材料の研究動向

　MgHfW$_3$O$_{12}$に関連してMgXM$_3$O$_{12}$（X = Zr，Hf，M = Mo，W）で示される負の熱膨張材料およびこれら結晶構造解析の報告，A$_2$M$_3$O$_{12}$（A = Al，In etc，M = Mo，W）との単相酸化物が報告されている。

　MgHfMo$_3$O$_{12}$[9]やMgZrMo$_3$O$_{12}$[10]は，MoO$_4$正四面体を結晶構造中に有し，WO$_4$正四面体と同様にMoO$_4$-MoO$_4$間の酸素原子の（横）回転モードを起源とする小さい熱膨張を示す。モリブデン酸化物はタングステン酸化物より焼結温度が低い（700-900℃）ため，作製容易である。また，InMo$_3$O$_{12}$とMgZrMo$_3$O$_{12}$の混合焼結体[11]の報告では，我々の（Al$_{2x}$(MgHf)$_{(1-x)}$)W$_3$O$_{12}$と同様に単相酸化物での熱膨張制御の可能性を示している。このうちAl$_{2-2x}$(MgZr)$_x$W$_3$O$_{12}$[12]の報告では，MgZrW$_3$O$_{12}$(x = 1)に近い組成ほど結晶水を含み，脱水に伴う結晶構造の変化を詳細に解析している。

　これまで紹介した負の熱膨張材料はWO$_4$，MoO$_4$を含むことが重要な要素となっている。同じようにV$_2$O$_7$やP$_2$O$_7$を起源とする負の熱膨張材料[13]も報告されており，金属などとの複合化による熱膨張の制御に取り組んでいる例がある。

6　おわりに

　負の熱膨張を有するMgHfW$_3$O$_{12}$とこれを活用した2種類の熱膨張可変酸化物材料を紹介した。それぞれ単相で熱膨張制御が可能な材料と，広い範囲で熱膨張が制御可能である擬二元系の材料について，熱膨張係数の制御や結晶構造について解説した。

　今後は熱膨張の制御に加えて，デバイス・機器に必要とされる電子・電気・機械的な材料物性の評価を合せ，具体的な電子デバイスへの応用や他のガラス・金属・酸化物材料との接合構造の構築など，この分野の研究の進展に期待する。

謝辞

　本研究を進めるにあたり，パナソニック株式会社，鈴木正明氏，鈴木友子氏，高尾正敏氏（当時），瀬恒健太郎氏（当時），桑田純氏（当時）に有意義な議論と適切な示唆をいただきました。この場をお借りして各諸氏に深く感謝申し上げます。

文　　　献

1) T. A. Mary *et al.*, *Science*, **272**, 90-92 (1996)
2) J. S. 0. Evans *et al.*, *Chem. Mater.*, **8**, 2809-2823 (1996)
3) J. S. 0. Evans *et al.*, *Physica B*, **241-143**, 311-316 (1998)
4) J. S. 0. Evens *et al.*, *Solid. State. Chem.*, **133**, 580-583 (1997)
5) T. Suzuki and A. Omote, *J. Am. Ceram. Soc.*, **87**, 1365-1367 (2004)
6) A. Omote, S. Yotsuhashi *et al.*, *J. Am. Ceram. Soc.*, **94**, 2285-2288 (2011)
7) T. Suzuki and A. Omote, *J. Am. Ceram. Soc.*, **89**, 631-693 (2006)
8) T. Suzuki and A. Omote, *J. Ceram. Soc. Japan*, **114**, 833-837 (2006)
9) B. A. Marinkovic, P. M. Jardim *et al.*, *Phys. Sta. Sol. B*, **245**, 2514-2519 (2008)
10) C. P. Romao and F. A. Perras *et al.*, *Chem. Mater.*, **27**, 2633-2646 (2015)
11) YG. Cheng and YC. Mao *et al.*, *Chin. Phys. B*, **25**, 8, 086501 (2016)
12) F. Li and X. Liu *et al.*, *J. Sol. Sta. Chem.*, **218**, 15-22 (2014)
13) C. Linda, *Materials*, **5**, 1125-1154 (2012)

第7章　磁気体積効果

藤田麻哉[*]

1　はじめに

　熱膨張による長さの温度依存性は，度量衡の標準化における古くからの難問であった。1897年に国際度量衡委員会より委任を受けたスイス人物理学者のギョームが，Fe-Ni 系合金の低熱膨張特性にたどり着いた開発事例[1]は，人工的に金属の熱膨張を制御した人類初の例と言えよう。すでに当時から透磁率と低熱膨張特性に関連があることは知られていたが，Invariable Steel を意味する Invar（インバー）と呼ばれる合金の低熱膨張性は，磁気と体積の結合，すなわち磁気体積効果の結果である。

　磁気体積効果は，現象論やモデルから考察することは比較的容易であるが，その根本的機構については，磁性の起源と温度変化に関わる問題であり，ギョームの発見以後，100年近くにわたる現在まで，物理学上の重要な問題として捉えられてきた。室温近傍でのインバー効果は，格子振動の非調和性による通常の膨張が消失したわけではなく，磁性を原因とする体積オフセットが，温度上昇とともに減少し，格子膨張を相殺する現象である[2]。この磁気項の寄与が大きければ熱膨張係数は負にもなり得るし，寄与が小さい場合は，温度係数が低下した熱膨張のようにも見える。結局，磁気体積効果の解明には，磁気の発生がどのように体積に影響するのかを明らかにしなければならない。しかし，磁性発現に関わる電子の局在性と遍歴性および，その熱変化を支配するスピン揺動について，十分な解明が遂げられたのが直近の20年ほどであり，このため，物理の専門家にとっても多くの混乱が生じているのが現状である。特に，100年以上積み重ねられたインバー効果への直感的あるいは経験的な説明が刷新しきれていない。

　本章での磁気体積効果は，遍歴電子系に由来する体積膨張の話題に限定し，また，圧力効果や強制磁歪などについては省略する。また，時系列に従った実験・理論の展開は，多くの類書で解説されているので，本章では同様の話題展開は避け，なるべく新しい視点からの説明に重点を置く。

2　磁気体積効果の機構

磁性の教科書では，イオンに局在した磁気モーメントを出発点として磁気発生を説明するが，

＊　Asaya Fujita　（国研）産業技術総合研究所　磁性粉末冶金研究センター
　　　エントロピクス材料チーム　チーム長

第7章　磁気体積効果

我々の生活に身近な磁性体である Fe, Ni, Co は，金属として磁性を帯びており，イオン状態の磁性とは全く別物である。遷移金属の 3d 電子は，固体中を遍歴し，金属結合に寄与する。遍歴する1つの電子は，同電荷の他の全ての電子と出会う確率があるので，多電子からのクーロン反発を感じる[3]。クーロン反発によるエネルギーは距離に反比例するので，特に同一軌道上で2つの電子が接近するとエネルギー的に不利になる。パウリの反対称性原理によると，スピンの向きが上向き（↑）と下向き（↓）で異なる時だけ同一状態を占有して接近する。非磁性では↑と↓スピンの数（N↑，N↓）が同じなので，接近する確率が最も高く，クーロンエネルギー E_U は高まる。そこで↓スピンを↑スピンに変えてペア確率を減らせば E_U を低下できる。しかし，またもや反対称性原理のため，反転（例えば↓から↑に）した先では，元からいる↑スピンが運動エネルギー（E_k）の低い状態を占有済みなので，より高い運動 E_k 状態にしかなれない。つまりスピン反転は E_k を損する。↓と↑スピン差の総数はバルク磁化なので，E_U 利得が E_k 損失を上回れば，自発的なバルク磁化の発生，つまり強磁性が出現する。エネルギーあたりの状態数，つまり状態密度 D が大きければ，同じ E_k 増分でも，より多くの反転スピンを収容できるので強磁性発生には有利であり，この状況を定式化するのに，平均クーロン相互作用パラメータ I を用いたストーナー条件[4]がよく用いられる。詳細は教科書に譲り本章では触れないが，I の評価について様々な批評がありながらも，金属強磁性発生の概念を端的にまとめた形になっている。

　上記の性質は，遍歴系の磁気と体積を関係づけることになる。バンド構造の詳細は考慮せず，エネルギーの増減のみに着目すると，運動エネルギーの増分 ΔE_k と状態密度 D の関係は，全状態が収まるバンド全体の幅 W を考慮すれば良く，W を決める電子波動関数の重なりは，結局，原子間距離で決まる。電子が原子に強く束縛された模型の解析解からは，d 状態のバンド幅 Δ_d は原子間距離 r に対して $\Delta_d \propto r^{-5}$ となる[5]。弾性エネルギー変化まで含めて安定点を求めると，体積変化 ω は ΔE_k に比例する結果になり，ΔE_k を磁化 $M(=N\uparrow - N\downarrow)$ で展開すると最低次項は M^2/D に比例するので，ω はバルク磁化の自乗 M^2 に比例する[6]。

　ここまでの説明では，電子構造を単純化しており，さらに温度の効果を一切考えていない。強磁性の場合，バルク磁化を原子個数で平均した値と，局所的に見たスピン密度は一致するとは限らず，電子が移動することによるスピン密度の時間・空間揺らぎ（スピン揺らぎ）が，磁性と磁気体積効果において無視できない[7]。温度効果については後に改めて説明するが，ここでは，絶対零度のスピン分極がキュリー温度で全て消失したとすると，現実よりもはるかに大きな体積変化が見積もられてしまうこと[2]を述べておく。

　また，例えば反強磁性相の場合，バルク磁化が 0 であっても，各磁性原子上にはスピン分極が生じている。遍歴電子系での反強磁性の発生は，強磁性とは異なる事情によるエネルギー利得など，個別要因も関わるので，ストーナー条件のようには必ずしも決まらないが，↑と↓スピンの対称の破れは，運動エネルギーに必ず関わるので，局所分極の大きさが体積に反映されることに変わりはない。反強磁性ベクトル Q に沿って変動する局所磁化の振幅を M_Q とすると，$\omega = \kappa C M_Q^2$ の関係が成立する[7]。

　スピン分極が体積膨張を与えても，その可変性がなければ，結局，一定の膨らみオフセットが存在するだけで，通常の観測では見えない。つまり，磁気体積効果が，様々な場面で現れるのは，スピン分極の振幅に可変性があるからである。イオンに局在した磁気モーメントの場合では，温度が上がると方向は変わり，z軸成分は減るが，振幅は変化しない。一方，遍歴電子系の場合には，局所的な↑と↓スピンの数の差が変われば局所振幅も変わる。この振幅の可変性について，インバー効果など体積変化への磁気的な寄与を考える際には，主に2つの要因を考えないとならない。1つ目は，a) 複数の磁気構造が準安定的に縮退しており，磁気構造ごとに磁気分極の振幅が異なる場合である。2つ目は，b) 温度擾乱により（局所的に）↑と↓スピン数の差が保てず，振幅が減少する場合である。

　インバー効果に関する議論の歴史が混乱した原因の一つは，上述したa) とb) の2つに関する取り扱いが輻輳したことに他ならない。要因a) を重視する場合に，その中心的根拠とされてきたのが，fcc Fe の多重磁気状態であり，Weiss がインバー効果の説明として提案した2γ模型は，この fcc Fe の磁気的多重性の実験結果を元に，かなり直感的に構築したものである[8]。後に進展した第一原理計算により得られた結果からも，磁気多重性は得られており[9]，Weiss の直感的なモデルの見通しの良さに驚かされるが，同時に，この2γ模型が巻き起こした混乱もまた大きい。その原因には，局在磁性と遍歴磁性の二元論的な切り分けがあり，また，温度依存性の全てを2状態間の熱励起に押し込めてしまったことがある。現在では，上述の通り，第一原理計算からも fcc Fe の磁気多重性が得られ，また，Fe の場合には，遍歴系と局在系の中間に位置する磁性を示すこと[10]が受け入れられているので，局在／遍歴の二元論的切り分け自体の方に意味はない。また，状態間の励起に関しては，熱活性機構が存在[8]はするものの，インバー効果全てを説明することはできない。局所磁気モーメント振幅の温度変化を支配するのは，空間的・時間的なスピン密度の変動，いわゆるスピン揺らぎである。

　自発的に発生する揺らぎの性質は，（振動）外場を加えられた際の応答と密接な関係があり，スピン密度揺らぎの性質は，動的な磁化率と関係する[3]。巨視的な磁性体でも，鉄損として知られるように，高周波磁場への応答遅れは熱になるが，ミクロスコピックな場合も，局所磁化率の遅れ（虚数成分）は自由エネルギーに影響する。遍歴系の場合には，多電子間の（クーロン）相互作用が働くため，電子スピン由来の局所磁化率を正確に求めることはできず，様々な近似法が考案されてきた[3]。有名なのは，守谷らによる Self-Consistent Renormalization（SCR）理論である[7]。この理論では，ストーナー模型で取り込まれない揺らぎ項を取り入れ，スピン挙動から決まる磁化率と，自由エネルギーから決まる磁化率が自己無同着になるように揺らぎを決定する。SCR 理論は揺らぎモード同士の相互作用を取り込み，遍歴系でも常磁性磁化率のキュリーワイス挙動を説明できる[7]。また，常磁性状態でも，揺らぎの振幅の2乗として局所的なスピン密度分極が存在することを示し，つまり，常磁性相には「正の磁気体積効果」が存在することを指摘した[7]。その後，Takahashi により補正がなされ，より普遍化された SCR 理論が構築され，磁気体積効果についても理論構築がなされている[11]。しかし，SCR 理論は長波長揺らぎの極限，

つまり，主に弱い遍歴強磁性に有効であるが，磁化とその振幅変化が大きい磁性体の場合には範疇から外れてしまう。これに対し，大きな磁気的揺らぎが発生した場合，その揺らぐ速度は電子運動より十分遅いものとして，磁気揺らぎを静止ポテンシャルとみなす手法が開発されている。代表的なものは，1つの電子に作用する周囲の磁気揺らぎを有効場として均して扱う，単一サイト近似と呼ばれる手法でモデル解析した例がある[12]。このモデルに，上述の$\Delta_d \propto r^{-5}$ と同じ考え方を適用すれば，自発体積磁歪の温度依存性を議論することもできる[12]。より原理的な方法としては，ビリアル定理という古典・量子力学に普遍性を持つ原理に則り，運動量，ポテンシャルと圧力の拘束関係を，上述の単一サイト近似に当てはめた解析があり，s-d 電子の遷移と局所磁化の振幅の変化が原因で体積膨張を発現することが示されている[13]。一方，いわゆるバンド計算のアプローチからも，スピン揺らぎを扱うための方策が模索されており，計算の根幹である密度汎関数理論に基づくものとしては，上記の単一サイト近似を組み込んだバンド計算として，合金向けに発展してきた Coherent Potential Approximation（CPA）を磁気揺らぎに適用する方法が普及している[10,14]。特に，常磁性状態を短距離秩序がない完全ランダム状態と捉え，z 軸に対し＋または－の局所磁化を持つ磁性元素を，あたかも別の2種の元素であるかのように不規則合金として CPA 計算を行うと，Disordered Local Moment（DLM）状態と呼ばれる局所磁化状態が得られる[14]。一方，揺らぎを静止して扱う静的近似を超えて，動的（平均場）理論に基づく計算も進展しており，遷移金属系で実験を再現する結果[15]も得られているが，計算量や信頼性の面で必ずしも汎用な手法とはなっていない。

　第一原理計算による fcc Fe の磁気的多重性は，初めて実施された当時には大規模な計算コストを要する仕事であったが，現在では PC パワーの驚異的な進展と計算コードの整備のおかげで，実験家でも遍歴版 2γ 状態を簡単に確かめられる。図 1(a) は LDA（Local Density Approximation）-KKR（Korringa-Kohn-Rostoker）法によるバンド計算コード[16]を用い，fcc

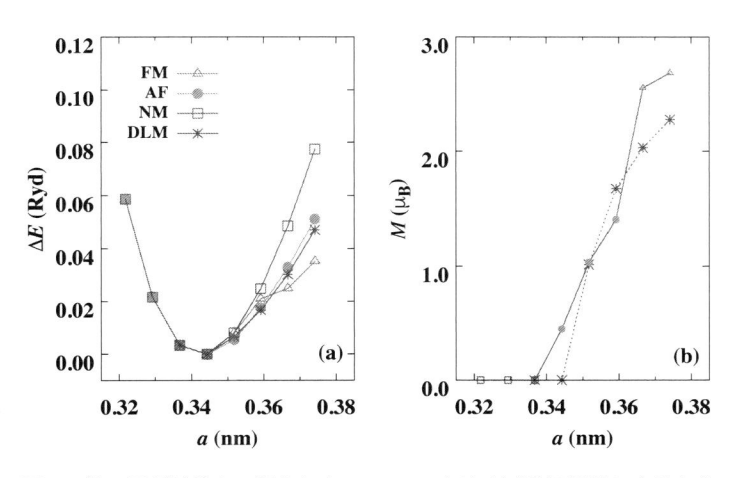

図1　第一原理計算より得られた fcc Fe における(a)磁気状態に応じた全エネルギーおよび(b)安定状態での局所磁気振幅の格子定数依存性

Fe の非磁性，強磁性及びコリニア反強磁性について，全エネルギーの格子定数依存性を求めた結果である。なお，エネルギー最小値をオフセットとして差し引いている。ブリュアンゾーン内の規約 k 点数は 196 で，交換相関ポテンシャルには Moruzzi-Janak-Williams 型を用い，相対論効果は考慮していない。図 1(b)には，最安定な状態の局所磁気モーメントをプロットした。Moruzzi らによって提示された fcc Fe の NM → AF → FM の変化の特徴[9]が再現されており，特に，a = 3.59 Å 近傍の急激な FM への変化も確認できる。さらに図 1(a)(b)の結果には，Moruzzi らのオリジナル版には無い情報として，CPA（coherent potential approximation）を利用して得られた，DLM（Disordered Local Moment）状態のデータを加えてある。この計算では，a < 3.45 Å 以下では基底状態と常磁性状態のどちらも局所磁化のない非磁性（NM）状態であるが，a > 3.5 Å で反強磁性あるいは強磁性状態がエネルギー的に最低になる領域では，DLM も NM よりエネルギーが低く，常磁性での局所磁化が発生する。自発体積磁歪の大きさは，基底状態の FM の局所磁化の自乗値 m_{FM}^2 と DLM での値 m_{DLM}^2 の差で決まる（$\kappa C\{m_{FM}^2 - m_{DLM}^2\}$）。興味深いのは，図 1(b)において，基底状態が反強磁性から強磁性に切り替わる近傍で，DLM の局所磁化振幅が基底状態のものより大きな値を示しており，この差が実際に出現すれば，温度上昇により常磁性に移り変わると，体積が増加することになり，いわゆる Anti-Invar 現象[18]との関連をうかがわせる。実際には，fcc-Fe の反強磁性状態がコリニア配列とは異なるはずなので，このシンプルなデモンストレーションからは外れるはずであるが，Anti-invar 効果についても 2γ 状態の状態間励起を用いずに，スピン揺らぎのコンセプトから説明できる可能性を示唆している。

3　スピン揺らぎ vs. 多重磁気状態：遍歴電子メタ磁性体の場合

ここまでは，遍歴電子磁性の局所磁化振幅の変化について a) 多重磁気状態効果と b) スピン揺らぎ効果に基づく理論的進展を紹介してきたが，実験的にこれらを分離しようとすると，合金系における元素分布によるケミカルな不規則効果や，強磁性-常磁性 2 次転移における緩慢な磁気状態の変化の下では，明確な答えを得にくい状況になる。ここで注目されるのが，遍歴電子メタ磁性（Itinerant Electron Metamagnetic：IEM）転移[18]と呼ばれるユニークな磁気状態変化（1 次相転移）である。この物質では，外部磁場，温度あるいは圧力によって遍歴系の強磁性と常磁性を入れ替えることができ，同一物質で両状態を観測できる。ストーナー条件は，エネルギー比較に基づくので，強磁性発生が 1 次転移になることも含まれるが，常磁性と強磁性の対称性の連続性からは 2 次相転移が自然である。ただし，電子状態に特異性があると交換分裂の "途中" にエネルギーバリアが現れ，強磁性-常磁性の変化が 1 次相転移になる[18]。現実の物質では，Co 系ラーベス相化合物などで，基底状態の常磁性から磁場誘起の強磁性への IEM 転移が確認されてきた[18]。これに関連して，基底状態が強磁性でも電子状態の特異性が残存する場合，キュリー温度 T_C で 1 次転移が発生し，T_C の直上では磁場印加により IEM 転移が現れる。Co 系ラーベス

相化合物の他には，Co系パイライト化合物や，圧力下でのMnSiあるいはU系化合物でも確認されているが[18]，これらはいずれも誘起される磁化があまり大きくない上に，基底状態が強磁性の場合，T_C が100 K近傍である[18]。こうした中，Fe系で発見されたIEM系の例がLa$(Fe_xSi_{1-x})_{13}$化合物である[19,20]。本系の T_C は200 K近傍にあり，また基底状態でのバルク磁化の値はFe原子あたり $2\mu_B$ 程度になる。図2(a)及び(b)はそれぞれ，La$(Fe_xSi_{1-x})_{13}$化合物（x = 0.84，0.86および0.88）の熱磁気曲線および熱膨張曲線である[21]。熱磁気曲線の挙動から，x = 0.84 では T_C での変化が2次転移であり，x = 0.88 では不連続なジャンプを伴う1次相転移である。中間に位置する x = 0.86 は非常に弱い1次相転移的挙動を示しており，他の測定からは，転移次数の境界である3重臨界点に近い挙動が確かめられている。2次転移を示す x = 0.84 では，磁気秩序の発生に伴う自発体積磁歪 ω_s が現れており，また，200 K以下では，格子膨張との釣り合いで，小さな線膨張係数を示していることがわかる。1次転移が明瞭化すると，T_C における不連続な形で ω_s が発生しているが，これとは別に，T_C 以下の広い範囲で，温度低下に伴う ω_s の増大が格子項の変化を凌駕して，緩やかな負膨張が観測される。従来，インバー合金で利用されてきた現象は，本系の x = 0.84 の200 K以下でみられる低線膨張係数と同等のものである。この機構に関しては，主に，強磁性相での局所磁化 m_{FM} の温度変化が重要であるが，m_{FM} をどう捉えるかについて，視点の違いがあるので注意が必要である。実験的に簡便に行われるのは，バルク磁化の平均あるいは，各種スペクトロスコピーで観測される内部磁場の換算値などを m_{FM} と見なすことである。しかし本来は，時間 t の関数として $m_{FM}(t)$ を考えるべきで，これは長時間平均値 $\langle m_{FM} \rangle$ と揺らぎ $\delta m_{FM}(t)$ を用い $m_{FM}(t) = \langle m_{FM} \rangle - \delta m_{FM}(t)$ のように書ける。体積変化には後半の揺らぎ項も寄与するので，$\omega = \kappa C \{\langle m_{FM}^2 \rangle + \langle \delta m_{FM}^2 \rangle\}$ となる。以下，簡便のため，$\omega = \kappa C(m_{FM}^2 + \xi^2)$ と記述する。前述したSCR理論で登場する S_L^2 は，T_C 以下では $\langle m_{FM}(t)^2 \rangle$

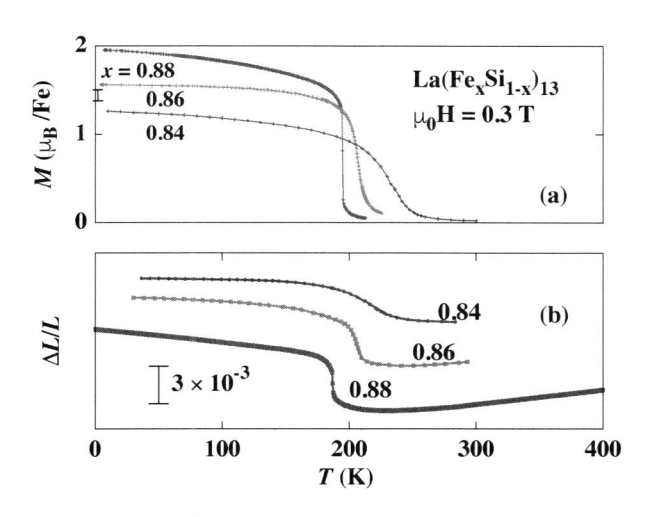

図2　La$(Fe_xSi_{1-x})_{13}$ における(a)熱磁気曲線および(b)熱膨張曲線
（文献21：A. Fujita *et al.*, *Phys. Rev. B*, **65**, 014410 (2001)）

に相当し，一方，T_C 以上では ξ^2 に相当する。このように，時間平均を取る際の原点基準，さらには m の算術・統計的扱いにおける古典・量子論の差をどうするかに応じて，表記が変化するので注意が必要である。また，ξ^2 の効果は，T_C 以下から発生し得るので，この量が大きければ，磁化測定で観測する $\langle m_{FM}{}^2 \rangle$ の変化と，ω の温度依存性が乖離し始め，バルク磁化と ω を付き合わせて決めた κC の値にしわ寄せがくる。

　一方，$x > 0.86$ でみられる温度誘起 1 次相転移の場合には，T_C で磁化が不連続に変化し，同時に体積も不連続変化する。遍歴電子メタ磁性転移の概念では，自発磁化が消失した状態は，局所磁化のない（交換増強された）パウリ常磁性として扱われていた[18]。しかし，現実の系，特に $La(Fe, Si)_{13}$ の場合には，常磁性は前述した DLM 状態であり，局所磁化も $1 \sim 2 \mu_B$ 程度と予想され[22, 23]，強磁性基底状態の値からそれほど大きく変化していない。前述の状態密度と体積の関係から理論予想値を求めると，バンド構造の詳細に関わらず κC はおおよそ $2\% / \mu_B{}^2$ になる[2]。実験で決定される ω は約 1% であり，磁化測定による磁化ジャンプはおおよそ $1 \mu_B$ なので，予想値よりやや過小であるが，この磁化変化には，m_{DLM} の方向揺らぎの分が含まれるので，正味の振幅変化が一致するとは限らない。基底状態の磁化（$\sim 2 \mu_B$）と自発体積磁歪の温度依存性から T_C 直下の $m_{FM}{}^2 + \xi^2$ を予想するとおおよそ $1.44 (= (1.2)^2) \mu_B{}^2$ であり，T_C 直上の ξ^2 はバンド計算の値を採用して見積もると $1 \mu_B{}^2$ である[23]。ξ^2 が T_C をまたいで大幅に変わらなければ，正味の磁化振幅変化分は約 $0.4 \mu_B{}^2$ となるので，κC の理論値を用いた概算と実験値は比較的良い一致を示す。この評価はかなり粗い評価であるが，T_C の前後で局所分極の振幅の変化がそれほど大きくないという実験事実とは整合している。以上をまとめると，インバー系のように大きな磁気体積効果を示す系では，例えば，常磁性状態でも局所磁化が存在し，あたかも局在系のように見えるが，秩序相の局所（自発）磁化との差がわずかでもあれば，遍歴電子由来の磁気体積効果が現れる。この際，スピン揺らぎによる変化でも，多重磁気状態に由来する場合でも，振幅の変化はほぼ同じ結合係数の大きさで体積変化に反映される。

　なお，工学的には，線膨張係数を小さくするのに，格子膨張の温度変化をちょうどキャンセルするように $m_{FM}{}^2 + \xi^2$ の温度変化を狙って制御するのは至難の技である。一方，1 次相転移挙動を鈍らせ格子膨張と釣り合わせるならば，相転移進行の体積分率変化を温度軸に対して幅を持たせれば良いので比較的容易である[24]。

4　スピン揺らぎ vs. 多重磁気状態：フラストレート系反強磁性転移の場合

　このように，負膨張材料の開発にあたり，1 次転移制御を通じた体積変化制御を考えれば，材料設計の選択幅は広がる。上述した通り，磁気体積効果は強磁性に限らず，局所磁化振幅に変化があれば反強磁性でも生じ，また秩序−無秩序相の対称連続性からは，反強磁性（AF）の方が 1 次相転移を見出しやすい。例えば，YMn_2 ラーベス化合物が示す反強磁性−常磁性は 1 次相転移（$\sim 100 \, K$）であり，転移に伴い 4% もの体積変化が生じる[25]。一方，室温域での応用まで含め，

活発に研究されているのが，逆ペロブスカイト型 Mn_3AN（A = Cu, Zn, Ga etc.）[24, 26~28] である。Mn_3GaN では，ネール温度 T_N = 290 K において，反強磁性−常磁性 1 次相転移に由来して，立方晶を保持した約 1 % 以上の等方的体積変化が観測される[24, 27]。また $Mn_3(Cu_{1-x}Ge_x)N$ では，x = 0.0 で基底状態が正方晶の強磁性になるが，x = 0.15 で，強磁性相が立方晶に変化し，図 3 に示すように常磁性への転移温度で約 0.9 % の体積変化が出現するようになる[28]。x > 0.25 磁気秩序が反強磁性に転じるが立方対称は保たれ，やや緩慢な転移になるが大きな体積変化は持続する。終端組成の Mn_3GeN では，磁気構造も結晶対称性も変化し，体積変化も現れない。このことから，Mn_3AN 系では，格子対称性が立方相を保ち，反強磁性相互作用が優勢になった場合に，顕著な体積変化が転移温度で現れることが議論されている[24, 29]。

　反強磁性秩序が強磁性の場合と異なる特徴の一つに，磁気モーメント配列の対称性が磁性元素の格子中の対称性と矛盾を生じることがあり，これはフラストレーションと呼ばれる。逆ペロブスカイト格子の正方対称を保つと，磁性 Mn 元素は三角格子の頂点に位置することになる。磁気モーメントの向きを隣と異なるように配置する際，三角格子頂点では，単純な反平行ペアの配置は不可能なので，フラストレーションを生じる。中性子回折により決定された正方晶 Mn_3AN 反強磁性の典型的な磁気構造は，群論の分類表記（規約表現の指標）で Γ_{5g} に属す配置であり，磁気モーメントは三角格子の辺に沿って三角面内に横たわり，互いに head to tail になるように向きが決まっている[24, 29]。バンド計算からは，Γ_{5g} 配置の磁気構造の場合，Mn の磁気モーメントは約 $2.3\,\mu_B$ となり[30]，これは最近の中性子散乱実験[29]から得られた値（$2.2\,\mu_B$）と良く一致する。一方，DLM 状態として，三角格子面 {111} から外れ，[100] 方向に + − でランダムに向いた磁化状態を計算すると，$1.4\,\mu_B$ となり，Γ_{5g} 反強磁性状態のほぼ半分近い値になる[30]。このような振幅の収縮は，磁化の向きをより 3 次元的に配置した DLM 計算[31]では得られていないが，$Mn_3(Cu_{1-x}Ge_x)N$ の常磁性領域での格子定数の測定からは，フラストレーションの影響がみられ

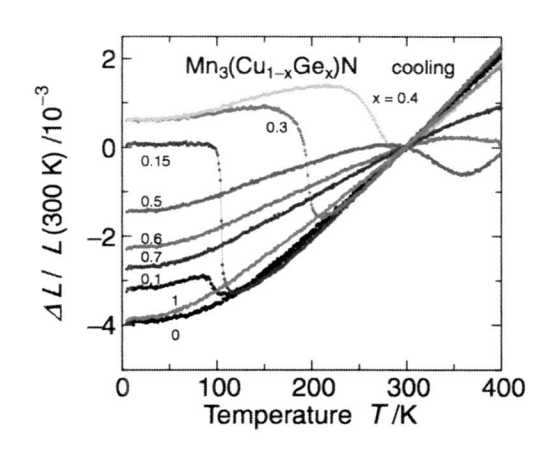

図 3　$Mn_3(Cu_{1-x}Ge_x)_N$ における熱膨張曲線
（文献 26：K. Takenaka and H. Takagi, *Mater. Trans.*, **47**, 471（2006））

る組成域に対応して，格子定数が予想より減少しており[27]，これは m_{DLM} による正の膨張分が減少していると考えられる。もし，フラストレーションの影響で，反強磁性での磁気モーメント m_{AF} の振幅が増強されており，一方，m_{DLM} が抑制されていると，相転移における振幅変化が大きくなり体積変化も増強される。この点については，Mn_3GaN における巨大圧力熱量効果の出現[30]とも整合しており，この系ではネール温度の圧力効果に対する転移時の体積変化の大きさが，他の系に比較して大きいことが指摘されている。つまり，反強磁性相が安定である割には反強磁性磁気モーメントの消失が急峻である。遍歴電子系のフラストレーション効果は理論的整備が十分とは言えず，また，Mn_3AN 系の1次相転移のオリジン（AF 相と DLM 相の縮退および両相を隔てるエネルギー障壁発生の原因）を電子状態から完全には説明できていない。しかし，YMn_2 系でも，フラストレーションに関連した常磁性揺らぎの抑制を，局在系のアナロジーから説明する試み[32]も行われており，フラストレーションが局所磁化の振幅変化，ひいては磁気体積効果を増強している可能性は大きい。

負膨張材の開発には，上述のように1次転移をブロード化することが制御としては容易であるが，元素添加などで相転移進行が変化した場合，図2の $La(Fe_xSi_{1-x})_{13}$ における $x = 0.88$ から 0.84 の相転移挙動の変化や，図3の $Mn_3(Cu_{1-x}Ge_x)N$ における $x = 0.25$ から $x = 0.7$ に向かう相転移の変化が，熱力学的に臨界点を迎える挙動なのか，もしくは，不規則性やリラクサー効果[24]により転移温度分布が生じるのか，判断が難しく，転移挙動変化を解明するには，詳細かつ多方面の観測を必要とする。

5　インバー，メタ磁性，マルテンサイト

本章の最後に，いわゆるインバー型の磁性体によく見られる特徴について述べておく。従来の FeNi や FePt 系では，インバー効果が顕著になる組成の近傍において，マルテンサイト変態を生じることが知られている[33]。さらに，理論上はこれらの系が（温度あるいは磁場誘起の）磁気1次相転移系に極めて近いことも指摘されている[33]。つまり，インバー効果，マルテンサイト変態，およびメタ磁性転移が隣接している。一方，$La(Fe, Si)_{13}$ は，インバー型磁気体積効果とメタ磁性を示すが，Si 濃度を増加させた領域では，これらの特徴の替わりに正方相変態が出現し，変態途上では熱弾性型マルテンサイトに類似したツイード組織が現れる[34]。さらに，逆ペロブスカイト Mn_3AN 系でも，元素選択や組成の調整により，インバー型挙動と一次転移が出現する場合と，構造変態が現れ，マルテンサイト相のような双晶バリアント再配列が観測される場合がある[35]。マルテンサイト変態を，金属系の格子対称性の相転移として捉えると，バンド・ヤーンテラー[36]などの電子-格子相関の相転移と関係している可能性がある。磁気秩序発生も，格子対称性変化も，基本的には電子相関エネルギーの低下が駆動力であり，大雑把に言えば，フェルミ準位に高い状態密度が重なった際，交換分裂によりスピン毎にフェルミ準位に対し位置をずらすか，あるいは格子対称性を変えてフェルミ準位上下に分裂させるか，の違いである。もちろん実

際のバンドの詳細に応じて状況は変わってくるが，実験事実としてインバー効果とメタ磁性とマルテンサイト変態の近接が，複数の系で見えている以上，何らかの関係があるはずである。特に，巨大磁気体積効果の原因が，局所スピン分極の振幅の著しい変化である，という説明は，実は十分条件であり，では振幅を"柔らかく"している原因は何か？という点については答えが定まっていない。格子安定性の（相転移）臨界に近い状況にありながら，系が状態を選択する原因が格子系以外の磁気的なエネルギー利得による場合に，磁気的な揺らぎに格子不安定性による何らかの影響があるのか，など，現時点でも不明な点が残されており，また，実験・理論の両面から 1 次転移の転移先：高温相の素励起を（転移前の，まだ高温相が励起状態であるうちに）調べる手法が必要である。

文　　　　献

1)　C. E. Guillaume, *C. R. Acad. Sci.*, **125**, 235（1897）

2)　志賀正幸，日本応用磁気学会誌，**4**，47（1980）

3)　川端有郷，電子相関（パリティ物理学コース），丸善（1992）

4)　E. C. Stoner, *Proc. Roy. Soc. A*, **165**, 372（1938）

5)　V. Heine, *Phys. Rev.*, **153** 673（1967）

6)　A. Kastuki and K. Terao, *J. Phy. Soc. Jpn.*, **26**, 1109（1969）

7)　T. Moriya, Spin Fluctuations in Itinerant Electron Magnetism, Springer,（1985）

8)　L. Kaufman *et al.*, *Acta. Met.*, **11**, 323（1963）

9)　V. L. Moruzzi *et al.*, *Phys. Rev. B*, **39**, 6957（1989）

10)　B. L. Gyorffy *et al.*, *J. Phys. F: Met. Phys.*, **15**, 1337（1985）

11)　Y. Takahashi, Spin Fluctuation Theory of Itinerant Electron Magnetism, Springer,（2013）

12)　H. Hasegawa, *J. Phys. C: Solid State Phys.*, **14**, 2793（1981）

13)　Y. Kakehashi, *J. Phys. Soc. Jpn.*, **50**, 2236（1981）

14)　H. Akai and P. H. Dederichs, *Phys. Rev. B*, **47**, 8739（1993）

15)　A. I. Lichtenstein *et al.*, *Phys. Rev. Lett.*, **87**, 067205（2001）

16)　http://kkr.issp.u-tokyo.ac.jp/jp/document/akaikkr_j.pdf

17)　E. F. Wassermann *et al.*, *J. Magn. Soc. Jpn.*, **23**, 385（1999）

18)　T. Goto *et al.*, *Physica B*, **300**, 167（2001）

19)　A. Fujita *et al.*, *J. Appl. Phys.*, **85**, 4756（1999）

20)　藤田麻哉 他，日本金属学会報まてりあ，**41**，269（2002）

21)　A. Fujita *et al.*, *Phys. Rev. B*, **65**, 014410（2001）

22)　N. Kamakura *et al.*, *MRS Proc*, **1262** w06-03（2010）

23)　A. Fujita, *APL Mater.*, **4**, 064108（2016）

24)　竹中康司，日本結晶学会誌，**55**，331（2013）

25) M. Shiga *et al., J. Magn. Magn. Mater.,* **31-34**, 119 (1983)

26) K. Takenaka and H. Takagi, *Appl. Phys. Lett.,* **87**, 261902 (2005)

27) K. Takenaka, *Sci. Technol. Adv. Mater.,* **13**, 013001 (2012)

28) K. Takenaka and H. Takagi, *Mater. Trans.,* **47**, 471 (2006)

29) 社本真一，物性研究，**93**，754 (2010)

30) D. Matsunami *et al., Nature Mater.,* **14**, 73 (2015)

31) J. Zemen *et al., Phys. Rev. B*, **95**, 184438 (2017)

32) M. Mekata *et al., Phys. Rev. B*, **61**, 4088 (2000)

33) E. F. Wassermann and P. Entel, *J. de Phys.,* **C8** 287 (1995)

34) K. Niitsu *et al., J. Alloy. Comp.,* **578**, 220 (2013)

35) 竹中康司 他，日本金属学会報まてりあ，**48**，105 (2009)

36) S. Asano and S Ishida, *J. Phys. Soc. Jpn.,* **54**, 4241 (1985)

第8章 電荷移動型負熱膨張

岡 研吾[*]

1 異常高原子価と電荷移動

遷移元素はイオンとしてとり得る価数に自由度を持つ。しかし，とり得る全ての価数状態が等しく安定というわけではなく，最も安定な価数状態が存在することが一般的に知られている。ここで$3d$遷移元素を例として見てみる。周期表で左に位置するスカンジウム，チタン，バナジウムなどの元素は，$3d^0$電子配置となるSc^{3+}，Ti^{4+}，V^{5+}が最も安定である。しかし，周期表を右に行くにつれ，$3d$軌道のエネルギーレベルが深くなり，高価数状態がとりにくくなる。つまり，$3d$軌道に電子が残っている状態が最も安定となる。本章で紹介する電荷移動型負熱膨張の鍵となる元素である鉄においては$Fe^{3+}(3d^5)$，ニッケルにおいては$Ni^{2+}(3d^8)$がもっと安定な価数状態として知られている。そして，最も安定な価数よりも大きな価数状態をとることも可能であり，それらは異常高原子価と呼ばれている。この異常高原子価状態にあるイオンの特異的な振る舞いが，電荷移動型負熱膨張の起源となる。

異常高原子価イオンは不安定であるため，しばしば電荷不均化という現象を引き起こす。例えば，$CaFeO_3$というペロブスカイト酸化物は，高温の直方晶（斜方晶）相から低温の単斜晶相への構造相転移を伴い，高温相のFe^{4+}の状態から低温相の$0.5Fe^{3+}+0.5Fe^{5+}$の状態へと鉄の電荷が不均化することが知られている[1]。またNi^{3+}を含むペロブスカイト酸化物（$RNiO_3$：Rは希土類）においても同様に，低温で結晶構造が単斜晶に歪み，$Ni^{3+} \rightarrow 0.5Ni^{3+\delta}+0.5Ni^{3-\delta}$へと金属絶縁体転移を伴い電荷不均化することが報告されている[2]。Fe^{4+}，Ni^{3+}などの異常高原子価イオンの電子状態は，安定な価数状態からさらに$3d$軌道の電子を失った$Fe^{4+}(3d^4)$・$Ni^{3+}(3d^7)$よりも，配位している酸素サイトにホールが導入されるというリガンドホールL状態を用いた$Fe^{4+}(3d^5L^1)$・$Ni^{3+}(3d^8L^1)$という描像の方が実際の状態に近いと考えられている。この描像を用いれば，電荷不均化という現象は，負の電子相関により，$Fe^{4+}(3d^5L^1) \rightarrow 0.5Fe^{3+}(3d^5)+0.5Fe^{5+}(3d^5L^2)$というリガンドホールが片方のイオンに偏る現象とみなせる。高温ではリガンドホールが運動量を持ち系全体を動き回ることにより，全体としてFe^{4+}，Ni^{3+}の状態となっているが，低温ではリガンドホールが運動量を失ってどちらか一方に偏って局在化するため，電荷不均化が起こると解釈することができる。

一方，異常高原子価イオンに対して電荷の受け皿として振る舞える元素が別に結晶構造内に存在すれば，異種元素間で電荷のやりとりが起こることも考えられる。この電荷のやりとりが同一

＊ Kengo Oka 中央大学 理工学部 応用化学科 助教

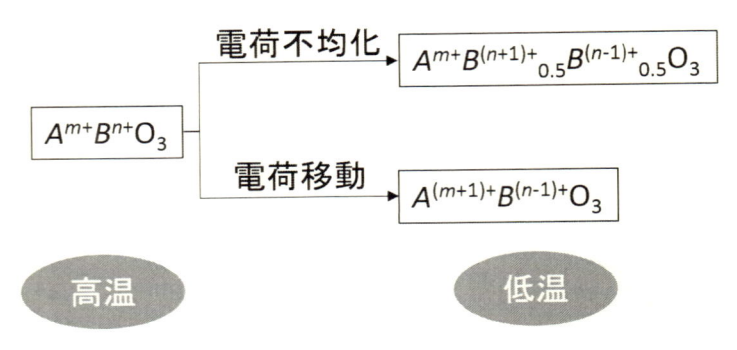

図1　ペロブスカイト酸化物における高温から低温に冷却した際の
電荷不均化と電荷移動の模式図。

元素内で起こる場合は電荷不均化となるが，異種元素間で起こる場合は電荷移動と呼ばれる（図1）。そして，Fe^{4+}，Ni^{3+}などの異常高原子価イオンを含む化合物において，異種元素の間でサイト間電荷移動が起こることが，負熱膨張実現の鍵となる。

2　ペロブスカイト酸化物におけるサイト間電荷移動と負熱膨張

電荷移動型負熱膨張材料において，サイト間電荷移動が起こることに加えてもう一つの負熱膨張メカニズムの重要な鍵となっているのが，ペロブスカイト型の結晶構造をとることである。ペロブスカイト酸化物は一般式ABO_3の式で表され，図2に示すような結晶構造を基本とする。一般的に，Aサイトには価数が低く大きなアルカリ金属やアルカリ土類金属，希土類などが入り，Bサイトには価数が大きく小さな遷移金属などが入りやすいことが知られている。

ペロブスカイト構造は，三次元的に連なったB-O結合によるBO_6八面体の頂点共有ネットワークが骨格を担っており，その隙間をAイオンが占有している構造と見なすことができる。つまり，間隙を埋めるAイオンよりも，B-O結合の距離が単位格子の大きさに対して支配的である。ここで，AイオンとBイオンの間で電荷移動が起こるケースを考える。冷却過程において，$A^{m+}B^{n+}O_3 \rightarrow A^{(m+1)+}B^{(n-1)+}O_3$というサイト間電荷移動が起こる場合，ペロブスカイトの骨格を担うB-O結合の長さはB^{n+}から$B^{(n-1)+}$へのBイオンの価数変化に伴い長くなる。一方で，Aイオンの価数が上がり，Aイオンの半径が小さくなるが，ペロブスカイト構造においてはAサイトのイオンサイズの変化が与える影響はB-O結合距離の変化と比べて小さい。つまり，全体として冷却すると格子体積が大きくなる負熱膨張が起こることになる。これが電荷移動型負熱膨張材料における負熱膨張のメカニズムである。

以上をまとめると，電荷移動型負熱膨張材料の物質設計指針として，以下の三点が挙げられる。

① ペロブスカイト構造を基本とする結晶構造であること。

② BサイトにはFe^{4+}やNi^{3+}のような高原子価イオンが含まれること。

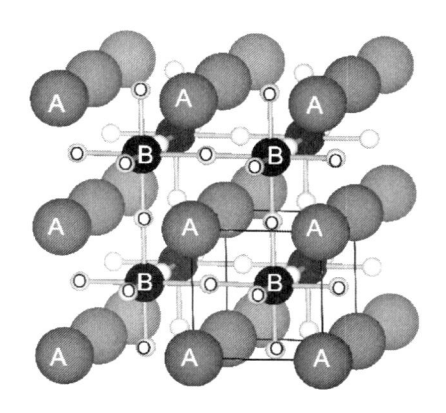

図 2　ペロブスカイト ABO_3 の結晶構造。

③　A サイトには価数の自由度を持ち，なおかつ B サイトのイオンと電荷移動可能な元素が含まれること。

次に以上の条件を満たす電荷移動型負熱膨張材料について，具体的な物質名を挙げながら説明していく。

3　四重ペロブスカイト $AA'_3B_4O_{12}$ における電荷移動型負熱膨張

3.1　四重ペロブスカイト $AA'_3B_4O_{12}$ の結晶構造

電荷移動型負熱膨張材料の物質設計にあたり，問題となるのが A サイトに含まれる B サイトと電荷移動を起こす元素の選択である。電荷の自由度を持ちかつ B サイトの鉄やニッケルなどと電荷移動を起こすとなれば，周期表において同周期に存在する $3d$ 遷移金属が真っ先に候補として上がるだろう。しかし，幾何学的な制約により，ペロブスカイト構造をとるには A サイトに入るイオンは B サイトのイオンよりも有意に大きいものである必要がある。よって A サイトに $3d$ 遷移金属が入る系は，ペロブスカイトではなくイルメナイト構造などの別の構造が安定となってしまう。しかし，A サイトを部分的に $3d$ 遷移金属が占有する組成ならば，ペロブスカイト構造をとることができる。

ペロブスカイト酸化物において，12 配位の A サイトおよび 6 配位の B サイトのそれぞれに対して複数種の金属イオンを混合することが可能である。そのうちの一つ四重ペロブスカイトは $AA'_3B_4O_{12}$ の一般式（ABO_3 の 4 倍）で表され，A サイトが A イオンと A' イオンの 2 種で占有されている。その結晶構造を図 3 に示す。A イオンと A' イオンは秩序配列しており，単位格子の大きさは $2a \times 2a \times 2a$（a は単純立方晶ペロブスカイト格子の一辺）となっている。BO_6 八面体ネットワークの大きなチルト（傾き）により，本来，ペロブスカイト構造において 12 配位である A' サイトが平面 4 配位となっていることが大きな特徴である。そのため，A' サイトは，平面 4 配位の安定なヤーンテラー活性イオンである Cu^{2+}，Mn^{3+} などの $3d$ 遷移金属元素が占有する

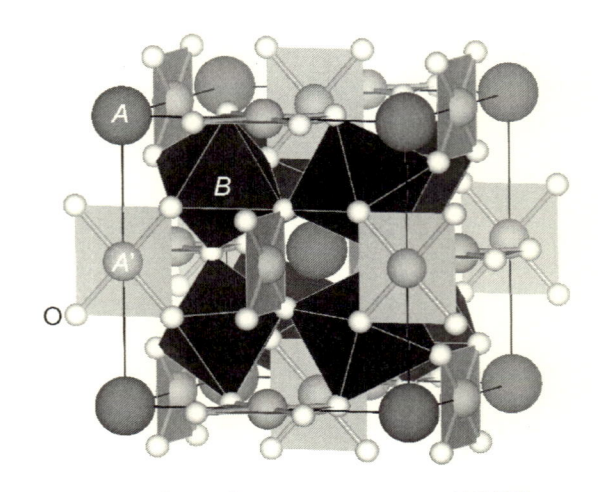

図3　四重ペロブスカイト $AA'_3B_4O_{12}$ の結晶構造。

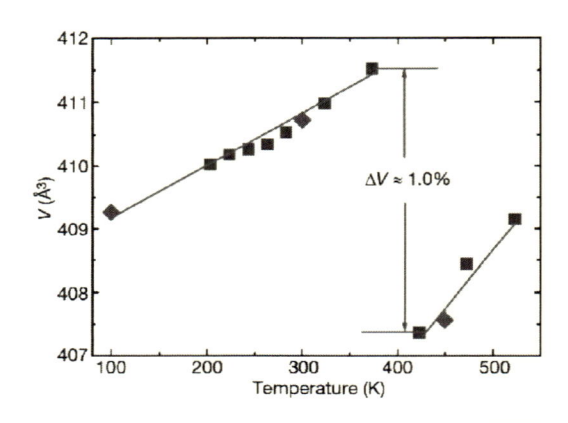

図4　$LaCu_3Fe_4O_{12}$ の格子体積温度変化[3]。サイト間電荷移動に対
応し，400 K 前後で約1%の巨大な体積収縮が見られる。

ことができる。そして，A' サイトと B サイトの $3d$ 遷移金属元素の間で電荷移動が起こることにより，負熱膨張が実現する。

3.2　$LaCu_3Fe_4O_{12}$ における負熱膨張

2009 年に Long らによって，四重ペロブスカイトにおけるサイト間電荷移動相転移に伴う不連続な体積収縮現象が発見された[3]。$LaCu_3Fe_4O_{12}$ では，393 K にて，約1%もの体積収縮が起こる（図4）。この体積変化は，高温相の $LaCu^{2+}_3Fe^{3.75+}_4O_{12}$ の価数状態から低温相における $LaCu^{3+}_3Fe^{3+}_4O_{12}$ の価数状態へと変化する，鉄と銅の間におけるサイト間電荷移動に由来している。ペロブスカイトの骨格を担う Fe-O 結合が，鉄の価数が 3.75＋から 3＋へ変化することに対応し伸張するため，体積の小さな高温相と体積の大きな低温相の間で負熱膨張が観測される。こ

のサイト間電荷移動は，^{57}Fe メスバウアー分光および X 線吸収分光などの元素選択的かつ価数状態に敏感な測定により実験的に確認されている。しかし，$LaCu_3Fe_4O_{12}$ における負熱膨張は一次相転移であることを反映し，急峻かつ不連続な体積変化である。

3.3　$SrCu_3Fe_4O_{12}$ における負熱膨張

$LaCu_3Fe_4O_{12}$ における負熱膨張が一次相転移に由来する不連続なものであった一方，四重ペロブスカイトにおける二次相転移に由来する連続的な負熱膨張が山田らにより 2011 年に $SrCu_3Fe_4O_{12}$ において発見されている[4]。$SrCu_3Fe_4O_{12}$ の負熱膨張も同様の鉄と銅のサイト間電荷移動（高温相：$SrCu^{\sim 2.4+}_3Fe^{\sim 3.7+}_4O_{12}$，低温相 $SrCu^{\sim 2.8+}_3Fe^{\sim 3.4+}_4O_{12}$）に起因し，低温相において Fe の価数が下がることに対応する体積膨張が起きるが，二次相転移であるため 250 K から 180 K の広い温度幅で徐々に進む。相転移の間で体積変化は連続的に起こるため，X 線回折で見積もられる格子体積の温度変化および歪みゲージを用いた測定により熱膨張係数を定義することが可能で，格子定数温度変化からは線熱膨張係数 $\alpha_L = -20$ ppm/K，歪みゲージを用いた試料片長さの温度変化の測定からは $\alpha_L = -7$ ppm/K の大きさの傾きを示す（図5）[5]。バルク試料片について，熱膨張係数の絶対値が小さいのは，試料に若干含まれている不純物や焼結性の影響などが考えられる。サイト間電荷移動相転移前後において，全体としては 0.4 ％の体積収縮が起きている。

3.4　四重ペロブスカイトにおける負熱膨張の組成依存性

$LaCu_3Fe_4O_{12}$ と $SrCu_3Fe_4O_{12}$ を代表的な四重ペロブスカイトにおける負熱膨張材料として取り上げたが，この系の電荷移動の振る舞いは A サイトの元素によって大きく異なることが知られている。

　ランタンと同じく3価のイオンを A サイトに含む系では，大きい3価のランタノイドイオン

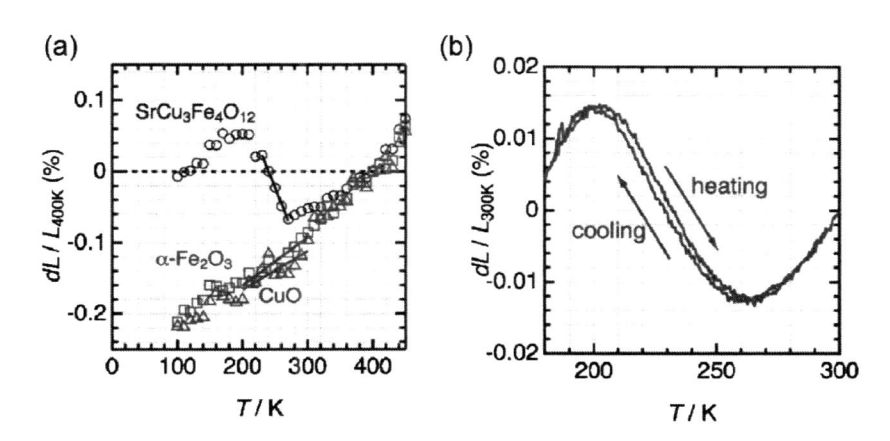

図5　(a)粉末 X 線回折から求めた $SrCu_3Fe_4O_{12}$ の格子体積温度変化。参照として $\alpha\text{-}Fe_2O_3$，CuO の正の熱膨張も示してある。(b)歪みゲージを用いて測定した $SrCu_3Fe_4O_{12}$ 試料片長さ温度変化。二次相転移を反映し，温度履歴はほとんど見られない[5]。

や Bi^{3+} が占有する場合には $LaCu_3Fe_4O_{12}$ と同様の電荷移動相転移と不連続な体積収縮が起こる。一方，イオン半径の小さなランタノイドイオンで占有される場合には鉄と銅の間で電荷移動を伴わず，鉄の電荷不均化が起こる。鉄の電荷不均化のみが起こる場合，負熱膨張の起源となる顕著な体積収縮挙動は観測されない。この相転移挙動の変化は，A サイトイオンの大きさの違いによって誘起される結合歪みが相転移に影響を与えているためと解釈されている[6]。

ストロンチウムと同じ 2 価のカルシウムを A サイトに含む $CaCu_3Fe_4O_{12}$ においては負熱膨張は観測されず，逆に低温相から高温相への相転移に伴う不連続な体積の増大が見られる[7]。$CaCu_3Fe_4O_{12}$ においては，鉄の電荷不均化と同時に $LaCu_3Fe_4O_{12}$，$SrCu_3Fe_4O_{12}$ とは逆の低温相 $CaCu^{\sim2.2+}_3Fe^{\sim3.8+}_4O_{12}$ から高温相 $SrCu^{\sim2.4+}_3Fe^{\sim3.65+}_4O_{12}$ への電荷移動が起こり，高温相で鉄の価数が小さくなるため体積膨張が起こる。このように鉄と銅のサイト間電荷移動の振る舞いが逆転することもある。

A サイトを 3 価のランタンと 2 価のカルシウムが占有する固溶系 $Ca_{1-x}La_xCu_3Fe_4O_{12}$ においては，A サイトの平均価数に対応し A' サイトの銅と B サイトの鉄全体を合わせた価数の大きさも変化する。異常高原子価状態を与えるリガンドホールの量が多い組成（カルシウム側）では鉄の電荷不均化が優勢であるが，ランタン量が増えリガンドホール量が減るにつれ鉄と銅のサイト間電荷移動の方が優勢になる[8]。

B サイトについても，鉄を異種元素で置換することによって負熱膨張挙動が大きく変化する。$LaCu_3Fe_4O_{12}$ においては，鉄を一部マンガンで置換（$LaCu_3Fe_{4-x}Mn_xO_{12}$）すると，相転移が緩慢になり，不連続で急峻な体積収縮が温度に対して連続的なものに変化する[9]。具体的には，$x = 0.75$ の組成で，300 K から 340 K の温度範囲で $\alpha_L = -22$ ppm/K の負熱膨張が観測される。$SrCu_3Fe_4O_{12}$ においても，鉄を一部マンガンで置換することにより，相転移挙動が緩慢になり，$x = 1.5$ の置換量で 260 K から 370 K の広い温度範囲で熱膨張係数がほぼゼロとなる[10]。

4 Pb，Bi を含むペロブスカイト酸化物における負熱膨張

4.1 バレンススキッパー

ペロブスカイト構造における A サイトに価数の自由度を持つ元素が存在することが，電荷移動型負熱膨張実現の鍵の一つである。そして，遷移元素のみならず典型元素にも価数の自由度を持つものが存在する。鉛やビスマスは $6s$ 軌道に電子を持ち，$6s$ 軌道の電子の有無に対応し，$Pb^{2+}/Bi^{3+}(6s^2)$ と $Pb^{4+}/Bi^{5+}(6s^0)$ の価数をとることができる。一方で，$6s^1$ 電子配置は不安定であるため，$Pb^{3+}/Bi^{4+}(6s^1)$ は存在せず，間の価数を飛ばした自由度を持つため，鉛やビスマスはバレンススキッパーと呼ばれる。これらのイオンはイオン半径も十分大きく，B サイトの $3d$ 遷移金属元素と組み合わせてペロブスカイト構造をとることが可能である。そして，価数の自由度を持つ鉛・ビスマスと B サイトの元素の間で電荷移動が起これば，電荷移動型負熱膨張を実現することができる。

4.2　BiNiO$_3$におけるサイト間電荷移動

　2002年に石渡らによってペロブスカイト酸化物BiNiO$_3$が報告された[11]。構造解析の結果から，立方晶ペロブスカイトの$\sqrt{2}\,a \times \sqrt{2}\,a \times 2a$倍の単位格子を持ち，結晶構造は三斜晶（$P\text{-}1$）の空間群に属することが見いだされた。BiNiO$_3$では，結晶学的に異なったサイトを占める2種類のビスマスが柱状に秩序化しているため，対称性が三斜晶にまで下がっている。陽イオン–陰イオン結合距離と配位数からある結晶学的サイトにおけるイオンの価数を見積もる，ボンドバレンスサム（BVS）より，2つのサイトのビスマスはそれぞれ3価と5価であり，ニッケルは2価であることが示された。つまりBiNiO$_3$は，Biが電荷不均化したBi$^{3+}_{0.5}$Bi$^{5+}_{0.5}$Ni^{2+}O$_3$という特徴的な価数状態をとっている。

　低温ではビスマスが電荷不均化しているもののニッケルは2価であり，高温においてビスマスの電荷不均化解消を伴いBi^{3+}Ni^{3+}O$_3$へと，ビスマスとニッケルの間でサイト間電荷移動が起こる可能性が期待される。しかし，常圧下での加熱では，サイト間電荷移動が起こる前に約500 K試料から酸素が脱離し分解が起こってしまう。そこで，2007年に東らによって，圧力下におけるBiNiO$_3$のサイト間電荷移動の振る舞いが調べられた[12]。高圧下中性子回折実験より，室温においては，3 GPa以上で結晶構造が三斜晶からGdFeO$_3$型と呼ばれる直方晶（空間群$Pbnm$）へと構造相転移し，またそれに伴い価数状態もBi$^{3+}_{0.5}$Bi$^{5+}_{0.5}$Ni^{2+}O$_3$から，Bi^{3+}Ni^{3+}O$_3$へと変化することが実験的に明らかにされた（図6）。このとき，ビスマスとニッケルのサイト間電荷移動に伴うニッケル価数の増大に対応し，格子体積が三斜晶相と直方晶相の間で不連続に2.5％も減少する。

　四重ペロブスカイトの場合と同様に，組成を制御することによって，BiNiO$_3$の相転移挙動を変化させることが可能である。BiNiO$_3$のビスマスを一部3価のランタンイオンで置換し，(Bi, La)$^{3+}$Ni^{3+}O$_3$の価数状態を安定化したBi$_{1-x}$La$_x$NiO$_3$では，サイト間電荷移動を起こす圧力と温度が下がり，常圧下での昇温によって三斜晶相から直方晶相への構造相転移を起こすようになる[13]。そ

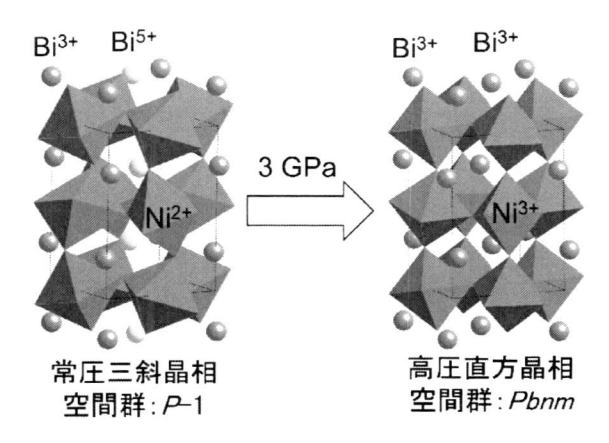

図6　BiNiO$_3$の構造相転移。

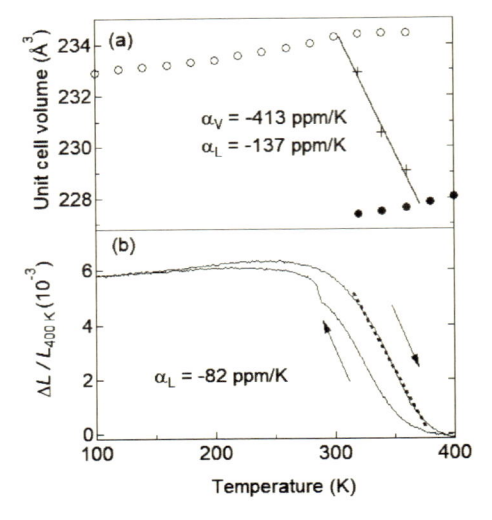

図7 (a) $Bi_{0.95}La_{0.05}NiO_3$ における三斜晶相（○）および直方晶相（●）の格子体積と相分率の重みを付けた平均格子体積（＋）の温度変化。(b)歪みゲージを用いて測定した $Bi_{0.95}La_{0.05}NiO_3$ 試料片長さの温度変化。

して，2011 年に東らによって，ビスマスを 5%ランタンで置換した $Bi_{0.95}La_{0.05}NiO_3$ という組成において，室温以上の温度領域で，粉末 X 線回折で見積もった線熱膨張係数は $\alpha_L = -137\,ppm/K$，試料片長さの温度変化からは $\alpha_L = -82\,ppm/K$ に達する連続的な体積収縮が起こることが発見された（図7）[14]。低温の三斜晶相から高温の直方晶相への相転移が二相共存領域を経て進行し，この二相共存領域において両相の相分率が連続的に変化するため，全体としての体積変化は連続的なものとして観測される。これは，ランタン置換によって，サイト間電荷移動の起こる温度圧力が低下したと共に，相転移挙動が緩慢化された結果であると考えられる。また，一次相転移であるため，加熱過程と冷却過程において約 30 K の温度履歴が存在する。

　$BiNiO_3$ をベースとした負熱膨張挙動は，組成制御によりチューニングすることが可能である。Bi サイトをランタン，ネオジム，ユーロピウム，ジスプロシウムといったランタノイド元素で置換した系においては，置換元素の種類と置換量をパラメーターとして，負熱膨張を示す温度範囲をコントロールすることが報告されている[15]。置換する 3 価のランタノイドイオンのイオン半径が小さくなる（原子番号が大きくなる）ほど転移温度は高く，また温度履歴は抑制される傾向にある。また，置換量を増やすほど転移温度は下がり，転移がより広い温度範囲で緩慢に起こるようになる。転移温度幅が小さいほど体積変化の傾きは大きくなり，従って負熱膨張の熱膨張係数が巨大なものとなる（図8）。また，ビスマスサイトを一部鉛で置換した $Bi_{1-x}Pb_xNiO_3$ においてもサイト間電荷移動に由来する負熱膨張を示し，ビスマス／鉛サイトが電荷不均化しているものの秩序配列していない電荷グラス状態が存在することが報告されている[16]。

　一方，Bi サイトを 3 価のイオンで置換する方法と同様に Ni サイトを 3 価の価数が安定な別の

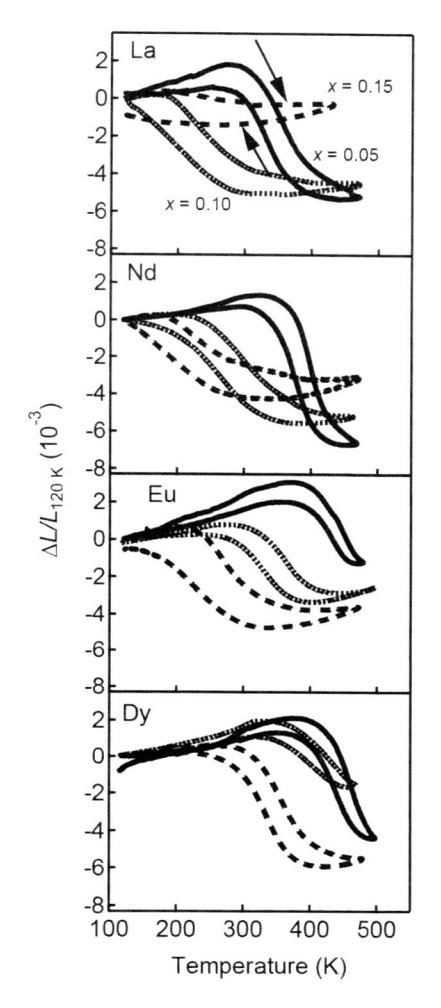

図8　熱機械分析装置で測定した $Bi_{1-x}Ln_xNiO_3$（Ln=La,
　　　Nd, Eu, Dy）の試料片長さ温度変化の組成依存性。

イオンで置換することによっても，サイト間電荷移動による巨大負熱膨張を実現することが可能
である。ニッケルを一部3価の安定な鉄で置換した $BiNi_{1-x}Fe_xO_3$ においても巨大負熱膨張が観
測される。$BiNi_{1-x}Fe_xO_3$（x＝0.075, 0.10, 0.15）においても同様に，低温では三斜晶の構造を取
り，温度を上げると直方晶相へと構造相転移する[17]。粉末X線回折パターンの温度変化をリー
トベルト解析し，両相の格子体積と三斜晶相と直方晶相の相分率を精密化し求めた相分率の重み
をつけた平均体積の温度変化を図9(a)に示す。ここで着目すべきは，鉄の置換量が増えるにつれ
て転移温度が下がっているものの，転移の緩慢化はほとんど起こっていないことである。また，
加熱過程と冷却過程における温度履歴も抑制されている。図9(b)分析装置で測定した
$BiNi_{1-x}Fe_xO_3$ 試料片長さの温度変化を示す。若干加熱時と冷却時で20K程度の熱履歴が見られ

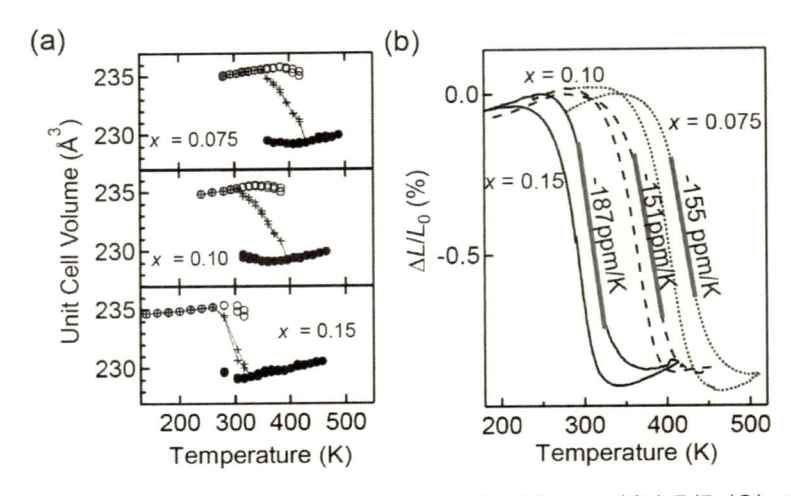

図9　(a) $BiNi_{1-x}Fe_xO_3$ におけるにおける三斜晶相（○）および直方晶相（●）の
格子体積と相分率の重みを付けた平均格子体積（＋）の温度変化。(b)歪みゲー
ジを用いて測定した $BiNi_{1-x}Fe_xO_3$ 試料片長さの温度変化の組成依存性。

るものの，ビスマスサイトをランタノイドで置換した系よりも熱履歴の温度幅が抑制されている
ことが見て取れる。X線吸収分光でニッケル，^{57}Fe メスバウアー分光で鉄の価数状態の変化が
それぞれ調べられたところ，ニッケルは三斜晶相において2価で直方晶相において3価であった
が，鉄の価数はどちらの相においても3価であることが確認された。この結果から，
$BiNi_{1-x}Fe_xO_3$ 系において，鉄はサイト間電荷移動に関与していないと考えられ，この振る舞い
は温度履歴の抑制などに何らかの関係があると予想される。

　$BiNiO_3$ をベースとした負熱膨張材料を，80 ppm/K の線熱膨張係数を持つビスフェノール型
エポキシ樹脂にフィラーとして分散させ，ゼロ熱膨張コンポジットを作製することにも成功して
いる[17]。液状の樹脂をテフロンのモールドに注入，295 K から 325 K の温度範囲において $\alpha_L =$
187 ppm/K の負熱膨張を示す $BiNi_{0.85}Fe_{0.15}O_3$ 粉末を分散させて，電気炉中で加熱重合する手法
でコンポジット化がなされた。図10が $BiNi_{0.85}Fe_{0.15}O_3$／エポキシ樹脂コンポジットの熱膨張の
振る舞いである。18 vol％という少ない添加量で，室温付近 27〜57℃の温度範囲で，ゼロ熱膨張
が実現している。図10に示すように，コンポジットの線熱膨張は，ホスト材とフィラーの熱膨張
係数の単純な加重平均である Rule of Mixture（ROM）モデルよりは小さいが，マトリックス／
フィラー界面におけるヤング率の違い（ホスト材：3.2 GPa，フィラー $BiNi_{0.85}Fe_{0.15}O_3$：138 GPa）
も考慮したターナーのモデルで計算した値よりは大きい。コンポジットの SEM 写真では，粒子
状フィラーとエポキシ樹脂の界面で剥離が起きているのが確認されたため，ターナーのモデルで
期待されるほどの熱膨張抑制効果が得られなかったとみられる。両者の界面の接合状態を改善で
きれば，より熱膨張抑制効果は顕著に表れると期待できる。

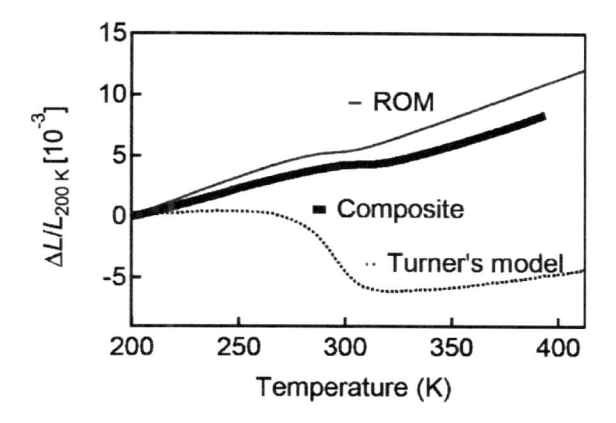

図10　18 vol%　$BiNi_{0.85}Fe_{0.15}O_3$／ビスフェノール型エポキシ樹脂コンポジットの試料片長さ温度変化。ROM（Rule of mixture）とターナーのモデルを用いて見積もった熱膨張挙動も示している。

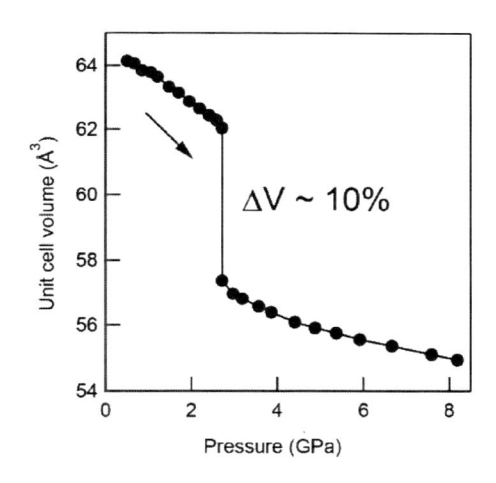

図11　$PbCrO_3$ における圧力誘起サイト間電荷移動に伴う巨大な体積収縮。

4.3　鉛を含むペロブスカイトにおける電荷不均化と負熱膨張

　ビスマスと同様にバレンススキッパーである鉛を含むペロブスカイトについても，2価と4価の入り混じった鉛の電荷不均化と負熱膨張が報告されている。1960年代に発見された $PbCrO_3$ は当初 $Pb^{2+}B^{4+}O_3$ の価数状態であると考えられていたが，Yu らによる研究によって，実際は鉛が電荷不均化した $Pb^{2+}_{0.5}Pb^{4+}_{0.5}Cr^{3+}O_3$ であることが明らかとなった。そして高圧下では鉛の電荷不均化が融け，鉛とクロムのサイト間電荷移動を伴い，$Pb^{2+}Cr^{4+}O_3$ の価数状態へと変化する。この際，サイト間電荷移動に伴うクロムの価数の増大により体積が約10%縮小する（図11）[18]。この振る舞いは $BiNiO_3$ と同様のものであり，$PbCrO_3$ もまた電荷移動型負熱膨張材料としての可能性を秘めていると考えられる。鉛が電荷不均化した価数状態は $PbCoO_3$ についても報告され

ており，この物質では Pb と Co が共に電荷不均化・電荷秩序した四重ペロブスカイト $Pb^{2+}Pb^{4+}{}_3Co^{2+}{}_2Co^{3+}{}_2O_{12}$ $(Pb^{2+}{}_{0.25}Pb^{4+}{}_{0.75}Co^{2+}{}_{0.5}Co^{3+}{}_{0.5}O_3)$ であることが明らかにされている[19]。

5 最後に

本章ではペロブスカイト構造をベースとした電荷移動型の負熱膨張材料について紹介してきた。これらはサイト間電荷移動に由来する比較的大きな体積収縮により大きな負熱膨張を示し，その挙動を組成でチューニング可能であるという特性を持っている。しかしながら，合成に関して，四重ペロブスカイトは 8-10 GPa，鉛とビスマスを含むペロブスカイトでは 6 GPa 程度の高圧条件を必要とする問題がある。高圧合成法はコストが高く，また一回の合成で得られる試料の量が限られている。これらの材料に関しては，現状，合成圧力の低減化がまず最初に解決すべき大きな課題となっている。

文　　　献

1)　M. Takano, *et al., Mater. Res. Bull.*, **12**, 923 (1977)
2)　J. A. Alonso, *et al., Phys. Rev. Lett.*, **82**, 3871 (1999)
3)　Y. W. Long, *et al., Nature*, **458**, 60 (2009)
4)　I. Yamada, *et al., Angew. Chem. Int. Ed.*, **50**, 6579 (2011)
5)　I. Yamada, *et al., J. Ceram. Soc. Jpn.*, **121**, 912 (2013)
6)　H. Etani, *et al., J. Am. Chem. Soc.*, **135**, 6100 (2013)
7)　I. Yamada, *et al., Inorg. Chem.*, **55**, 1715 (2016)
8)　W. T. Chen, *et al., Scientific Reports*, **2**, 449 (2012)
9)　I. Yamada, *et al., Appl. Phys. Lett.*, **105**, 231906 (2014)
10)　I. Yamada, *et al., Appl. Phys. Lett.*, **106**, 151901 (2015)
11)　S. Ishiwata, *et al., J. Mater. Chem.*, **12**, 3733 (2002)
12)　M. Azuma, *et al., J. Am. Chem. Soc.*, **129**, 14433 (2007)
13)　S. Ishiwata, *et al., Phys. Rev. B*, **72**, 045104 (2005)
14)　M. Azuma, *et al., Nature Commun.*, **2**, 347 (2011)
15)　K. Oka, *et al., Appl. Phys. Lett.*, **103**, 061909 (2013)
16)　K. Nakano, *et al., Chem. Mater.*, **28**, 6062 (2016)
17)　K. Nabetani, *et al., Appl. Phys. Lett.*, **106**, (2015)
18)　R. Yu, *et al., J. Am. Chem. Soc.*, **137**, 12719 (2015)
19)　Y. Sakai, *et al., J. Am. Chem. Soc.*, **139**, 4574 (2017)

第9章 異方的な負熱膨張

竹中康司*

1 はじめに

マンガン窒化物の磁気体積効果を活用した巨大負熱膨張の実現に端を発して，相転移の制御が負熱膨張創出の重要なストラテジーとなった。これにより，負熱膨張のバリエーションが格段に増えた。その微視的機構からの分類と考察は，現象のより深い理解と機能の向上，新規材料開発の原動力となっている[1]。

一方，微視的機構とは別の観点からの分類が負熱膨張の研究に重要な示唆を与える。それは異方性があるかどうかの観点である。例えば，複合材料の熱膨張抑制剤フィラーとしての活用を考えるなら，歪や欠陥が導入されず，機能が安定するという意味において，等方物質が好ましいのは論を待たない。しかし，現実の負熱膨張材料の多くは異方的であり，等方物質に限定していては，材料開発に大きな制約が生じるし，機能も限定されてしまう。さらに重要なことは，異方的だからこそ生まれる機能が存在することである。筆者らによるルテニウム酸化物焼結体における巨大負熱膨張の発見[2]は，熱膨張の異方性が生み出す顕著な材料組織的効果の重要性を我々に再認識させた。本稿では，このルテニウム酸化物の負熱膨張を中心に，負熱膨張における異方性と材料組織的効果について考察する。

2 異方的負熱膨張の微視的機構

負熱膨張の微視的機構としては，結晶格子の特異性に由来する「従来型」に加えて，磁気転移，電荷移動転移，誘電転移，金属絶縁体転移などの相転移にともなう「相転移型」が知られる（図1）。本書でも微視的機構それぞれについて解説した章を設けているので，適宜参照していただきたい。多くの場合，異方性の有無と負熱膨張の出現とは必ずしも関連がないが，密接に関わる例も存在する。なお，本稿で取り上げる異方的負熱膨張材料の特性値を表1にまとめた。

微視的な負熱膨張の発現に異方性が関わる例の一つが β-eucryptite（LiAlSiO$_4$）や cordierite（Mg$_2$Al$_2$Si$_5$O$_{18}$）といった珪素酸化物群である[3]。これらの材料は，Li-O や Mg-O といった価数が小さく，したがって大きく熱膨張する原子結合で構成された2次元あるいは1次元のユニットが Al-O や Si-O といった価数が大きく，熱膨張が抑制された原子結合により結合された構造で特徴付けられる（図2）。例えば六方晶系にある β-eucryptite では，温度 T が 293 K から 1073 K

＊ Koshi Takenaka　名古屋大学　大学院工学研究科　応用物理学専攻　教授

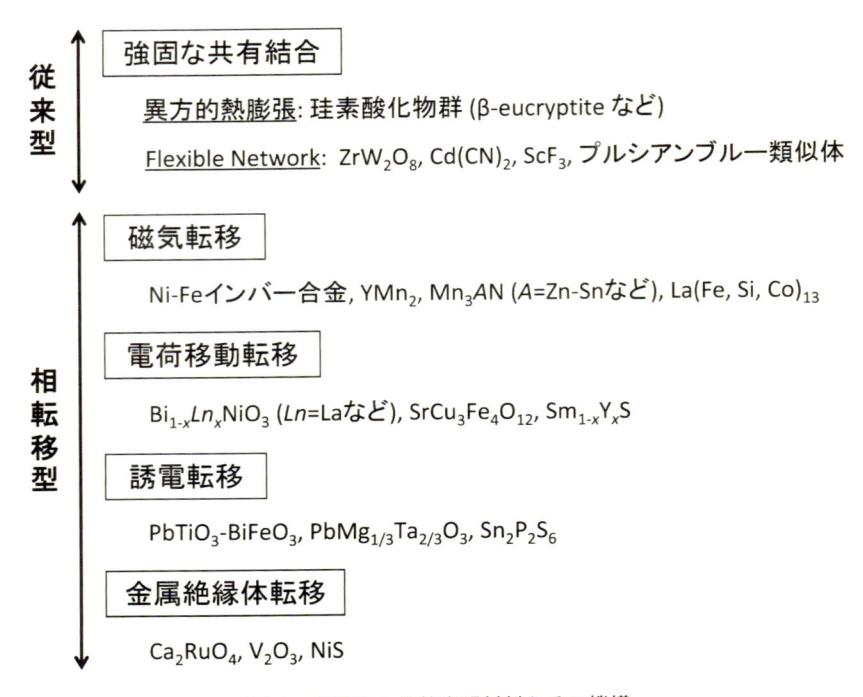

図1 代表的な負熱膨張材料とその機構
YMn₂ や V₂O₃ など，1次相転移にともなう急峻な体積の熱収縮を示す例も含む。

表1 代表的な異方的負熱膨張材料の特性値

	$\Delta V/V$ [%]	T_{NTE} [K]	ΔT [K]	α_L [ppm/K]	結晶構造[※1]	手法	文献
β-eucryptite (LiAlSiO₄)	0.15 1.7	293-1073	780	−0.6 −7.6	六方晶	X線回折 膨張計	[3]
Ca₂RuO₃.₇₄	1.0 6.7	135-345	210	−17 −115	直方晶	X線回折 膨張計	[2]
Ca₂Ru₀.₉₂Fe₀.₀₈O₃.₈₂	(0.3)[※2] 2.8	100-500	400	+2.5 −28	直方晶	X線回折 膨張計	[11]
β-Cu₁.₈Zn₀.₂V₂O₇	0.8 2.3	200-700	500	−5 −15	単斜晶	X線回折 膨張計	本研究

※1 負熱膨張を示す温度域において
※2 100-500 K の温度域においてユニット・セルは負熱膨張を示さず，0.3％の正の体積膨張を示す

上昇するのにともない，Li-O 結合が支配的な面内方向（a 軸）は 0.62％膨張するのに対し，Si-O が支配的な面間方向（c 軸）は逆に 1.39％収縮する。Si-O の熱膨張が抑えられていることが原因で，面内が伸びると面同士が引き寄せられるためである。この変化で，ユニット・セルの体積 v は 0.15％収縮する。この点は見方を変えれば，強い原子結合の存在が，温度の上昇により結晶

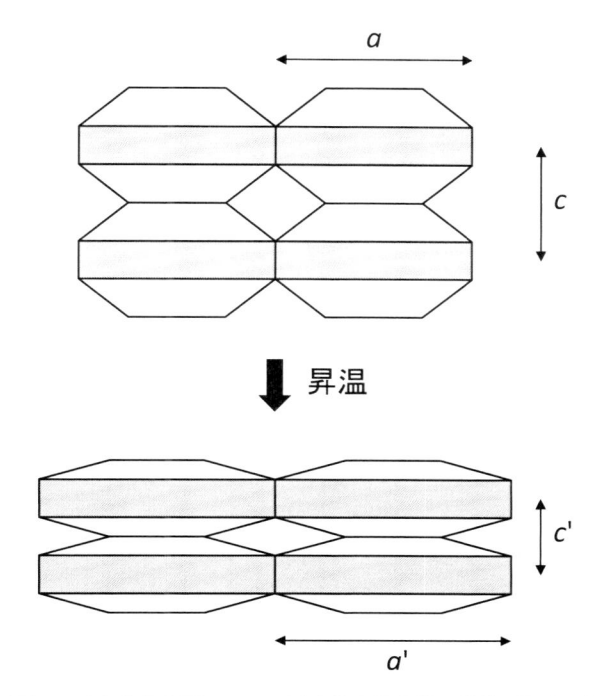

図2　珪素酸化物群における異方的負熱膨張の機構（概念図）
価数の低い化学結合で形成された2次元的ユニットが熱膨張
すると，そのユニットをつなぐ価数の高い原子結合の熱膨張が
抑えられているために，ユニット間が強く収縮する。

中の余分のスペースを打ち消す変形をもたらすと解釈でき，結晶格子の特異性に由来する従来型
負熱膨張共通の機構である。等方的負熱膨張で著名な ZrW_2O_8 の負熱膨張も同様の機構で生じて
いる[4]。

　もう一つが，強誘電転移にともなう負熱膨張である。$PbTiO_3$ を代表例に，強誘電転移にとも
なって負熱膨張が出現する例は古くから知られている。一般的に，強誘電相は常誘電相に比べ，
結晶の対称性が低下する。原子価と原子間結合長の一般的な関係から，原子価の不均化（例えば
1価と2価）が生じて結合長に長短ができた場合の平均長は，原子価が一様（例えば1.5価）の
ときの結合長より長いという性質がある[5]。言い換えるなら，化学結合は一般に「伸びやすく縮
みにくい」ものなのである。これは極端に原子間距離が近づくと強い斥力が働くという一般的性
質（Pauli の排他原理）に由来するもので，固体材料の熱膨張の起源となっている「非調和性」
の現れとみなすこともできる。このことが異方性の強い，負の熱膨張を生み出している。

3 材料組織の効果

固体材料の熱膨張評価は，大きく分けて，X線回折に代表される，結晶学的手法と，膨張計による材料学的手法の2つがある。前者は結晶学的なユニット・セルの体積 v から熱膨張を見積もるのに対し，後者は，試料全体（バルク）の形状変化から見積もる。2節で見てきた微視的機構は，結晶学的なユニット・セルの負熱膨張を説明するものである。この2つの手法で測定された「熱膨張」は，本質的には異なる物理量であるが，通例，両者は一致する。

しかしながら，ユニット・セルの熱膨張が大きな異方性を持つ場合，バルク焼結体の熱膨張がユニット・セルのそれと比べてかけ離れたものになる例が，セラミックの分野では知られている。例えば $MgTi_2O_5$[6] はじめ多くのセラミックで，焼結後の冷却過程において，きわめて大きな負の熱膨張が発現する。これは異方的な熱膨張に組織が耐えかねて，微小な亀裂（micro crack）が生じることによる「1回限り」の現象であり，実用的な熱膨張抑制に役立つものではない。

ところが例外があって，それが，開発された1950年代から現在に至るまで最も広く熱膨張抑制剤として利用されている β-eucryptite である。その結晶学的な負熱膨張については2節で述べた通りであるが，バルク焼結体の負熱膨張はそれよりずっと大きく，負熱膨張による体積変化総量 $\Delta V/V$ は最大でユニット・セル体積の変化 $\Delta v/v = 0.15\%$ の10倍以上，1.7%にもなり，そこでの線膨張係数 α_L は $-7\,ppm/K$ となっている。β-eucryptite の実用は，微小組織の高度な制御という難題を乗り越えてのものであった。

この，材料組織と負熱膨張の相関を負熱膨張研究における重要な課題として再認識させたのが，層状ルテニウム酸化物 Ca_2RuO_4 の焼結体における巨大負熱膨張である（図3，文献2）。この材料では熱膨張抑制能力に関する最も重要な指標である，負熱膨張による体積変化 $\Delta V/V$ が6.7%にもなる。これは，これまで最大であった $MnCo_{0.98}Cr_{0.02}Ge$[7] の3.2%の倍を超える大きさである。この大きな体積変化総量ゆえに，動作温度域が135-345 K（$\Delta T = 210\,K$）と広いにもかかわらず，α_L は $-115\,ppm/K$ の顕著な大きさを示している。

Ca_2RuO_4 については以前から，360 Kで生じる金属絶縁体転移に際して，高温金属相（L相）に比べて低温絶縁体相（S相）のユニット・セル体積が1%ほど大きくなることが知られていた[8]。巨大なバルク負熱膨張を示す我々の試料でも，150 Kから340 Kの温度上昇で，a 軸，b 軸がそれぞれ0.6%，5.0%収縮するのに対して c 軸が4.6%膨張している。ユニット・セルの収縮としては過去の研究結果と同等の1%程度である。この格子定数の異方的な熱膨張と，微視的負熱膨張としては比較的大きな $\Delta V/V = 1\%$ の負熱膨張は，電子軌道整列と結合した Mott 転移[8]によるものと考えられているが，詳細は不明である。Mott絶縁相の体積が金属相より大きくなるのは，体積が膨らみバンド幅が小さくなることで，より電子相関の効果が強くなり，それだけ絶縁相を安定化するためと理解できる。この事情は負熱膨張の有力な機構である磁気体積効果と似ている。すなわち，磁気体積効果においては，磁気転移に際して体積を大きくしてバンド幅を小さくし，状態密度を Fermi 準位付近に集めることで磁性を助けていた。Mott 転移に際して絶縁体

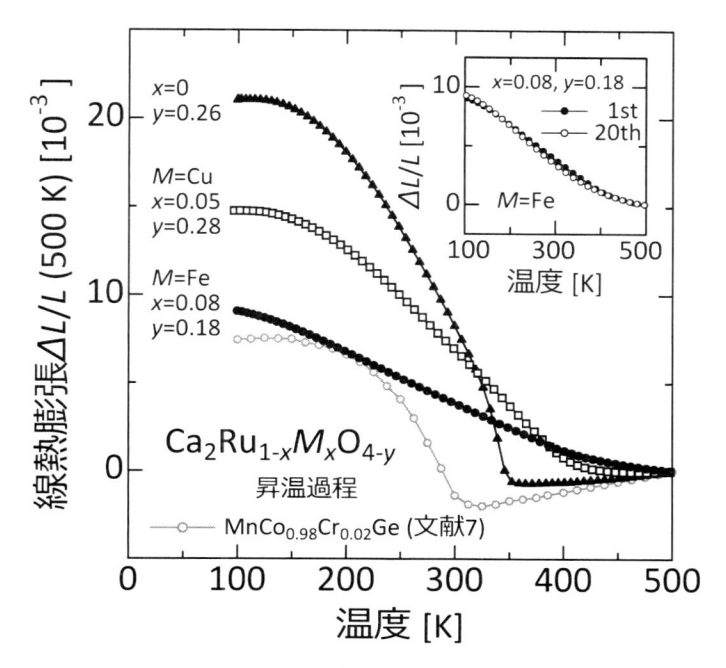

図 3　$Ca_2Ru_{1-x}M_xO_{4-y}$（M＝Fe, Cu）の線熱膨張 $\Delta L/L$（基準温度：500 K）[2]
参照のため $MnCo_{0.98}Cr_{0.02}Ge$ の結果[7]も示す。挿入図：$Ca_2Ru_{0.92}Fe_{0.08}O_{3.82}$ につ
いて 300 K → 500 K → 300 K の熱履歴を 20 回繰り返した前後での線熱膨張。
両者の一致はこのセラミック体の組織が強固であることを示す。

相の体積が膨らむのはよくみられるもので，例えば V_2O_3（1.5%）や NiS（1.8%）などが知られ
る[9]。Mott 転移もまた，重要な相転移型負熱膨張機構の一つである（図 1）。

　ルテニウム酸化物の場合，異方的な熱膨張を示す結晶粒と空隙とからなる構造体において，温
度上昇によって引き起こされる結晶粒の変形が，空隙を打ち消すように働くことで負熱膨張が生
じると考えられる。この場合，負熱膨張は，ユニット・セルの異方的な熱膨張という物質固有の
性質に加え，空隙量や粒径といった材料組織パラメータで決まると考えられる。ここで，ルテニ
ウム酸化物焼結体の負熱膨張を決める要因としての構造パラメータの役割を議論するために，異
方性指数 $R(T) = (a+b)/2c$ を導入する。a, b, c はそれぞれ，直方晶系における a 軸，b 軸，c
軸の長さである。図 4 には R の温度変化，$\Delta R(T)/R(500 \text{ K})$，をユニット・セル体積の温度変
化（$\Delta v/v$）や膨張計により測定された体熱膨張（$3\Delta L/L$）と比較する。ここで，焼結体試料の
場合は，配向など特別のプロセスを経ない限り，例え結晶粒自体が異方的な負熱膨張を示したと
しても，焼結体試料全体としては平均化されて等方的となることに注意されたい。したがって，
$\Delta V/V = 3\Delta L/L$ の関係になる。異方性指数の温度変化は，概ね膨張計により測定された体熱膨
張の温度依存性を再現しているようである。特に注目すべきは，Fe 置換体である。Fe 8% 置換
体の 350-500 K では，$\Delta v/v$ は正の傾きを持つのに対し，$\Delta L/L$ や $\Delta R/R$ は負の傾きを持つ。つ

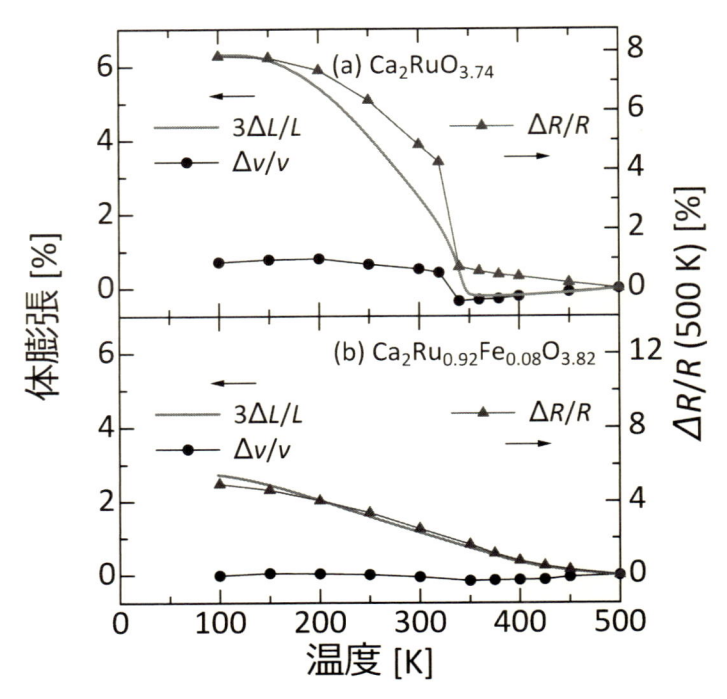

図4 $Ca_2Ru_{1-x}Fe_xO_{4-y}$ の体膨張（基準温度：500 K）[11]
異方性指数 $R(T) = (a+b)/2c$ の温度変化，$\Delta R(T)/R(500\ K)$，をユニット・
セル体積の温度変化（$\Delta v/v$）や膨張計により測定された体熱膨張（$3\Delta L/L$）
と比較する。異方性指数の温度変化は，膨張計の結果を再現する。

　まり，この機構による負熱膨張には，ユニット・セルの負熱膨張は必ずしも必要ではない。焼結
体の負熱膨張を決めるのは，ユニット・セル体積ではなくて，構造異方性なのである。
　上記の後論をもとに，負熱膨張材料の分類を再考したい。負熱膨張材料はまず，微視的な機構
として，すなわち，ユニット・セル自体の負熱膨張の起源として，構造的か電子的かで2つに大
別される。前者は，ZrW_2O_8 など，「フレキシブル・ネットワーク（flexible network）」と総称
される一群がそれに該当する。後者は磁気転移をはじめとした相転移を背景とする物質群であ
る。これらの2つの分類では異方性は重要でない。等方的なものもあれば，異方的なものもある。
重要なのは，微視的機構とは離れて，異方的な負熱膨張を示す材料群を特徴的な材料群としてひ
とくくりにできることである。微視的な異方的負熱膨張の起源は，構造的でも電子的でもよい。
特徴的なのは，これら異方的負熱膨張材料においては共通して，材料組織的効果により負熱膨張
の増強が期待できることである。
　本章の最後に，材料組織的効果がバルク負熱膨張を増強している，β-eucryptite，Ca_2RuO_4
以外の例として，筆者らによる β-$Cu_{1.8}Zn_{0.2}V_2O_7$ の結果を紹介したい（図5）。単斜晶系にあるこ
の酸化物[10]では，200 K から 700 K への温度上昇で a 軸と c 軸は縮み，b 軸が伸びる。その結果，

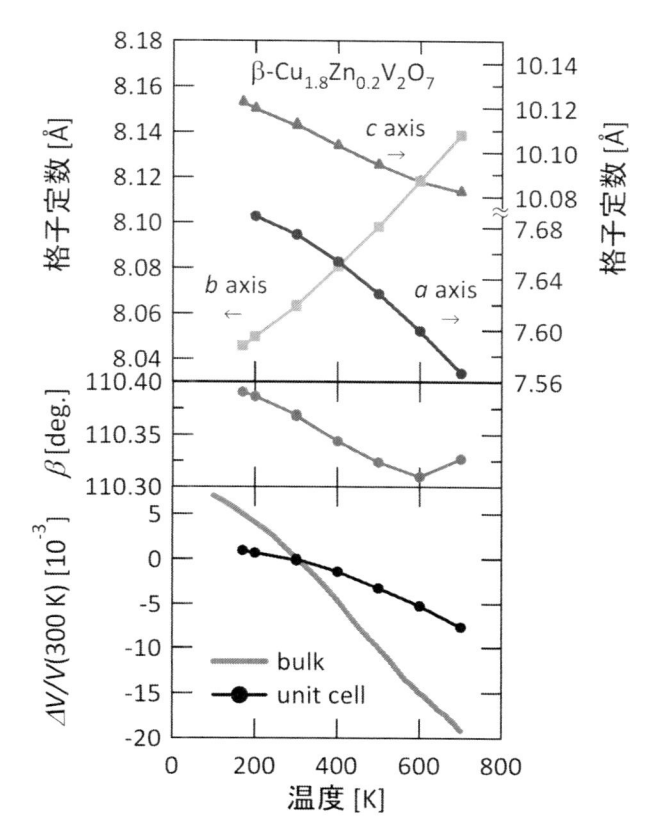

図 5　β-Cu$_{1.8}$Zn$_{0.2}$V$_2$O$_7$ の構造パラメータと膨張計による熱膨張
顕著な異方的熱膨張を示す本系でも，ユニット・セルの負熱膨張の
およそ 3 倍となる大きなバルクの負熱膨張が観測される。

ユニット・セル体積は 0.8％収縮する。これに対して，バルク体積は 3 倍近い 2.3％の体積収縮を示している。このような材料組織的効果による負熱膨張の増強は，多くの材料で見られる普遍的な現象であると考えられる。

4　ルテニウム酸化物を用いた複合材料

　材料組織的効果による負熱膨張の場合，繰り返される温度の上昇・下降に対して組織が脆弱で，負熱膨張の機能が安定しないのではないかと懸念される。実際多くのセラミックスではその通りであり，β-eucryptite の実用に際しても，組織制御の問題の解決に多大な努力がなされた。本節では，ルテニウム酸化物について，その熱膨張抑制能力を検証する。そのためには複合材料を作製して，その評価を行うのが一番よい。

　ここでは Ru の一部を Fe で置換した Ca$_2$Ru$_{0.92}$Fe$_{0.08}$O$_{3.82}$ を bis-フェノール・エポキシ樹脂に分

散させた例を示す（図6，文献11）。まず，フィラーの特性からみてみる。300 K → 500 K → 300 K の熱サイクル20回に対して，熱膨張の変化を調べたが，再現性はよく，少なくともこの程度の熱履歴に対しては材料組織が強固であることを確認した（図6(a)挿入図）。また，Fe 置換により，α_L は−28 ppm/K と負熱膨張は弱くなるが，動作温度域は測定された全温度域100-500 K に拡がる。加えて，その熱膨張は温度に対してほぼ線形となる。金属や樹脂など多くの一般的な材料は線形の熱膨張を示すため，この性質は熱膨張抑制剤として大変好ましい。この温度域での体積変化総量は2.8%であるが，測定下限温度100 K でも線熱膨張は線形を保っており，100 K 以下でも負熱膨張が続くと考えられる。その場合，体積変化総量は2.8%より大きくなる。技術的な理由から線熱膨張の評価が100 K までにとどまっているが，後で述べる通り，エポキシ樹脂との複合体における測定では，マトリックスであるエポキシ樹脂の熱膨張が5 K まで抑制されていることが確認されている。このことはフィラーであるルテニウム酸化物が100 K 以下においても負熱膨張を示すことを示唆している。

図6(a)に，56 vol%-$Ca_2Ru_{0.92}Fe_{0.08}O_{3.82}$／エポキシ樹脂複合材料の線熱膨張を，$Ca_2Ru_{0.92}Fe_{0.08}O_{3.82}$，エポキシ樹脂単体の線熱膨張と合わせて示す。ここで，体積分率は

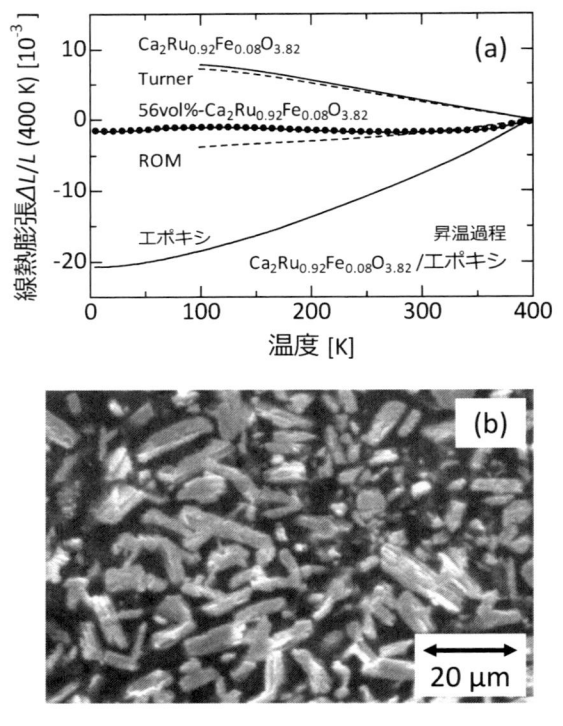

図6　56 vol%-$Ca_2Ru_{0.92}Fe_{0.08}O_{3.82}$／エポキシ樹脂複合材料の
　　　線熱膨張 $\Delta L/L$（基準温度：400 K）[11]
　　　破線は複合則（ROM）と Turner のモデルによる見積もり。

$Ca_2Ru_{0.92}Fe_{0.08}O_{3.82}$ とエポキシ樹脂の真比重，それぞれ 4.48 と 1.15，を用いて，焼結体の充填率 d を Archimedes 法による比重測定の結果から $d = 0.8$ とし，エポキシ樹脂のそれを 1 と仮定して，試料重量から算出した。SEM 画像（図 6(b)）は，フィラーが均一に分散していることと，フィラー粒径が典型的には 20-30 μm であることを示している。実際，このフィラー粒子がエポキシ樹脂の熱膨張を抑制しているので，この 20-30 μm の粒子は，さらに小さな結晶粒と空隙（～20%）からなると考えられる。結晶粒のサイズと焼結の状態は今後調べてゆく必要がある。

　エポキシ樹脂と複合材料については歪ゲージにより，5 K まで線熱膨張を測定した。図 6(a)には，これら実測のデータに加え，複合材料の熱膨張が，マトリックスと熱膨張抑制剤制の volume-weighted sum，すなわち

$$\alpha_c = v_m \alpha_m + v_t \alpha_t \tag{1}$$

で決まるとする複合則（ROM）の見積と，マトリックス／フィラー界面の弾性的相互作用の結果，複合材料の熱膨張が均一になると仮定する Turner のモデルによる見積もり

$$\alpha_c = (v_m E_m \alpha_m + v_t E_t \alpha_t) / (v_m E_m + v_t E_t) \tag{2}$$

も破線により示す[1]。Turner のモデルは，界面の弾性的相互作用により剛性の強い素材の熱膨張が強調される事情を表すものである。ここで，添字 c，m，t はそれぞれ複合材料，マトリックス，熱膨張抑制剤を意味する。v_m，v_t はそれぞれマトリックスと熱膨張抑制剤の体積分率で $v_m + v_t = 1$ となる。E は Young 率を表す。この見積もりでは，複合材料中で $Ca_2Ru_{0.92}Fe_{0.08}O_{3.82}$ フィラー粒子は，図 3 で示した，バルク焼結体の負熱膨張を示すものと仮定している。Ca_2RuO_4 の機械特性を詳細に評価した例は，私の知る限りではないが，類縁の Sr_2RuO_4 の Young 率が 160 GPa と見積もられる[12]。気孔を含むセラミックス体の Young 率は，真の Young 率 E_0，気孔率 p として，およそ $E = E_0(1-p)^2$ と見積もられている[13]ので，先に示した $d = 0.8$ を用いて，$p = 1 - d = 0.2$，$E_0 = 160$ GPa として，E_t をおよそ 100 GPa とした。なお，エポキシ樹脂の Young 率は 3.2 GPa とした[14]。負熱膨張材料と樹脂との複合化に関する多くの先行研究[14,15]と同様，この樹脂複合材料の線熱膨張は(1)式と(2)式の間に入った。このことは，複合材料中のルテニウム酸化物粒子が，十分な負熱膨張と弾性率を有し，界面の力学的相互作用により，マトリックスであるエポキシ樹脂の熱膨張を効果的に抑制していることを示すものである。

　Turner のモデルが教えるところは，熱膨張抑制剤の剛性が高くなればそれだけ，熱膨張抑制能力が高くなることである。空隙が含まれれば，それだけバルク焼結体の剛性は低下する。しかしながら，この機構では，巨大な負熱膨張には空隙が不可欠であり，空隙をなくすことは不可能である。ルテニウム酸化物の実用には，粒径や粒間の結合を改善し，巨大な負熱膨張を保ちつつ，いかにバルクの剛性を引き上げるかにかかっている。

　ルテニウム酸化物焼結体の巨大な負熱膨張は，「異方的な熱膨張を示す結晶粒と空隙からなる構造体」という，負熱膨張研究の新しいパラダイムを提示する。これは材料的に極めて限定され

る負熱膨張材料探索のフィールドを格段に拡げるものである。実際，最近になって，2つの異なった（正の）熱膨張を有する材料と空隙とからなる人工構造体の負熱膨張が提案されている[16]。ルテニウム酸化物焼結体は，それらと対比すべき「天然の」構造体としての役割を果たすものである。

5　おわりに

本稿では，結晶格子が異方的な熱膨張を示す材料の負熱膨張を，微視的（結晶学的ユニット・セル），巨視的（バルク試料）両面から考察した。とりわけ，ある結晶軸が正の熱膨張を示し，別の結晶軸が負の熱膨張を示すような，きわめて熱膨張が異方的な場合，ユニット・セルの体積が負熱膨張を示さずとも，バルク焼結体では負の熱膨張になるという，著しい性質がある。このような材料組織的効果による負熱膨張の場合，機能が材料合成法に大きく依存し，実用材料として活用するには多くの困難をともなうが，反面，物質固有の性質，すなわち，ユニット・セル自体の負熱膨張では実現できないほどの大きな体積変化が実現できる。近年の特筆すべき成果の一つがルテニウム酸化物焼結体で見られる巨大な負熱膨張である。「異方的な熱膨張を示す結晶粒と空隙からなる構造体」は，新規負熱膨張材料開発の強力な指針となり得る。

文　献

1)　竹中康司，セラミックス，**52**，584-589（2017）
2)　K. Takenaka, Y. Okamoto, T. Shinoda, N. Katayama, and Y. Sakai, *Nat. Commun.*, **8**, 14102（2017）
3)　F. H. Gillery and E. A. Bush, *J. Am. Ceram. Soc.*, **42**, 175-177（1959）
4)　山浦泰久，熱測定，**35**（1），2-9（2008）
5)　J. S. O. Evans, *J. Chem. Soc., Dalton Trans.*, 3317-3226（1999）
6)　J. A. Kuszyk and R. C. Bradt, *J. Am. Ceram. Soc.*, **56**, 420-423（1973）
7)　Y. Y. Zhao, F. X. Hu, L. F. Bao, J. Wang, H. Wu, Q. Z. Huang, R. R. Wu, Y. Liu, F. R. Shen, H. Kuang, M. Zhang, W. L. Zuo, X. Q. Zheng, J. R. Sun, and B. G. Shen, *J. Am. Chem. Soc.*, **137**, 1746-1749（2015）
8)　T. F. Qi, O. B. Korneta, S. Parkin, J. P. Hu, and G. Cao, *Phys. Rev. B*, **85**, 165143（2012）
9)　N. F. Mott 著（小野嘉之，大槻東巳共訳）「金属と非金属の物理」（丸善，1996）
10)　N. Zhang, L. Li, M. Y. Wu, Y. X. Li, D. S. Feng, C. Y. Liu, Y. C. Mao, J. Guo, M. J. Chao, and E. J. Liang, *J. Euro. Ceram. Soc.*, **36**, 2761-2766（2016）
11)　K. Takenaka, T. Shinoda, N. Inoue, Y. Okamoto, N. Katayama, Y. Sakai, T. Nishikubo, and M. Azuma, *Appl. Phys. Express*, **10**, 115501（2017）

12) X. P. Hao, H. L. Cui, Z. L. Lv, and G. F. Ji, *Physica B*, **441**, 62–67 (2014)

13) A. S. Wagh, R. B. Poeppel, and J. P. Singh, *J. Mater. Sci.*, **26**, 3862–3868 (1991)

14) K. Nabetani, Y. Muramatsu, K. Oka, K. Nakano, H. Hojo, M. Mizumaki, A. Agui, Y. Higo, N. Hayashi, M. Takano, and M. Azuma, *Appl. Phys. Lett.*, **106**, 061912 (2015)

15) K. Takenaka and M. Ichigo, *Compos. Sci. Technol.*, **104**, 47–51 (2014)

16) A. Takezawa, M. Kobashi, and M. Kitamura, *APL Mater.*, **3**, 076103 (2015)

第10章　人工構造体

竹澤晃弘[*]

1　はじめに

　二つ以上の異なる材料を一体的に組み合わせた複合材料は工学分野で広く活用されている。軽量強度材料として用いられる繊維強化プラスチックが代表的であるが，異なる熱膨張特性を示す材料を適切な形状で組み合わせた場合，一体構造に負熱膨張等の特殊な熱弾性特性を付与することができる。特殊な化合物により負熱膨張を実現する場合，有効な温度帯や線膨張係数の値はあくまでもその化合物の性質に依存し，性能を意図的に設計することは困難であるが，複合材料による負熱膨張の場合は弾性力学理論によりある程度の設計が可能であるという利点がある。

　このような複合材料による負熱膨張は1996年にSigmundとTorquatoによって提案された[1]。複合材料により負熱膨張を実現する場合，その内部形状の適切な設計が課題となるが，彼らはトポロジー最適化と呼ばれる構造最適化法を活用した[2]。構造最適化法とは有限要素法等の構造解析技術と最適化アルゴリズムを組み合わせ，数値計算により最適な構造を導出する技術である。SigmundとTorquatoが提案した構造の特徴は，まず異なる熱膨張率を有する材料を積層することで，バイメタルに似た曲げを生じさせ，さらにその曲げを弾性変形メカニズムを通じ，複合材料の巨視的な負熱膨張へと変換したことにある。あくまでも内側に変形するメカニズムによる負熱膨張のため，複合材料内部には変形を逃がす空孔が必要であり，この材料はポーラス複合材料という区分になる。また，上記以外にも，異なる熱膨張率を示す棒状の材料を組み合わせた負熱膨張メカニズムも提案されている[3]。

　設計の次に課題となるのが製造法である。このような負熱膨張複合材料の内部構造は複数材料及び空孔が複雑にレイアウトされており，成形には特殊な技術が必要となる。初期の試作実験例はChenらによるDirect Material Depositionと呼ばれる積層造形技術を活用した成形例[4]，QiとHalloranによる種類の異なる鉄・ニッケル合金の共押し出しによる成形例[5]が報告されている。また，近年ではYamamotoらによる，半導体プロセスを用いてシリコン基板にチタンとアルミの薄膜を成形し，負熱膨張薄型材料とした例[6]がある。また，Wangらによる，銅粉末を混入することで熱膨張率を調整した光凝固樹脂による積層造形により三次元の負熱膨張材料を実現した例も報告されている[7]。以上の方法ではいずれも現状では小サイズ，少量の生産に限られるが，中でも積層造形技術は日進月歩で開発が進んでおり，将来は大量生産に繋がる可能性が高い。

　以上より，本章では，内部メカニズムにより負の熱膨張を実現する複合材料の一般的な開発法

＊　Akihiro Takezawa　広島大学　大学院工学研究科　輸送・環境システム専攻　准教授

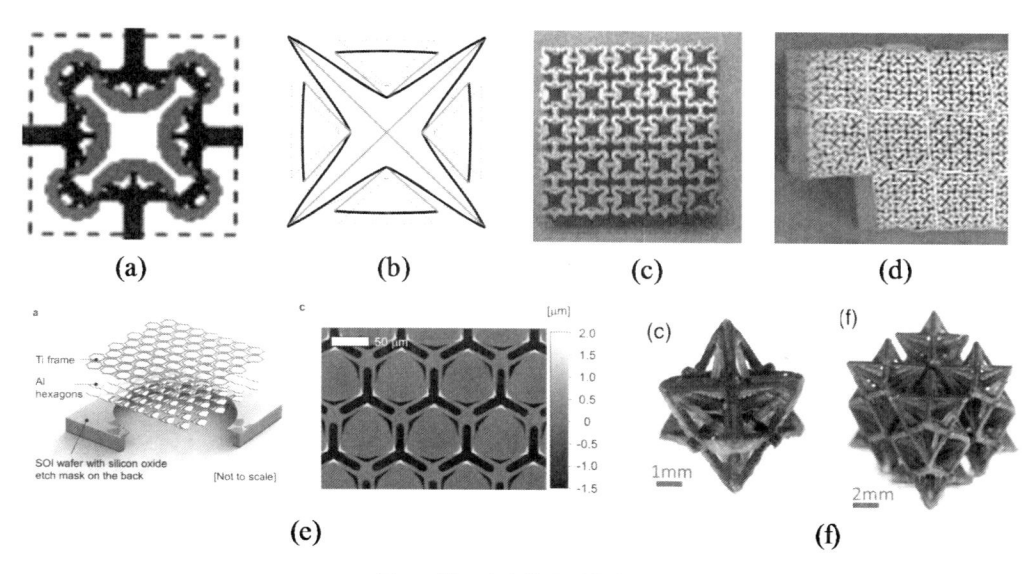

図 1　様々な負熱膨張複合材料

(a) Sigmund and Torquato, 1996[1] 黒：低熱膨張材料，グレー：高熱膨張材料。(b) Hirota and Kanno, 2015[2]。
(c) Chen *et al.*, 2001[4]。(d) Qi and Halloran, 2004[5]。(e) Yamamoto *et al.*, 2014[6]。(f) Wang *et al.*, 2016[7]。

について，著者らの研究グループが市販の光凝固樹脂積層造形装置を用いて負熱膨張材料を開発した研究[8] を例に取り説明する。以下，2 節では典型的な負熱膨張メカニズムについて説明し，3 節ではメカニズムの最適設計に用いる均質化法とトポロジー最適化について説明する。4 節では材料の最適設計の実施内容について述べ，5 節で実験結果について述べる。

2　代表的なメカニズム

　負熱膨張複合材料のメカニズムは積層構造にし，バイメタルのような曲げを活用する場合と，材料を棒状にレイアウトし伸展差を利用する場合の二つに大別される。両者の例を図 2 に示す。

　図 2(a)のように曲げを活用する場合は，支点となる接合部を支えにバイメタルライクの曲げ変形が継手部を内側に動かす。また，棒状部材の熱膨張差を利用する場合は，支えとなる低熱膨張材料を対角に配置し，その周囲に高熱膨張材料を配置する。すると加熱時に，高熱膨張部材は外側が低熱膨張部材に支えられているため，膨張は構造内側方向となり継手部分を内側に動かす。

　大きな負熱膨張を得る上で重要になるのが，形状の他に母材の剛性と熱膨張特性である。曲げベースのメカニズムで考えると，バイメタルによる曲げが大きいほど変形量が大きくなるのは明らかであり，それぞれ板厚が h である二層材料による単純なバイメタルの場合，温度変化が T の際に得られる曲率 κ は以下で表される。

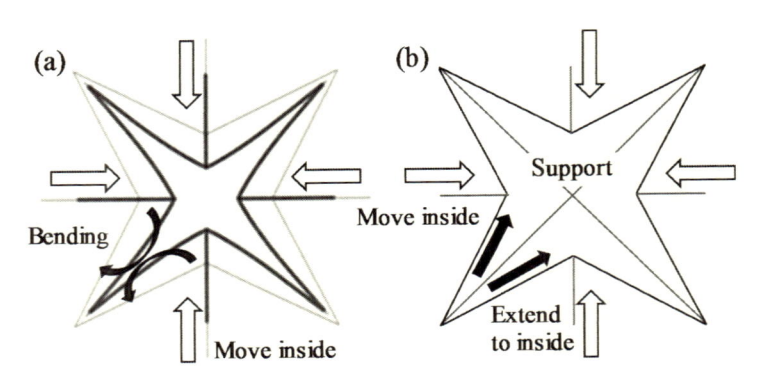

図2　負熱膨張複合材料のメカニズム例
(a)バイメタルライクメカニズム。(b)棒状部材によるメカニズム。

$$\kappa = \frac{(\alpha_1 - \alpha_2)T}{h} \cdot \frac{12E_1 E_2}{(E_1 + E_2)^2 + 12E_1 E_2} \tag{1}$$

ここで，E_1，E_2，α_1，α_2はそれぞれ材料1，2のヤング率及び線膨張係数である。この式より，大きな曲率を得るには線膨張係数の差は大きくヤング率は等しい状態が最適であることがわかる。

　他方，図2(b)のような棒状部材によるメカニズムの場合は，線膨張係数の差が大きい程良いのは共通だが，低熱膨張材料が支えの役割を果すため，高熱膨張材料に対するヤング率が大きいほど良い。すなわち，母材の性質により最適なメカニズムは異なり，適切な設計を行う必要がある。

3　均質化法

　負熱膨張材料の開発においては実行的剛性と実効的線膨張係数を考慮する必要がある。負熱膨張のみを考えたメカニズムは極めて剛性が低くなる場合があり，材料として成立させるためにはある程度の剛性を担保する必要がある。開発する複合材料は単位構造が周期的に配置されたものになり，このような規則構造の実効的物性値は均質化法で導出することができる[9, 10]。その計算にあたり，まずポーラス内部構造における弾性変形問題において，熱ひずみを含む応力-ひずみ関係が以下のフックの法則で表されると考える。

$$\sigma_{ij} = C_{ijkl}(\varepsilon_{kl} - \Delta T \alpha_{kl}) = C_{ijkl}\varepsilon_{kl} - \Delta T \beta_{ij} \tag{2}$$

ここで，σ，C，ε，α及びβはそれぞれ応力テンソル，弾性テンソル，ひずみテンソル，線膨張係数テンソル，単位温度変化あたりの熱応力テンソルである。また，ΔTは温度変化である。さらに，周期配置された単位領域Yを考慮し，実効的弾性テンソルC^H，実効的線膨張係数テン

ソル α^H，実効的熱応力テンソル β^H は以下のように計算できる。

$$C^H_{ijkl} = \frac{1}{|Y|} \int_Y \left(C_{ijkl} - C_{ijpq} \frac{\partial \chi^{kl}_p}{\partial y_q} \right) \mathrm{d}Y \tag{3}$$

$$\alpha^H_{ij} = [C^H_{ijkl}]^{-1} \ \beta^H_{pq} = [C^H_{ijkl}]^{-1} \frac{1}{|Y|} \int_Y \left(\beta_{pq} - C_{pqkl} \frac{\partial \psi_k}{\partial y_l} \right) \mathrm{d}Y \tag{4}$$

ここで，χ と ψ はそれぞれ特性変位，特性温度変位であり，周期的境界条件の下で以下の式を解くことで得られる。

$$\int_Y C_{ijpq} \left(\delta_{pk} \delta_{ql} - \frac{\partial \chi^{kl}_p}{\partial y_q} \right) \frac{\partial v_i}{\partial y_j} \mathrm{d}Y = 0 \tag{5}$$

$$\int_Y \left(\beta_{ij} - C_{ijkl} \frac{\partial \psi_k}{\partial y_l} \right) \frac{\partial v_i}{\partial y_j} \mathrm{d}Y = 0 \tag{6}$$

4　トポロジー最適化

　トポロジー最適化の基本的な考え方は，最適構造 Ω_d を含む広い固定設計領域 D を最初に設け，その中に材料の有無を 0 と 1 の値で表す特性関数 χ_Ω を定義し，最適化問題を材料分布問題に置き換えることにある。χ_Ω を用いれば固定設計領域 D 内の座標 $\mathbf{x}$ における χ_Ω の 0-1 問題として，最適構造を決定することができる。しかし，この式に基づいて最適化を行う場合には，固定設計領域 D 内の全ての座標 $\mathbf{x}$ において不連続関数 χ_Ω を評価するという，無限個の設計変数について不連続値を扱う問題になり，数学的に最適解が存在しないことが証明されている。この問題は，特性関数に関する最適化問題を，大域的な意味で連続な密度関数の最適化問題に置き換えることで解決され，その近似法としては SIMP 法[2] が代表的である。これらの方法では，緩和された最適化問題は，空孔を模した非常に弱い材料と母材とで構成される複合材料における，母材の体積含有率の最適化問題と解釈できる。このような最適化問題においては，構造か空孔か判断が困難なグレーの領域がしばしば生じるが，SIMP 法はこの複合材料における体積含有率を示す密度関数と物性値との関係の非線形性をパラメータにより調整でき，明確な構造を得易いという利点があるため，多くの研究で用いられている。

　さらに，負熱膨張複合材料設計では，二種類の材料と空孔の合計三つの状態を空間にレイアウトするという問題を扱う必要があり，材料の有無を表す特性関数に加え，材料の種類を表す特性関数を導入する必要がある。それらに対する近似密度関数をそれぞれ，ϕ_1 及び ϕ_2 としたとき，ヤング率 E 及び線膨張係数 α は以下のように表される。

$$E(\phi_1, \phi_2) = \phi_1^3 \{ \phi_2 E_1 + (1 - \phi_2) E_2 \} \tag{7}$$

$$\alpha(\phi_2) = \phi_2 \alpha_1 + (1 - \phi_2) \alpha_2 \tag{8}$$

これらの物性値を用い，式(3)-(6)より実行的弾性テンソル及び実行的線膨張係数を計算する。なお，最適化に式(4)の実行的線膨張係数をそのまま用いると，実行的弾性テンソルの逆が式内に含まれるため，最適化問題の非線形性が強くなり，収束に悪影響を及ぼしうる。そのため，最適化には実行的線膨張係数ではなく，実行的熱応力テンソル β^H を用いるのが良い[1]。以上より，最適化問題を以下のように定式化する。

$$\underset{\phi_1, \phi_2}{\text{minimize}} - w^* C_{iiii}^H + (1 - w)^* \beta_{ii}^H \quad (i = 1, 2) \tag{9}$$

$$0 \le \phi_1, \phi_2 \le 1 \tag{10}$$

ここで，w は熱応力と剛性のバランスを調整する重み係数である。以上の最適化問題において，設計変数 ϕ を勾配法で更新し，最適構造を得る。なお，最適解は幾何的に対称であり，熱変形が等方になるものとする。これは，最適解に幾何的な対称性を与えることで実現できる。

最適化のフローチャートを図3に示す。初期形状はランダム形状にし，一つの条件で多くの最適化を実行することで最適化問題の初期解依存性を回避する。均質化法の計算には有限要素法を

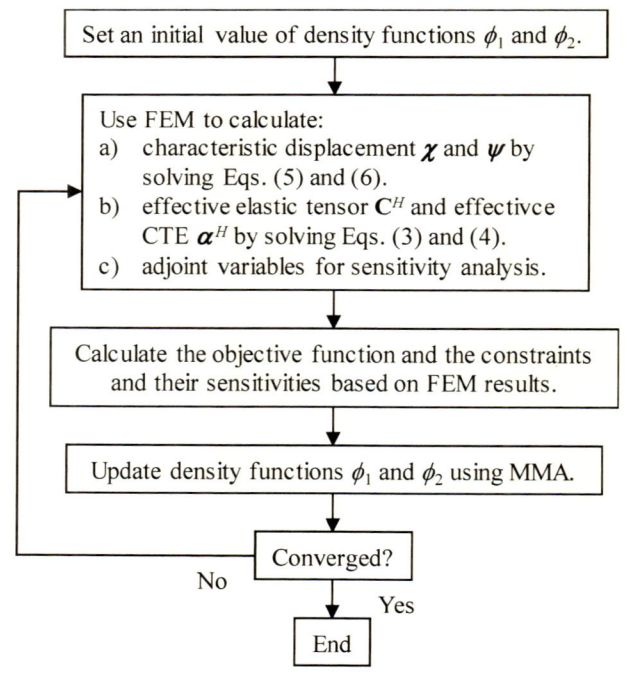

図3 最適化フローチャート

用い，最適化ソルバーにはトポロジー最適化で一般的な Method of Moving Asymptote（MMA）を用いる[11]。なお，次節で紹介の実施例では独自開発のソルバー[12]も併用した。

5　最適設計の実施例

次に，市販のマルチマテリアル光凝固樹脂積層造形を用いて，著者らの研究グループが負熱膨張材料を開発した例を紹介する。Stratasys 社の Objet Connex シリーズ[13]はアクリルライク材料とゴムライク材料の二種類の光凝固性材料を適宜混合及びレイアウトし，複合材料の造形が可能な装置である。本機器で利用可能な低熱膨張性材料のうち，アクリルライク材料の VeroWhitePlus RGD835 を高熱膨張性材料として，ゴムライク材料の FLX9895-DM を用いた。表1にこれらの材料のヤング率及び線膨張係数を示す。線膨張係数は非常にばらついた値となったが，平均値では FLX9895-DM が VeroWhitePlus RGD835 よりも高い値を示した。また，VeroWhitePlus RGD835 と FLX9895-DM 間の大きな剛性差も確認できた。この計測結果に基づき，式(7)-(8)において物性値を以下のように設定する。

$$E_1 = 290\,\mathrm{MPa}, \quad E_2 = 5.0\,\mathrm{MPa}$$
$$\alpha_1 = 1.0 \times 10^{-4}\mathrm{K}^{-1}, \quad \alpha_2 = 1.2 \times 10^{-4}\mathrm{K}^{-1} \tag{11}$$

図4(a)にトポロジー最適化で得られた最適解を示す。対称性を考慮し，点線の三角で示す部分のみ最適化し，それを鏡像コピーして全体の形状を作成した。また，設計領域の対角及び頂点付近に可動域を確保するための強制空孔を設けた。この最適解より抽出した STL ファイルの二次元図を図4(b)に示す。設計領域角付近にアクリルライク材料の極めて細い部材が生じており，それはヒンジと解釈できるので，ある程度の厚さを有するゴム材料で置き換えるという修正を施した。さらに，図4(c)に熱変形図を示す。材料間の熱膨張差によるバイメタルに似た曲げが内部におこり，それが見かけ上の熱収縮へと繋がるメカニズムとなっている。ただし，図1(a)に示す形状と根本的なメカニズムは一致しているものの，剛性が極めて小さなヒンジが生じているという点が異なる。これは，文献[1]では剛性が等しく線膨張係数が大きく異なるという条件で最適化が

表 1

	Temp (℃)	Young's modulus (MPa)	CTE ($\times 10^{-5}\mathrm{K}^{-1}$)
Vero	20	1996.2 ± 111.2	−
White Plus	30	1023.3 ± 228	7.14 ± 0.85
RGD835	40	288.5 ± 34.6	8.96 ± 1.56
FLX9895 DM	20	67.8 ± 2.4	−
	30	13 ± 5.4	8 ± 1.64
	40	3.8 ± 0.8	10.53 ± 3.1

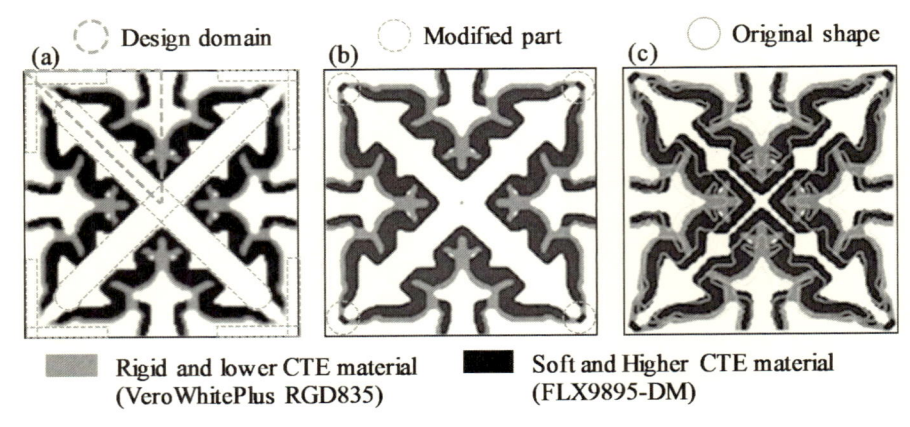

図4 最適解及び抽出モデル，熱変形図
(a)トポロジー最適化の解。(b)3D モデル正面図。(c)熱変形図。

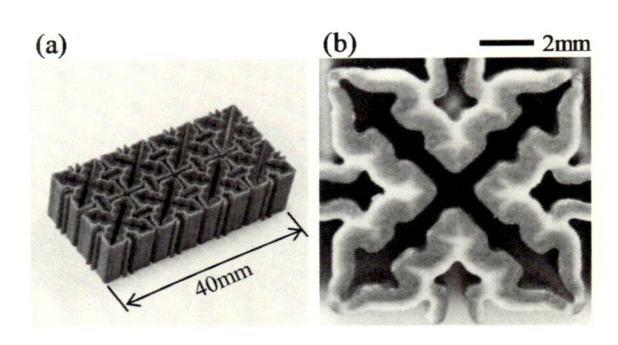

図5 試験片写真
(a)全体図。(b)ユニットセル拡大図。

導出されているのに対し，今回想定した材料では剛性が大きく異なっているのに対し，線膨張係数の差は小さいという，困難な設計条件であることに起因する。すなわち，小さい曲げをより大きな内側方向への変形に変換するため，剛性を犠牲にし，容易に変形するヒンジが導入されたと考えられる。なお，偶然にも図4の形状は負のポアソン比を持つ構造にもなっている。

6 試作実験

この最適解をユニットセル寸法を 10 mm として 4×2 でレイアウトし，図5(a)に示す試験片を造形した。図5(b)はユニットセル断面の拡大図だが，図4の最適形状が，細かい枝のような部分を除きほぼ再現されていることがわかる。この試験片の長手方向熱ひずみをレーザ走査式の熱膨張計（SL-1600A，品川リフラクトリーズ製）で計測した結果を図6に示す。N＝3の計測において，室温から約34℃の間で $-1.18 \times 10^{-4} \mathrm{K}^{-1}$ から $-1.12 \times 10^{-4} \mathrm{K}^{-1}$ の実行的 CTE が得られた。な

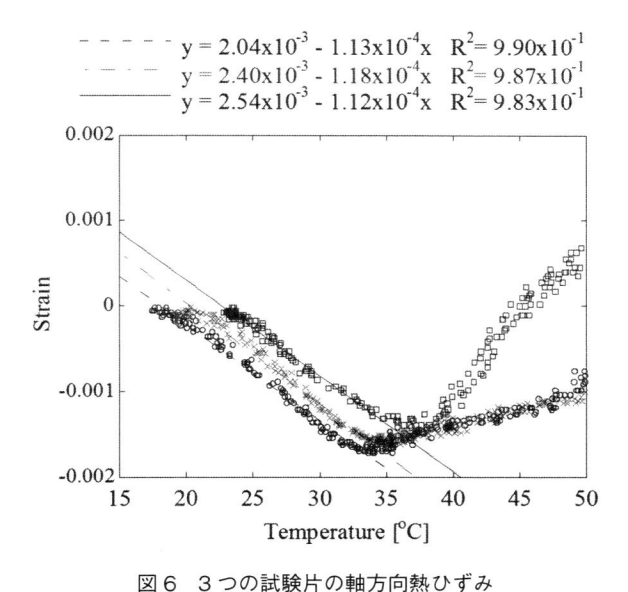

図6　3つの試験片の軸方向熱ひずみ

お，表1の物性値のばらつきから想定される実行的CTEのばらつき範囲は30度で$-2.13 \times 10^{-4} \mathrm{K}^{-1}$から$2.35 \times 10^{-4} \mathrm{K}^{-1}$，40度で$-4.34 \times 10^{-4} \mathrm{K}^{-1}$から$3.96 \times 10^{-4} \mathrm{K}^{-1}$であり，実験値は取りうる値の中に入っている。

7　まとめ

　本章では，空孔を含む複合材料による負熱膨張の原理及びその設計法について解説し，さらに，市販積層造形装置を用いた実際の開発例を紹介した。しかし，負熱膨張自体は確かに実現できたものの，完全な設計には未だ課題も多い。例えば，光硬化性樹脂の熱膨張特性が不安定なことから，意図した線膨張係数値を精度良く実現することは困難であり，また，負熱膨張が生じる温度帯も極めて狭い。また，ヒンジを内部構造に含み，そもそもゴムライクな材料を多く含むことから，剛性が極めて低いという欠点もある。金属の活用などでこれらの欠点は改善される可能性はあり，また，異種材料を任意にレイアウトするという積層造形技術は今後の発展が大いに期待できる。そのため，このような複合材料の実用化も遠くないと考えられ，その際には熱膨張を設計可能という特徴が，様々なアプリケーションの中で，大いに活かされると考えられる。

文　　献

1) O. Sigmund and S. Torquato, *Appl. Phys. Lett.*, **69**, 3203 (1996)

2) M. Hirota and Y. Kanno, *Opt. Eng.*, **16** (4), 767-809 (2015)

3) M. P. Bendsøe and O. Sigmund, Topology Optimization: Theory, Methods, and Applications (Springer-Verlag, Berlin, 2003)

4) B. C. Chen, E. C. N. Silva and N. Kikuchi, *Int. J. Numer. Meth. Engng.*, **52**, 23-62 (2001)

5) J. Qi and J. W. Halloran, *J. Mater. Sci.*, **39**, 4113 (2004)

6) B. C. Chen, E. C. N. Silva and N. Kikuchi, *Int. J. Numer. Meth. Engng.*, **52**, 23-62 (2001)

7) N. Yamamoto, E. Gdoutos, R. Toda, V. White, H. Manohara, and C. Daraio, *Adv. Mater.*, **26**, 3076 (2014)

8) Q. Wang, J. A. Jackson, Q. Ge, J. B. Hopkins, C. M. Spadaccini, N. X. Fang, *Phys. Rev. Lett.*, **117** (17) 175901 (2016)

9) J. M. Guedes and N. Kikuchi, *Comput. Meth. Appl. Mech. Eng.*, **83**, 143 (1990)

10) O. Sigmund and S. Torquato, *J. Mech. Phys. Solids.*, **45**, 1037 (1997)

11) K. Svanberg, *Int. J. Numer. Meth. Engng.*, **24**, 359 (1987)

12) A. Takezawa, S. Nishiwaki, and M. Kitamura, *J. Comput. Phys.*, **229**, 2697 (2010)

13) Stratasys ltd. website. URL http://www.stratasys.com/

第 3 編
熱膨張制御材料

第11章　ゼロ熱膨張炭素繊維複合材料

荒井　豊*

1　はじめに

　炭素繊維は「実質的に炭素からなる繊維で有機繊維を焼成して得られる炭素含有率が90%以上の繊維」と定義されており，炭素のもつ化学的安定性，原子数が小さなことによる軽量性，共有結合による強固な構造から発現される高い強度と剛性を特徴とする繊維である。一般的には炭素繊維が有する高い強度と剛性ならびに軽量性から，各種構造材の強化用繊維として使われており，飛行機，ロケット，自動車等の部品や構造体に，あるいは釣り竿やゴルフシャフトなどのスポーツ用具等に広く使われている。

　炭素材料はもともと熱膨張率が小さな材料の一つであるが，一般的な炭素繊維は熱膨張率が室温付近でマイナスとなる。このため正の熱膨張率を持つマトリックス材料と組み合わせることで，熱膨張を実質的にゼロにした材料を提供することが可能となる。ここでは炭素繊維の中でも熱膨張制御に優れるピッチ系炭素繊維を中心にその構造や特性，用途などを紹介する。

2　炭素繊維の種類

　炭素繊維はその製法から大きくPAN系炭素繊維とピッチ系炭素繊維とに分けられる。PAN系炭素繊維はポリアクリロニトリル繊維を出発原料としており，ピッチ系炭素繊維は石油や石炭などから得られる芳香族分子に富むピッチを出発原料とする。ピッチ系炭素繊維はさらに原料であるピッチ構造の違いから大きく2種類に分類[1]される。この2種類とは高温焼成でも黒鉛構造の発達しない等方性ピッチと高温焼成で黒鉛構造が発達するメソフェーズピッチである。等方性ピッチ由来の炭素繊維は一般的に汎用グレードと呼ばれ，引張弾性率は40〜50 GPa程度，引張強度も数百 MPaからせいぜい1000 MPa程度である。一方，メソフェーズピッチ由来の炭素繊維は，弾性率が100〜950 GPa，強度が1500〜4500 MPaと機械物性もかなり異なる。

　前者の等方性ピッチ由来の炭素繊維は熱膨張率が正である。一方，メソフェーズピッチ由来の炭素繊維はPAN系炭素繊維に比較し高弾性率であり，繊維方向の熱膨張率のマイナスが大きい。加えて熱伝導率が極めて高く，グレードによっては銅の2倍以上の熱伝導率を有するものも上市されている。熱膨張制御という観点でみれば，負の熱膨張率，高い弾性率と高い熱伝導性がKey-Wordとなる。本章では特に触れない限りピッチ系炭素繊維とはメソフェーズピッチを原料とす

＊　Yutaka Arai　新日鉄住金マテリアルズ㈱　エグゼクティブ・エキスパート

る黒鉛化性に優れる炭素繊維を示すものとする。

3 ピッチ系炭素繊維の構造と特性

　ピッチ系炭素繊維は黒鉛結晶の層の広がり方向（a軸方向と呼ぶ）が繊維方向に高度に配向した構造である。図1に黒鉛結晶の構造とピッチ系炭素繊維の構造図[2,3]を示したが，これで示されるように，ピッチ系炭素繊維の繊維方向物性は黒鉛結晶のもつ特性を反映する。黒鉛結晶はa軸方向（グラフェンの面内方向）で負の熱膨張率を有するが，同様にピッチ系炭素繊維も繊維方向では負の熱膨張率を有する。負の熱膨張率を有する理由は，黒鉛結晶がグラフェン面内では共有結合による強固な結合に対し，直交するc軸方向は弱い結合であるファンデルワールス力（分子間力）だけでつながっているため，有限温度による面外振動によってグラフェン平面が波打つことにより，時間平均で見るとグラフェン面の見かけ上の面積が縮小するためとされている[4]。図1に示されるようにピッチ系炭素繊維の繊維方向には黒鉛結晶由来の高い弾性率，強度，熱伝導率と負の熱膨張率を有するが，繊維と直交する方向では弾性率，強度，熱伝導率は繊維方向に対しかなり低下し，また熱膨張率も正となる。一般的に繊維材料は異方性が強いが，ピッチ系炭素繊維はその差が顕著であることから，繊維配向を配慮し適用することが重要となる。

4 熱膨張係数[5]

　各種炭素繊維の熱膨張係数の温度依存性を図2に示した。PAN系炭素繊維であるTorayca® T-300（弾性率230 GPa）やピッチ系炭素繊維でも黒鉛結晶の発達していないGranoc® XN-20（弾性率200 GPa）などは室温でも熱膨張係数のマイナスは小さい。一方，黒鉛結晶が発達した弾性率の高いピッチ系炭素繊維は熱膨張係数のマイナスは大きくなる。また室温ではマイナスであった熱膨張係数も，400℃を超える辺りで正の値をとるようになるものの，熱膨張係数はせい

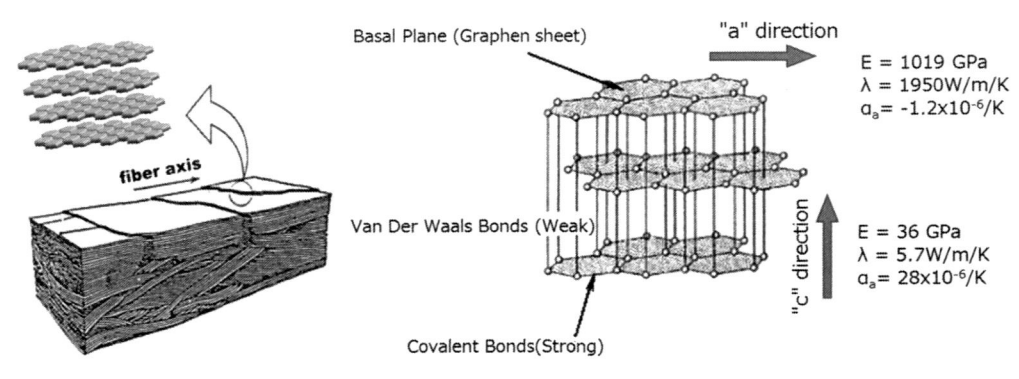

図1　炭素繊維の構造と黒鉛結晶

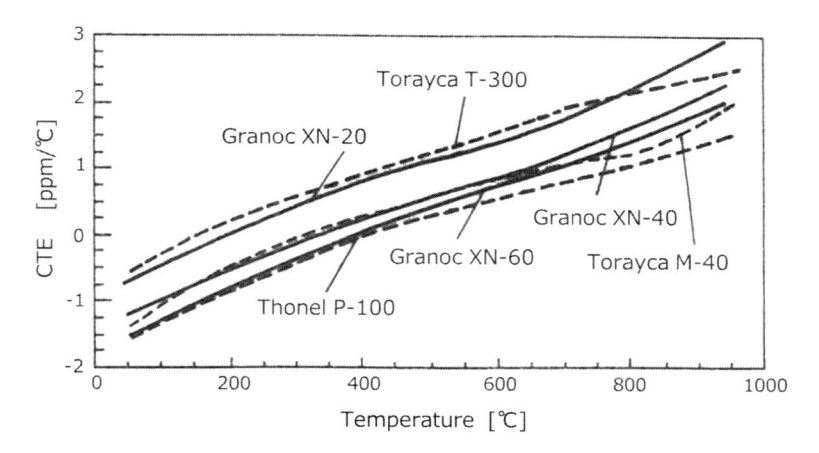

図2　各種炭素繊維に於ける熱膨張係数（CTE）と温度の関係

ぜい2～3 ppm/K 程度と他の素材と比べかなり小さな値を維持することがわかる。

　各種炭素繊維の代表的物性値として PAN 系炭素繊維の Torayca®炭素繊維（東レ株式会社）ならびにピッチ系炭素繊維の Granoc®炭素繊維（日本グラファイトファイバー株式会社）のカタログ値より抜粋したものを表1に掲げた。表1から炭素繊維の弾性率と熱膨張係数の関係を図3に示したが，PAN 系よりピッチ系炭素繊維が同一弾性率でもより小さな熱膨張率を有することがわかる。これは PAN 系よりピッチ系が，また，より高弾性率な炭素繊維が繊維方向にグラフェンシートが整列した黒鉛構造に近いことによる。

5　低熱膨張材の設計と応用

　炭素繊維は単独で使用されることは殆どなく，樹脂などのマトリックス材と組み合わせて使用される。この時に重要となるのは繊維やマトリックス物性の他に，複合材としたときの繊維方向とその含有量となる。一方向複合材料の場合，複合材料の繊維方向における熱膨張係数α_cは(1)式で表される。

$$\alpha_c = (\alpha_m(1-V_f)E_m + \alpha_f V_f E_f)/((1-V_f)E_m + V_f E_f) \tag{1}$$

　ここでαは熱膨張係数，Eは弾性率，V_fは繊維体積含有率，サフィックスのcは複合材，fは繊維，mはマトリックス材である。炭素繊維複合材で多く使用されるエポキシ樹脂の場合，熱膨張係数は 60 ppm/K，弾性率が3 GPa 程度となる。式(1)で分かるように，繊維の弾性率が高いほど複合材料の熱膨張率に影響を大きく与える。また，一般的なマトリックス素材の熱膨張係数が正のため，炭素繊維の負の熱膨張係数により熱膨張係数をほぼ零にすることも可能である。なお，炭素繊維直径方向の熱膨張率は7～8 ppm/K 程度[6]であることから，一方向複合材料の場合繊維方向と直交方向で熱膨張率が大きく変わることに注意が必要である。

表1　各種炭素繊維の代表的物性値

商品名	品種	フィラメント数	繊維径(μm)	強度(MPa)	弾性率(GPa)	伸度(%)	繊度(g/km)	密度(g/cm³)	熱伝導率(W/m/K)	熱膨張率(10^{-6}/K)	固有抵抗(μΩm)
Torayca (PAN系)	T300-12000	12000	6.9	3530	230	1.5	800	1.76	5	−0.4	17
	T700SC-12000	12000	6.9	4900	230	2.1	800	1.80	5	−0.4	16
	M40JB-12000	12000	5.2	4400	377	1.2	450	1.75	40	−0.4	16
	M60JB-6000	6000	4.8	3820	588	0.7	206	1.93	75	−1.1	7
Granoc (Pitch系)	XN-05-30S	3000	10.3	1100	54	2.0	410	1.65	5	3.4	28
	XN-10-30S	3000	10.6	1700	110	1.6	450	1.70	5	−0.6	30
	XN-15-30S	3000	10.2	2400	155	1.5	450	1.85	6	−0.8	20
	XN-60-60S	6000	9.4	3430	630	0.6	890	2.12	180	−1.4	6
	XN-60-A2S	12000	9.4				1780				
	XN-80-60S	6000	9.4	3430	780	0.5	890	2.16	320	−1.5	5
	XN-80-A2S	12000	9.4				1780				
	XN-90-60S	6000	9.3	3430	860	0.4	890	2.18	500	−1.5	3
	YSH-50A-10S	1000	6.7	3900	520	0.7	75	2.10	120	−1.4	7
	YSH-50A-30S	3000	7.0				250				
	YSH-50A-60S	6000	7.2				520				
	YSH-60A-60S	6000	7.2	3900	630	0.6	520	2.12	180	−1.5	6
	YSH-60A-A2S	12000	7.2				1040				
	YSH-70A-10S	1000	6.7	3630	720	0.5	75	2.14	250	−1.5	5
	YSH-70A-30S	3000	7.0				250				
	YSH-70A-60S	6000	7.2				520				
	YSH-70A-A2S	12000	7.2				1040				
	YS-80A-30S	3000	7.0	3630	785	0.5	250	2.17	320	−1.5	5
	YS-90A-30S	3000	7.0	3530	880	0.4	250	2.18	500	−1.5	3
	YS-95A-30S	3000	7.0	3530	900	0.3	250	2.19	600	−1.5	3

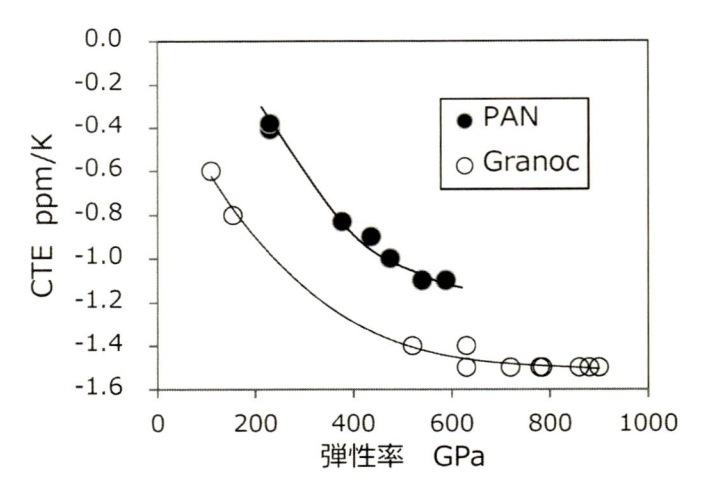

図3　弾性率と熱膨張係数の関係

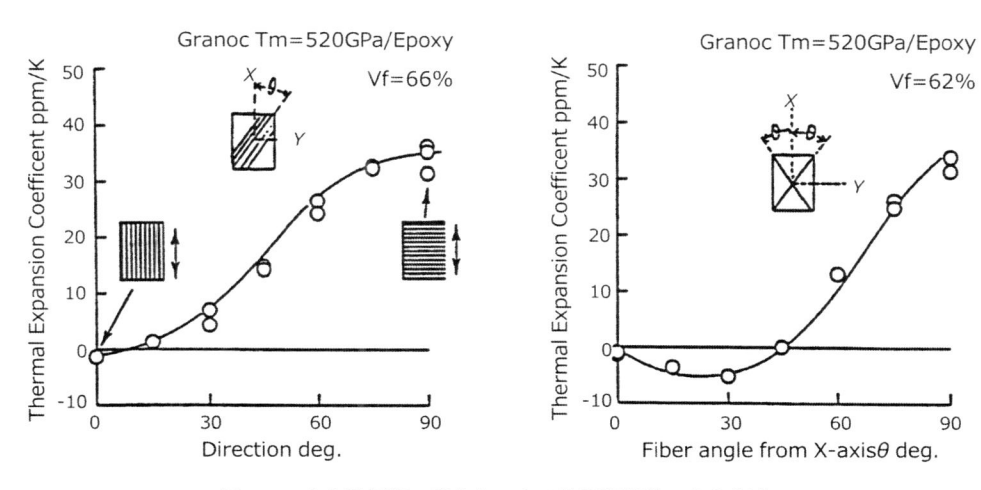

図 4　一方向積層板の配向角による熱膨張係数の変化(左),
交差積層における積層角よる熱膨張係数の変化(右)

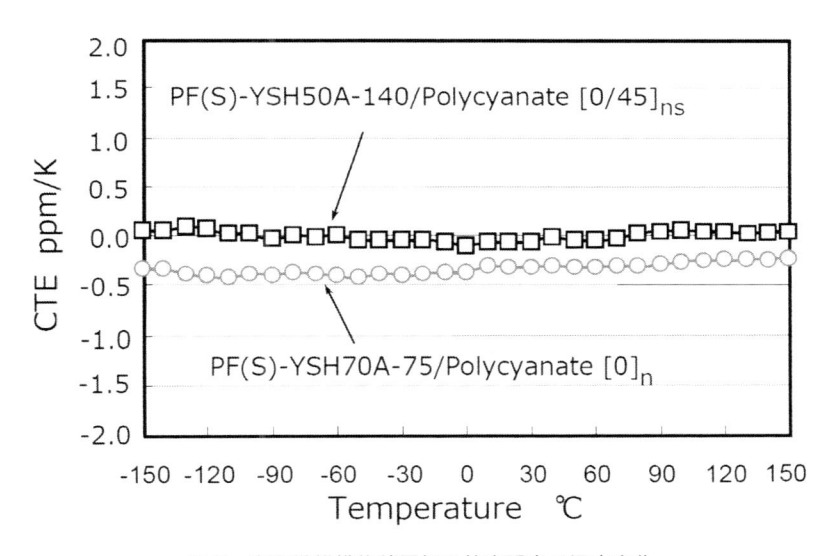

図 5　炭素繊維織物積層板の熱膨張率の温度変化
□：PF(S)-YSH50A-140＝弾性率 520 GPaCF を用いた 140 g/m^2 平織の 0-45° 積層板
○：PF(S)-YSH-70A-75＝弾性率 720 GPaCF を用いた 75 g/m^2 平織の積層板

　積層構成による熱膨張係数の変化は積層理論を説いた成書に委ねるとして, 図 4 に一方向積層板の配向角による熱膨張係数の変化と交差積層角の変化による熱膨張係数の変化を示した[7]。このように, 積層構成, 炭素繊維種, 繊維体積分率 (V_f) などを変えることにより広範囲に熱膨張を制御できることとなる。

　図 5 に GRANOC® 炭素繊維を用いた炭素繊維織物積層板の熱膨張率の温度変化を示した。−150℃〜150℃と広い範囲にわたり, 零膨張率が達成されることがわかる。このように広い温度

図6　低熱膨張スピンドル（スチール＋CFRP の組み合わせ）
軸中央部と外側に高弾性 CFRP を使用

領域で熱膨張率を制御できることから，過酷な温度環境となる宇宙空間用素材として最適な材料となる。このため特に精度の必要な人工衛星用アンテナリフレクターや光学機器類にピッチ系炭素繊維を用いた CFRP が用いられる[8]。また，熱膨張係数をマイナスすることも可能になることから 2006 年に打ち上げた JAXA の陸域観察技術衛星だいち（ALOS）にはピッチ系 CFRP とアルミ部品を組み合わせることで熱膨張を相殺し観測精度を向上させた[9]。

　宇宙分野に関連しては低熱膨張率の特性と高熱伝導性を利用した応用例として放熱特性を高めた回路基板[10,11]がある。アルミや銅コアを用いた基板と異なり，熱膨張率が小さくセラミックパッケージとの相性が良く，熱サイクルによる半田割れが発生しにくく航空や宇宙分野など軽量で高信頼性を要求する分野に適した基板[12]といえる。

　この他にも機械工作用部品としてスティールパイプと組み合わせ，低熱膨張率部品をCompoTech 社が開発している[13]。図6は GRANOC® XN-80（弾性率 780 GPa，熱伝導率 320 W/mK）とスチール製スピンドルとを組み合わせたもので，長手方向の熱膨張率を鉄の 1/10 に押さえたものが提案されている[14]。

6　おわりに

　ピッチ系炭素繊維は熱膨張率が負である特性の他に，軽量で高剛性，高強度かつ熱伝導性に優れるという特徴を有する。特に軽量であるという特徴は，高精度を必要とする工作部品や今後益々高密度化と高性能化が期待される電子材料分野では必須の特性といえ，高性能化，高信頼性の期待に応える素材といえる。

文　　　献

1)　荒井豊：*TANSO*, **241**, 15-20（2010）
2)　Bertram, A., Beasley, K. and Torre, W.: *Naval Engineers J.*, **104**, 276-285（1992）
3)　森田健一："炭素繊維産業", 第1版　東京, 近代編集社, p6（1984）
4)　N. Mounet and N. Marzari: *Physical Review B*, **71**, 205214/1-14（2005）
5)　荒井豊：月刊マテリアルステージ, **15**（7）, 27-30（2015）
6)　齋藤保, 野村真三, 今井久：*TANSO*, **146**, 22-26（1991）
7)　荒井豊：月刊マテリアルステージ, **10**（5）, 38-40（2010）
8)　尾崎毅志：繊維機械学会誌, **55**（11）, 431-436（2002）
9)　市坪大介：検査技術, **9**（10）, 1-5（2004）
10)　Stablcor Technology, Inc., ホームページ http://stablcor.com/index.html
11)　日本アビオニクス株式会社ホームページ,
　　http://www.avio.co.jp/products/mlb/lineup/space/pdf/catalog-direct.pdf
12)　鮫島壮平, 尾崎毅志, 佐藤貞夫, 井上淳史, 鈴木顕太郎, 大須賀弘行, 松井捷明：
　　第51回宇宙科学技術連合講演会講演集 2A16（2007）
13)　Compo Tech PLUS, spool. sr. o. ホームページ, http://www.compotech.com/project/zero-expansion/
14)　福田交易株式会社ホームページ,
　　http://www.fukudaco.co.jp/items/brand?mtb_brand=COMPOTECH

第12章　負熱膨張性フィラー『ウルテア®』

大野康晴*

1　はじめに

　電子材料の封着剤などとして用いられている低融点ガラスは，従来鉛系ガラスが用いられてきたが，RoHS 指令に基づく使用制限により鉛フリー化が進んでいる。代替としてビスマス系やリン酸系などの低融点ガラスが提案されているが，鉛ガラスよりも熱膨張率が大きく，低熱膨張性材料を配合することで熱膨張を制御する必要がある。技術的，経済的に難しい面もあり，いくつか除外項目が設けられており，完全には鉛フリー化できていない。

　低熱膨張性材料とは，一般的に線熱膨張係数が $2 \times 10^{-6}/K$ 以下を示す材料であり[1]，表1の様なものがあるが，このような材料自体あまり多くなく，またガラスに使用するにはいくつかの要求事項を満たす必要があり，なかなか使用可能な材料が無いのが現状である。

　例えば，封着用ガラスは通常粉末化してペースト状で用いられるため，封着ガラスに配合するフィラーも粒径を制御する必要がある。また，ガラスに配合した後，加熱溶融したガラス成分と反応しないこと，フィラーがガラスに融解しないこと，さらに溶融したガラスの流動性を損ねないことなどが挙げられる。

　本稿では，封着用ガラスに応用可能な負熱膨張性フィラーとして開発したリン酸ジルコニウム系化合物「ウルテア®」を紹介する。また，樹脂への応用可能性についても紹介する。

表1　代表的な低熱膨張性材料

低熱膨張性材料	線熱膨張係数 $\times 10^{-6}/K$
$Mg_2Al_3Si_5AlO_{18}$ (cordierite)	2.5[2]
β-$LiAlSi_2O_6$ (β-spodumene)	1.9[2]
石英ガラス	0.5[2]
$ZrSiO_4$ (zircon)	4.1[2]
ZrW_2O_8	-8.7[3]
$(ZrO)_2P_2O_7$	1.7[4]
$KZr_2(PO_4)_3$	-0.4[5]
$Zr_2(WO_4)(PO_4)_2$	-3.5[6]

＊　Yasuharu Ono　東亜合成㈱　R&D 総合センター　製品研究所

2　ウルテアとは

ウルテアはリン酸ジルコニウムからなり，図1に示すように ZrO_6 八面体と PO_4 四面体の配列により骨格が構成される。網目構造のような結晶構造中に開いた空間を有する結晶では，角共有の配位多面体は容易に回転し，この動きの熱膨張率への寄与が，熱振動による原子間距離の増大より大きい場合があることが知られている[2]。

リン酸ジルコニウム系化合物も，ZrO_6 八面体と PO_4 四面体の酸素共有箇所での回転により，結晶軸のa軸方向の収縮が生じることで，全体的には負熱膨張性が得られると推測されている。熱膨張性制御に関するイメージを図2に示す。

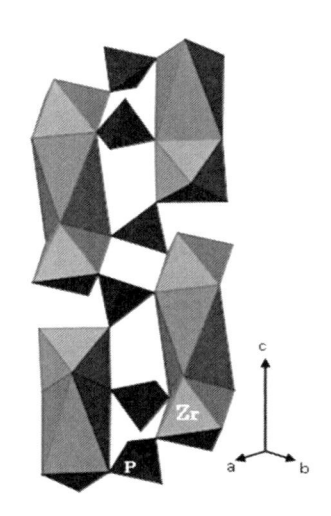

図1　リン酸ジルコニウムの結晶構造

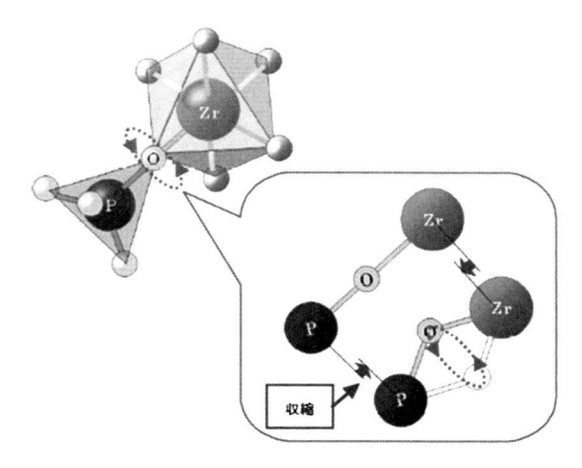

図2　リン酸ジルコニウムの熱膨張性制御のイメージ

3　ウルテアの特長

表2にウルテアのグレードと，代表物性を示す。また，図3に各グレードの電子顕微鏡（SEM）写真を示す。「ウルテア」は下記の特長を有しており，主に封着ガラスの熱膨張抑制に使用されている。

・広い温度範囲（～800℃）で負の熱膨張特性を示す。

・安定性に優れ，ガラスや樹脂に添加しても変化せず，熱膨張を抑制できる。

・毒性の高い重金属を使用しておらず，安全性が高い。電子材料への応用が可能。

3.1　負熱膨張性の温度範囲

WH2を25℃から800℃まで加熱した状態で粉末X線回折測定し，各温度での格子定数を求め，その変化率をプロットしたものを図4に示した。WH2は25℃から800℃まで常にマイナスの変化率を示し，高温まで負熱膨張性を示している。25℃から500℃までの線熱膨張係数は-2×10^{-6}/K，800℃までの線熱膨張係数は-1.5×10^{-6}/Kとなっている。

3.2　安定性（溶融ガラスへの添加事例）

ウルテアWH2をビスマス系ガラスフリットBiO_2-ZnO-BaOに20 wt%の割合でよく混合し，混合物1.5 gをϕ10 mmのタブレット状に押し固め，520℃で10分加熱した。加熱により均一な

表2　ウルテアのグレードと代表物性

グレード	メジアン径（μm）	線膨張係数[2]（$\times10^{-6}$/K）	かさ密度（g/cm^3）	真比重（g/cm^3）	耐熱温度（℃）	特徴
WH2	1～2	-2	0.8	3.2	1000	標準品
WJ1[1]	0.5～1	-3.5	0.8	3.2	600	負熱膨張大，樹脂向け
WD25[1]	20～30	-1	1.5	3.5	1000	粒径大（＜100μm）

※1：開発品，※2：X線回折法により測定（30～500℃）

WH2　　　　　　　WJ1（開発品）　　　　　　WD25（開発品）

図3　ウルテアの電子顕微鏡写真

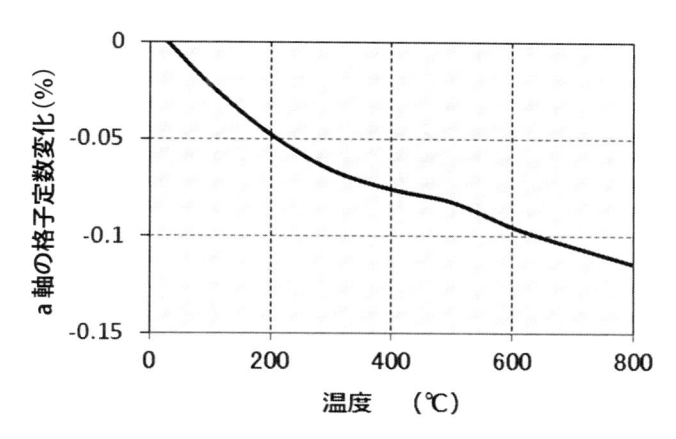

図4　WH2 の熱膨張曲線（X 線回折法）

表3　フィラーを添加したガラスの熱膨張抑制率

フィラー	メジアン径	X 線回折法による 線膨張係数[1]（$\times 10^{-6}$/K）	熱膨張抑制率（%）[2] （TMA による）
ウルテア WH2	2	-2	22
ZrW_2O_8	2	-11	0

※1：30～500℃の格子定数変化より算出
※2：ガラスフリットに 20 wt％添加・溶融，測定 30～300℃，ブランクガラス
　　　からの熱膨張抑制率

ガラス塊状となったタブレットの線熱膨張係数を，ティー・エイ・インスツルメント社製 TMA2940 を用いて測定した（以下 TMA 測定）。測定条件は，荷重 0.1 N，昇温 3℃/min，測定温度 30℃〜300℃とし，得られた線熱膨張係数結果を表3に示す。

　ウルテア WH2 を添加したガラスはブランクガラスに対して 20% 程度の熱膨張抑制率を示した。添加した分の性能が発揮されている。一方，ZrW_2O_8 を添加したものは，粉末の状態では熱膨張率がより低いにもかかわらず，熱膨張抑制効果を示さなかった。

　図5にフィラー粉末，およびフィラーを添加したガラスの XRD 回折図形をそれぞれ示した。ウルテア WH2 はガラスに添加して溶融成形した状態でも，フィラー粉末と同様のピークが見られた。ウルテアはガラスの溶融時にも結晶性が変化しない安定な物質であることがわかる。一方，ZrW_2O_8 はガラスに添加して溶融成形した状態では，全く違うピークが見られた。ガラスの溶融成形時に，温度あるいはガラスの成分と反応することが原因で，別の物質に変化してしまったため，熱膨張抑制効果が無くなったと考えられる。

3.3　安全性

　ウルテアは毒性の高い重金属を使用しておらず，また安定な物質であるため，安全性が高い。各種試験により，ウルテアの安全性は高いことが確認されている。表4に WH2 の安全性データ

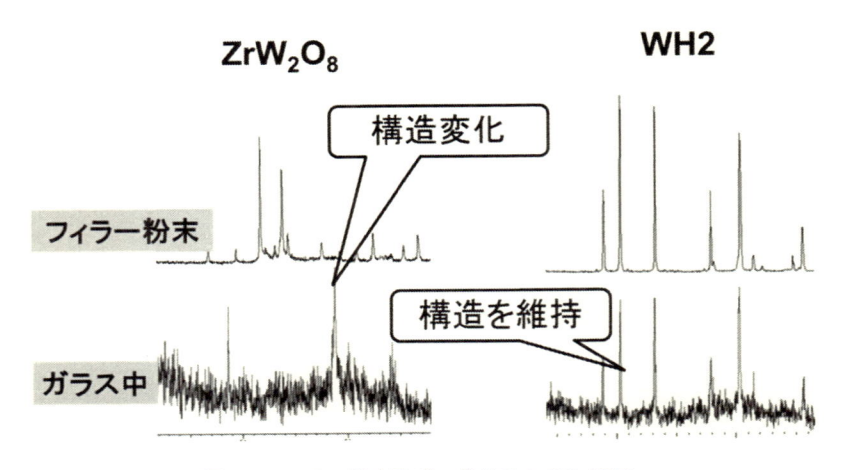

図5　フィラー粉末及び，ガラス中での XRD

表4　ウルテアの安全性データ

グレード	急性経口毒性 LD_{50} (mg/kg)	変異原性 (Ames 試験)	皮膚一次刺激性 (P.I.I.)	魚毒性　LC_{50} (mg/dm^3)	藻類成長阻害 ErC_{50} (mg/dm^3)	ミジンコ浮遊阻害 EC_{50} (mg/dm^3)
WH2	>5000	陰性	0	>100 （0-96 hr）	>100 （0-72 hr）	>133 （0-48 hr）

を示した。

4　無鉛ガラスへの応用例

　無鉛リン酸塩系ガラスである P_2O_5-ZnO-BaO-Al_2O_3 および無鉛ビスマス系ガラスである BiO_2-ZnO-BaO にそれぞれウルテア WH2 を配合して性能評価を実施した。

　これらの無鉛ガラスは封着用に用いられる粉末状製品であり，約 $10\,\mu m$ の粒径のものを使用した。この粉末ガラスに対し，ウルテア WH2 を 10，20 および 30 wt％配合し，よく混合後，ϕ 10 mm のタブレット状に成型した。得られたタブレットを電気炉を用いて各々550℃，500℃で10分間加熱した。加熱により均一なガラス塊状となったタブレットの線熱膨張係数を TMA 測定した。測定条件は，荷重 0.1 N，昇温 3℃/min，測定温度 100℃〜250℃とし，得られた線熱膨張係数結果を図6に示す。2種類全てのガラスに対しウルテア配合量の増加に伴う線熱膨張係数の低下が生じており，ウルテアが熱膨張性制御に利用可能なことが確認できた。

　次に，低熱膨張性フィラーを配合したガラスの流動性確認試験を実施した。図7に各種低熱膨張性フィラーを 20 wt％配合した P_2O_5-ZnO-BaO-Al_2O_3 系ガラスを，ϕ 10 mm のタブレット状に成型し，電気炉を用いて 500℃で 10 分間加熱した後の外観写真を示す。流動性の良否判断は，ガラス配合物が完全に溶融することで表面艶が確認でき，ブランクと類似した半球状となるもの

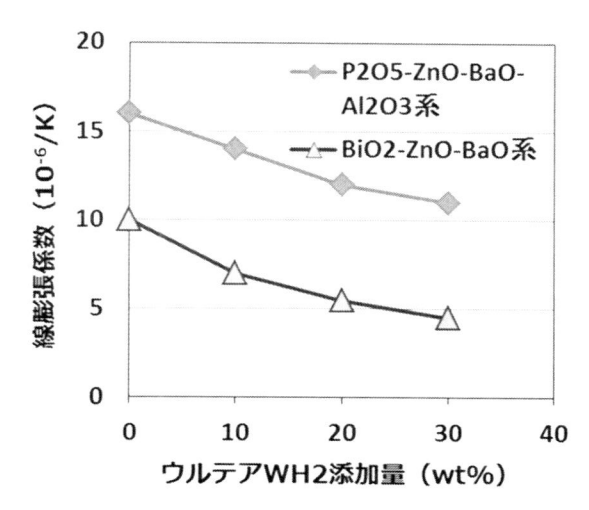

図6　無鉛ガラス中のウルテア配合量と線膨張係数の変化

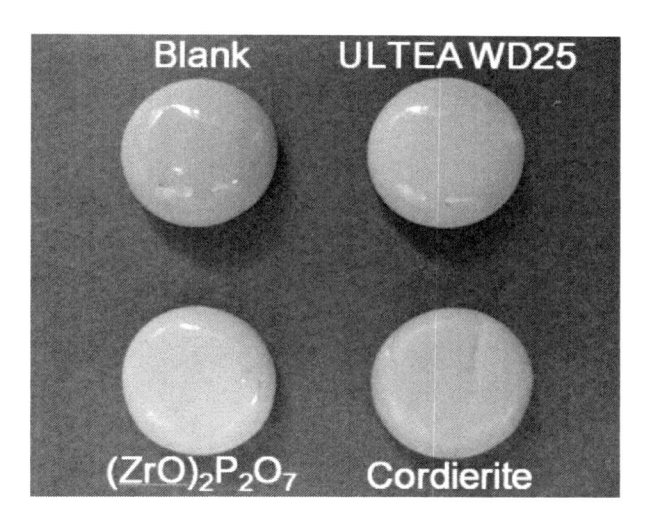

図7　各種添加剤を配合したガラスの溶融状態
（添加濃度：20 wt%，加熱条件：500℃，10分）

を流動性に優れると判定し，ガラス配合物が溶融不足となることで表面艶に劣り，加熱前のタブレット状が半球状まで達しないものを流動性に劣ると判定した。比較のための同時評価に用いたリン酸ジルコニウム系低熱膨張性フィラー $(ZrO)_2P_2O_7$ および $Mg_2Al_3Si_5AlO_{18}$(cordierite) 配合ガラスは，表面艶が十分でなく，形状もブランク品（ガラス単独）と同等レベルまで達していないことから，流動性に劣っている。一方，ウルテア WD25 配合ガラスは，表面艶および形状もブランク品と同等であることから，優れた流動性を有していることが確認できた。

5　樹脂への応用可能性

近年，携帯電話など小型携帯機器の多機能化，高機能化，薄型化が急速に進んでおり，これに伴って半導体パッケージにも高集積化，薄型化，小型化が進んでいる。半導体パッケージは複数の材料を組み合わせて成り立っているため，熱膨張係数が少しでも違うと，温度変化によりずれが生じ，故障の原因になる。

半導体のパッケージには，エポキシ樹脂が主に使用されており，樹脂の耐熱性向上や熱膨張率制御のために，シリカが配合されている。シリカも低熱膨張性材料であるが，パッケージの小型化に伴い，熱膨張率を更に下げる必要性が出てきており，シリカよりも優れた負熱膨張性材料の開発が期待されている。

液状エポキシ樹脂（ビスフェノール系）50部に硬化剤（酸無水物）50部，硬化促進剤0.5部を配合し，そこにフィラー（溶融球状シリカ，ウルテアWH2，ウルテアWJ1）をそれぞれ10〜30 vol%となるように配合し，150℃で2時間加熱して硬化させた。得られた硬化物をTMA測定により平均線膨張率を測定した。結果を図8に示す。

シリカを配合した場合に比べて，ウルテアを配合した方が熱膨張率を抑制する効果が1〜2割ほど高い。ウルテアWJ1の耐熱性は600℃なので，ガラスへの応用は期待できないが，樹脂への添加は問題ない。負熱膨張性も大きく，十分な効果が期待できる。

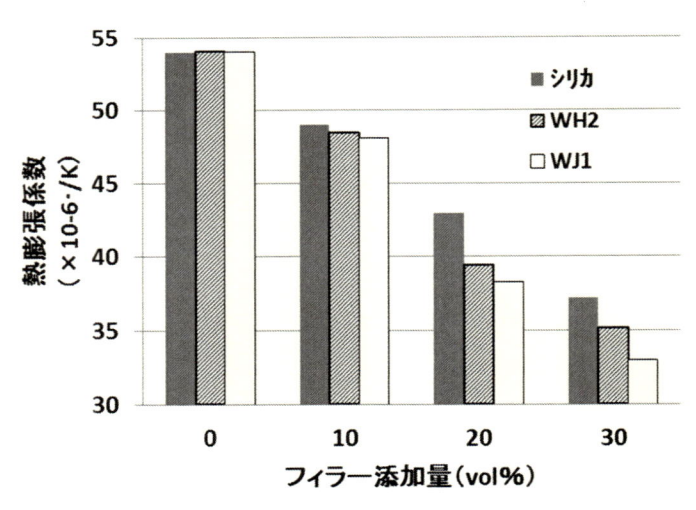

図8　エポキシ樹脂へのウルテア配合量と熱膨張係数の変化

6　おわりに

　負熱膨張性のウルテアは，熱膨張を効率的に制御できるフィラーである。今後，様々な用途において，熱膨張により生じる割れや剥離等の問題を解決できるフィラーとして役立つことを期待する。

文　　　献

1)　太田敏孝，山井巖，ニューセラミック，**1**，31（1995）
2)　宇田川重和，井川博行，セラミック，**14**，967（1979）
3)　J. S. O. Evans, T. A. Mary, T. Vogt, M. A. Subramanian, A. W. Sleight, *Chem. Mater.*, **8**, 2809（1996）
4)　山井巖，太田敏孝，川南修一，名古屋工業大学窯業技術研究施設年報，**9**，31（1982）
5)　太田敏孝，山井巖，窯業協会誌，**95**，531（1987）
6)　共立マテリアル，封着材料，特開2005-35840，2005-0210
7)　F. A. Hummel, *J. Am. Ceram. Soc.*, **33**, 102（1950）

第13章　CERSAT　マイナス膨張セラミック基板

藤田俊輔[*]

1　はじめに

　光ファイバーに紫外レーザー光を照射し，光ファイバー中のコアに屈折率変調（回折格子）を形成したファイバー型デバイスにファイバーブラッググレーティング（FBG）がある。FBG は入射された光のうち，この周期的な屈折率変調の周期に合致する波長のみを反射し，他の波長の光を通過させる特徴がある。この特徴を活かして，波長多重光通信システムにおける波長選択，分散補償，あるいは，半導体レーザーの波長安定化，温度センサーや圧力センサーなどのデバイスとして，その用途は広がっている。

　FBG はコア部分の実効屈折率 n が温度によって変化するため，反射中心波長 λ には温度依存性が生じる。反射中心波長は式(1)に示すように，グレーティング間隔 Λ にも依存するため，Λ を温度変化に対応させて変化させることで，屈折率変化に起因する λ の変化を相殺することができる[1]。

$$\lambda = 2n\Lambda \tag{1}$$

　例えば，図1に示すように，Yoffe らは予め張力を与えた FBG を，熱膨張係数の異なる2種類の材料からなる基板に実装することで Λ を変化させ，反射中心波長の温度依存性を低減する方法を提案している[2]。

　その他，結晶化ガラス，液晶ポリマー等のマイナスの熱膨張係数を有する材料を基板に用いる

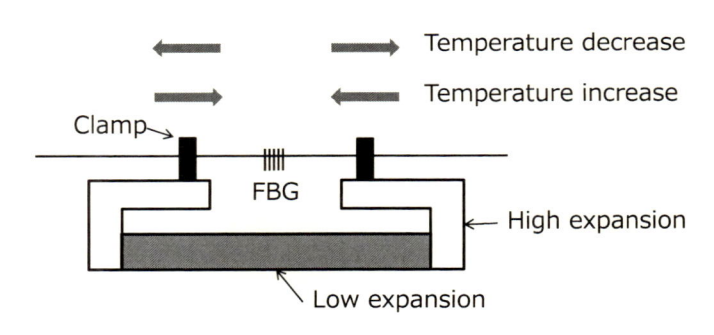

図1　複合基板による温度補償の模式図

＊　Syunsuke Fujita　日本電気硝子㈱　技術統括部　材料技術部　第三グループ

ことによっても同様に温度補償を行うことができる[3~5]。これらの方法は，単一の基板が使用できる利点がある反面，基板のマイナス膨張が不十分であったり，その直線性が要求に満たなかったり，また，基板の熱膨張のヒステリシスが大きい等の問題があり，課題を残している。

そこで，これらの課題を解決したマイナス膨張セラミック基板 CERSAT を開発し，これまでに実用化されている[6]。CERSAT は β-石英固溶体（Li_2O-Al_2O_3-$nSiO_2$: $n \geqq 2$）の多結晶体からなり，結晶構造を制御することで大きなマイナス膨張係数を持ち，かつ，膨張のヒステリシスを低減することを可能にしている。本稿では，そのセラミック基板の熱膨張特性，およびそれを用いた FBG のデバイス特性について報告する。

2　CERSAT の製造プロセス

CERSAT の製造プロセスを図 2 に示す。CERSAT は焼結法を用いて製造される。これまでに報告されている結晶化ガラスの製造プロセスを用いて得られるマイナス膨張基板[5]は，原料を溶融してガラスを得た後，再加熱によってガラス中にマイナス膨張を有する結晶を析出させて製造される。この方法を用いる場合，ガラス組成を結晶組成に近くする必要があるため，ガラス成型時に意図せず結晶が析出する問題（失透）があった。これに対して CERSAT は，焼結による固相反応によって製造されるため失透とは無縁である。このため組成設計の自由度を大幅に向上させることができる。

3　CERSAT の熱膨張特性

3.1　試料作製と評価

SiO_2，Al_2O_3，Li_2O を主成分とする 4 種のガラス組成（A～D）が得られるよう原料を調合，混合した。50 MPa の圧力でプレス成形し，1350℃で 15 時間焼成後，室温まで冷却した。得ら

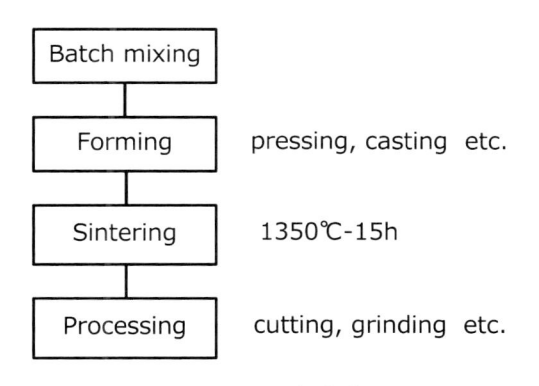

図 2　CERSAT の製造プロセス

れた多結晶体を所定の寸法に加工し熱膨張係数測定用の試料を得た。結晶の同定，観察，構造解析には粉末 XRD および SEM を用い，熱膨張係数はディラトメーターを用いて測定した。また，FBG の反射中心波長はスペクトラムアナライザーを用い測定した。

3.2　CERSAT の析出結晶と熱膨張特性

　得られた CERSAT の外観を図 3 に示す。XRD より結晶相は β-石英固溶体（Li_2O-Al_2O_3-$nSiO_2$：$n \geqq 2$）であった。この結晶の単結晶は a 軸方向にはプラス，c 軸方向にマイナスの熱膨張を示すことが知られている。図 4 に試料 B の熱膨張曲線を示す。図から読み取れるように熱膨張の温度に対する直線性は良好で，$-40 \sim 100 ℃$ の熱膨張係数は -82×10^{-7}/K であった。この値は単結晶の熱膨張係数よりも 10 倍程度マイナス側に大きな値であり，FBG の温度補償基板として十分な性能を有している。

　表 1 に各々の試料の熱膨張係数をまとめた。CERSAT は組成を変化させることで広い範囲で熱膨張係数を調整可能であることが分かる。

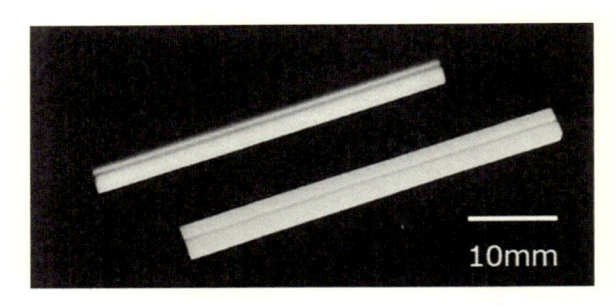

図 3　CERSAT の外観

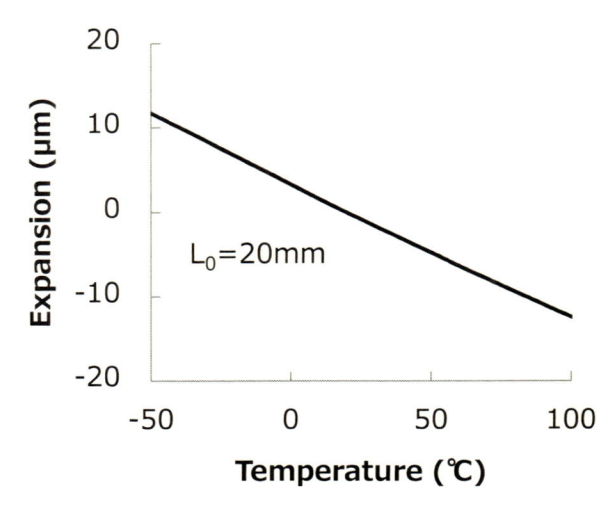

図 4　CERSAT（試料 B）の熱膨張曲線

表1　CERSAT の熱膨張係数

specimen	A	B	C	D
CTE($\times 10^{-7}$/K)	-86	-82	-74	-64

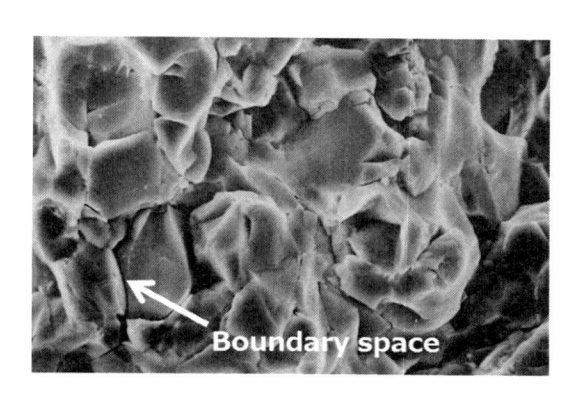

図5　粒界空隙を有する CERSAT の内部構造

3.3　マイナス膨張の発現機構

　CERSAT が大きなマイナス膨張を示すメカニズムについて考察する。マイナス膨張を示す結晶の多結晶体には，結晶本来（単結晶）の熱膨張よりもマイナス側に大きな熱膨張を示すものがある[7]。この現象は，多結晶体の焼成温度から冷却する過程において，結晶軸による熱膨張の異方性によって結晶粒界に応力が生じ，それによって粒界に空隙が生じることに起因する。粒界に空隙が生じた多結晶体では，プラスの熱膨張成分の寄与が小さくなる。つまり，プラスの熱膨張成分は焼成時に粒界に生じた微小空隙に吸収される。一方で，マイナスの熱膨張成分は直接体積収縮に寄与する。その結果，多結晶体全体として大きなマイナス膨張を示すようになると考えられる。

　異方性の熱膨張挙動を示す結晶は数多く知られているが，中でも β-ユークリプタイト（Li_2O-Al_2O_3-$2SiO_2$）は熱膨張の異方性が大きく，多結晶体が大きなマイナス膨張を示す[7]。CERSAT 中に析出する結晶相は β-石英固溶体（Li_2O-Al_2O_3-$nSiO_2$：$n \geqq 2$）であり，β-ユークリプタイトと同じ結晶系に属する。このため β-ユークリプタイトと類似の熱膨張挙動を示すと考えられる。図5に，得られた焼成体の SEM による内部構造を示す。結晶粒界には空隙が存在しており，上述の機構によってマイナス膨張性が発現しているものと考えられる。

3.4　熱膨張のヒステリシス

　粒界に空隙を有する多結晶体の熱膨張曲線は，一般的にヒステリシスを示す。これは空隙や結晶構造の不均一さや残留歪によるもので，この種の多結晶体に特有の現象と考えられている。ヒステリシスは温度補償材料にとっては致命的になるため低減させる必要がある。そこで，より微

視的な結晶構造とヒステリシスの関係を調査し，熱膨張のヒステリシスを低減させる方法について検討した。

　図6にβ-石英固溶体（102）面の格子面間隔と熱膨張のヒステリシスの関係を示す。格子面間隔は粉末XRDによって求めた。熱膨張のヒステリシスは，−40〜100℃の間で昇降温を繰り返した際の，40℃における試料の伸びの差から算出した。図から，β-石英固溶体中のn値，つまり結晶中のSiO_2の割合が大きくなるにつれて面間隔が縮小し，それとともにヒステリシスが小さくなっていることが分かる。すなわち，ヒステリシスは結晶格子構造と相関があることが分かる。

　そこで，面間隔の異なる2つのサンプル（図6中のn＝2.00およびn＝2.87）に対して結晶の格子定数を算出し，ヒステリシスとの関係を調べた。β-石英固溶体の各格子定数は，格子面間隔と式(2)の関係がある。

$$\frac{1}{d^2} = \frac{4}{3} \cdot \frac{h^2+k^2+hk}{a^2} + \frac{l^2}{c^2} \tag{2}$$

ここで，dは格子面間隔，a, cは格子定数，h, k, lはミラー指数である。試料1，3の格子面（100），（102），（203）および（212）の格子面間隔をX線回折によって求め，式(2)に代入して連立方程式を解き，格子定数を算出した。結果を表2に示す。両試料の格子定数を比較するとa軸に殆ど差が見られないのに対し，ヒステリシスの小さい試料n＝2.87では，c軸の格子定数が小

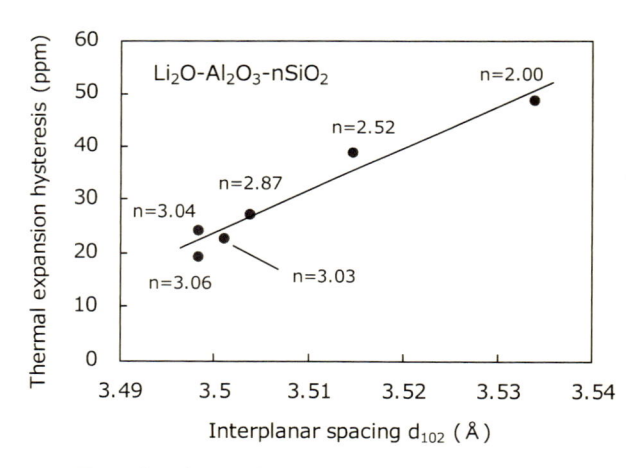

図6　（102）面の格子面間隔と熱膨張ヒステリシス

表2　CERSATの結晶格子定数

specimen	a_0	c_0
n = 2.00	5.21	11.13
n = 2.87	5.19	10.88

さいことが分かる。この傾向は図 6 中の他の試料についても同様であり，c 軸方向に収縮した結晶を有するほど熱膨張のヒステリシスが小さくなることが確認された。この理由について次に考察する。

3.5　結晶構造とヒステリシス

　予め c 軸方向に収縮している結晶は，その方向にそれ以上の収縮が起こりにくいため，c 軸の熱膨張係数はプラス方向にシフトするものと考えられる。一方，a 軸の格子定数は変化していないことから，この方向の熱膨張係数は一定であり，結果的に a 軸と c 軸の熱膨張係数の差は小さくなる。

　a 軸と c 軸方向の熱膨張係数をそれぞれ α_a，α_c とすると，六方晶の単結晶の熱膨張係数 α は式(3)で与えられる。

$$\alpha = \frac{1}{3}\left(2\,\alpha_a + \alpha_c\right) \tag{3}$$

　一方，Buessem によると，結晶粒界に作用する応力 σ は式(4)で与えられる[8]。

$$\sigma = \left\{ \frac{(\alpha_n + \alpha_{n'})}{2} - \alpha \right\} \frac{\Delta t E}{1 + \nu} \tag{4}$$

ここで，α_n，$\alpha_{n'}$ は互いに接触する結晶粒子の，粒界に垂直な方向の熱膨張成分を表す。Δt は温度差，E はヤング率，ν はポアソン比である。つまり，粒界での応力は粒界に垂直な方向の熱膨張成分と単結晶の熱膨張係数との差に比例する。α_n は結晶軸方向の熱膨張係数と式(5)の関係があり[8]，確率分布を有している。従って，σ も確率的分布を有する量である。

$$\alpha_n = 2\,\alpha_a \cdot \cos^2 A + \alpha_c \cdot \cos^2 C \tag{5}$$

ここで，A，C は a 軸，c 軸方向と結晶粒界のなす角度である。

　今，α_a が不変で α_c がプラス方向にシフトしたとすると，式(3)の関係から，α の値はプラス方向にシフトする。α_a と α_c の差が小さくなると，α_n および $\alpha_{n'}$ の分布の幅も狭くなり，式(4)における σ の分布幅が小さくなることが分かる。

　すなわち，単位格子が c 軸方向に収縮すると，粒界に働く応力の分布幅が小さくなるため，構造が均一化しヒステリシスが低減されるものと考えられる。

3.6　信頼性試験における熱膨張の安定性

　温度補償材料にとって，熱膨張のヒステリシスが小さいことに加え，長期信頼性も実使用において極めて重要になる。そこで CERSAT（試料 B）の熱膨張特性の安定性を，長期高温保持試験（70℃の電気炉内に 4000 時間保持），凍結保持試験（水中に入れ −45℃で凍結後，100 時間保

表3　CERSAT の信頼性試験における熱膨張係数の安定性

	before test	after heating (70℃, 4000 h)	after freezing (−45℃, 100 h)	after water immersion (90℃, 4 h)
CTE($\times 10^{-7}$/K)	−78.9	−78.1	−79.0	−78.4

持），熱水浸漬試験（90℃の熱水中で 4 時間保持）によって確認した。試験前後で測定した熱膨張係数（−40℃〜100℃）の結果を表 3 に示す。いずれの試験においても試験前後で熱膨張係数の変化は小さく，優れた信頼を示すことが分かった。

4　CERSAT に実装した FBG の温度特性

4.1　FBG の温度特性

CERSAT 基板上に実装された FBG の反射中心波長の温度依存性について述べる。温度補償基板上に FBG を実装した場合，基板の膨張収縮による張力変化がロスなく FBG に伝えられると仮定すると，反射中心波長の温度依存性は，式(1)を温度 T で微分し，さらに基板の熱膨張の項を追加することで，式(6)で表される。

$$\frac{\delta \lambda}{\delta T} = 2\Lambda\left[\left(\frac{\delta n}{\delta T}\right) + \frac{n}{\Lambda}\left\{\left(\frac{\delta \Lambda}{\delta T}\right)_f + \left(\frac{\delta \Lambda}{\delta T}\right)_s\right\}\right]$$

$$= 2\Lambda\left\{\left(\frac{\delta n}{\delta T}\right) + n(\alpha_f + \alpha_s)\right\}$$

(6)

ここで，添え字 f, s は FBG，基板を表し，α_f，α_s はそれぞれ FBG 及び基板の熱膨張係数である。

今，$\Lambda = 0.5\,\mu$m，$n = 1.46$，$(\delta n/\delta T) = 85\times 10^{-7}$/K，$\alpha_f = 6\times 10^{-7}$/K とすると，温度補償しない場合の反射中心波長の温度依存性は 0.0094 nm/K となる。この FBG を，$\alpha_s = -82\times 10^{-7}$/K の熱膨張係数を有する CERSAT 上に実装したとすると，反射中心波長の温度依存性は −0.0026 nm/K と計算される。実測結果を計算結果と比較して表 4 に示す。表に示すように実測値と計算値は良く一致していた。なお，用いた CERSAT の寸法は 3×3×40 mm であった。

図 7 に温度に対する反射中心波長の変化の様子を示す。図から分かるように反射中心波長の変化は直線的であり，CERSAT の熱膨張挙動を反映している。これらのことから，CERSAT 上への FBG の固定に用いたエポキシ接着剤のクリープや CERSAT のたわみ等の影響は小さく，CERSAT の熱膨張挙動がほぼ正確に FBG に伝えられていると考えられる。なお，今回の実験では反射中心波長の温度依存性が負の傾きを示したが，これは用いた CERSAT の熱膨張係数がマイナスに大きすぎるためである。表 1 に示すように，CERSAT の熱膨張係数は可変であり，そ

表4 反射中心波長の変動係数

	non-athermalized	athermalized
calculated	9.4	− 2.6
measured*	10.0	− 2.3

$$(\times 10^{-3}\,\text{nm/K},\ {}^{*}-40\sim85℃)$$

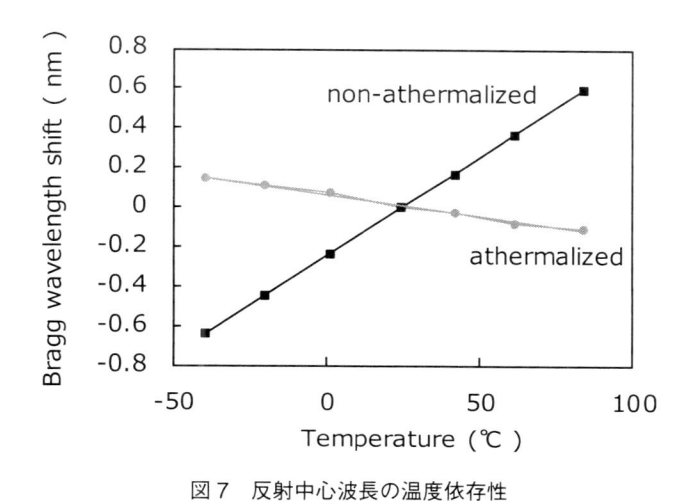

図7 反射中心波長の温度依存性

の最適化を図ることで傾きをゼロに近づけることが可能である。

4.2 反射中心波長のヒステリシス

　図8にCERSAT基板上に実装されたFBGに5回の熱サイクル（−40℃〜85℃）を与えた場合の反射中心波長のヒステリシス曲線を示す。CERSATは熱膨張のヒステリシスが小さくなるような格子構造を有するように設計されており，反射中心波長のヒステリシスも図に示すように0.03 nm以下と小さい。この値は，CERSATの熱膨張のヒステリシスに換算すると約15 ppmに相当する。

　本実験に使用したCERSATの熱膨張ヒステリシスの実測値は約25 ppmであることから，測定されたFBGの反射中心波長のヒステリシス15 ppmは，CERSATの熱膨張ヒステリシスよりも小さい。これは，熱膨張測定の条件（−40〜10℃，昇降温速度：1℃/min.）と，反射中心波長の測定条件（−40〜85℃，0.4℃/min.）が異なることと関係があると思われるが，詳細については分かっておらず，今後の課題である。

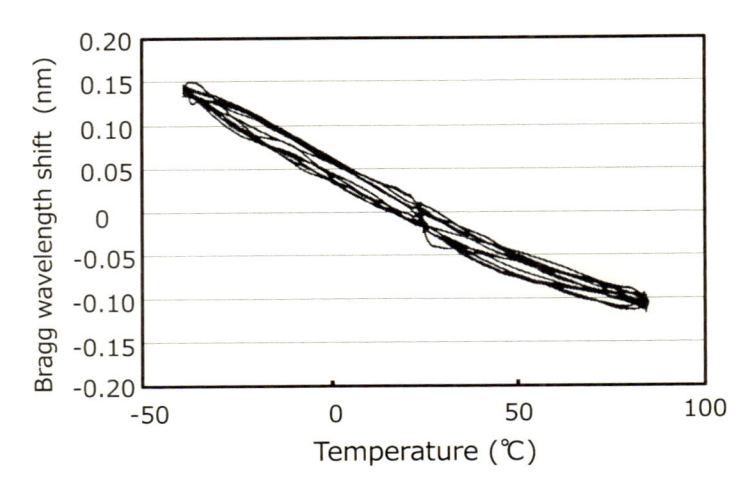

図8　反射中心波長のヒステリシス曲線

5　おわりに

　焼結法によって製造される，β-石英固溶体からなる温度補償用マイナス膨張セラミック基板，CERSAT について紹介した。CERSAT は FBG の反射中心波長の温度依存性を補償するのに十分な，$-86 \sim -64 \times 10^{-7}/K$ の熱膨張係数を有している。また，膨張のヒステリシスは，β-石英固溶体の格子構造と相関し，結晶の組成設計によってヒステリシスの低減が可能であることを示した。また，高温保持，凍結保持，熱水浸漬試験において熱膨張係数に変化が見られず，優れた信頼性を有していることが分かった。

　CERSAT 上に実装された FBG は，基板の熱膨張特性をほぼ正確に反映しており，反射中心波長の温度依存性を実用レベルにまで低減させられることが確認された。

文　　献

1）　W. W. Morey, "Incorporated bragg filter temperature compensated optical waveguide device," USP 5042898
2）　G. W. Yoffe, P. A. Krug, F. Ouellette and D. Thorncraft, "Temperature-compensated optical-fiber Bragg gratings," OFC'95 Technical Digest p.134-135
3）　加藤真基重，森下裕一，田畑光博，"結晶化ガラスを用いた温度補償パッケージファイバーグレーティング," 1999
4）　堀裕紀子，森田和章，杉一成，森下裕一，牟田健一，"ファイバ・グレーティングの温度補

償パッケージ," 1997

5)　G. Beall, "Athermal optical device," WO 97/28480

6)　日本電気硝子 電子部品用ガラス，第 30 版，p.69 (2016)

7)　C. N. Chu, N. Saka and N. P. Suh, "Negative thermal expansion ceramics: a review," *Mater. Sci. and Engi.*, **95**, 303–308 (1987)

8)　W. R. Bussem, "Mechanical Properties of Engineering Ceramics," p.127 Eds. Kreigel, Palmour, Wiley Interscience N. Y., 1961

第14章 極低膨張ガラスセラミックス クリアセラム™-Z

南川弘行*

1 はじめに

クリアセラム™-Z は，株式会社オハラが長年培った，高均質熔解技術と結晶制御技術を応用して実現した，極低膨張ガラスセラミックスである。

宇宙や半導体，ロボット技術の飛躍的な進歩により，未来技術と言われてきた様々な技術が現実社会で実現しようとしている。この最先端技術の進歩には当然ながらそれら技術を支える素材技術の進歩がある。特に素材の基本的な物性である熱膨張係数の制御は，様々な技術向上のために制御しなければならない重要な物性の一つであり，中でも材料の熱膨張係数を無膨張化する，いわゆるゼロ膨張材料の要求と期待は日々高まっている。

ゼロ膨張材料と一言でいってもその材料には様々な種類があり，例えば金属材料やガラス，セラミックスなどの無機酸化物材料，炭素繊維材料なども挙げられる。これらの材料はそれぞれ特徴があり，その使用目的から材料が選定されるが，ゼロ膨張材料とはいえ，いずれの材料もわずかながら計測限界レベルで伸縮することが確認されている。その中でも特に優れたゼロ膨張特性を持っている材料の一つにガラスがある。

本稿では，ゼロ膨張ガラス，特に極低膨張ガラスセラミックス，クリアセラム™-Z についてその膨張制御方法や特性，製造技術，品質，応用の観点で紹介する。

図1にクリアセラム™-Z の写真を，表1にクリアセラム™-Z の物性表を示す。

2 クリアセラム™-Z の特性

2.1 ゼロ膨張概論

ゼロ膨張ガラスは文字通り，ほとんど熱膨張，伸縮しないガラスであり，熱膨張係数（α）も$\alpha = 0.0$ で表される。しかしながら，先にも述べたようにゼロ膨張とはいえ温度変化による伸縮が熱膨張係数の小数点以下8桁目以降で起こることがわかっており，この伸縮の値を管理することでクリアセラム™-Z は3種類にグレード分けされている。

---

* Hiroyuki Minamikawa ㈱オハラ 特殊品事業部 特殊品ビジネスユニット
特殊品ビジネスユニット長

第14章　極低膨張ガラスセラミックス　クリアセラム™-Z

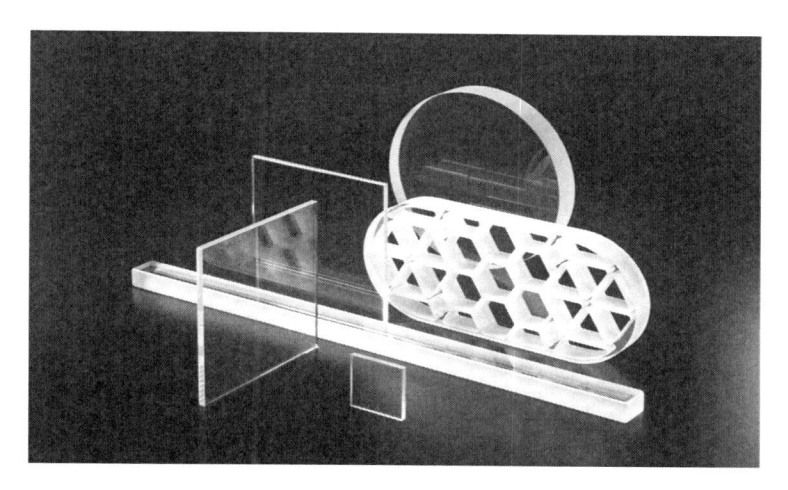

図1　クリアセラム™-Z　写真

表1　クリアセラム™-Z　物性一覧

クリアセラム™-Z			標準品	HS	EX
熱的性質	熱膨張係数（0〜50℃）	α（10^{-7}/℃）	0.0±1.0	0.0±0.2	0.0±0.1
	熱伝導率	k（W/m・℃）	1.51	1.54	1.49
機械的性質	ヤング率	E（GPa）	90	92	91
	剛性率	（GPa）	36	37	36
	ポアソン比		0.25	0.25	0.26
	ヌープ硬さ*	Hk	600	590	620
	摩耗度*	Aa	62	62	62
	曲げ強度***	（MPa）	116	122	126
	比重	d	2.55	2.55	2.54
光学的性質	屈折率	nd	1.546	1.546	1.544
	屈折率	1550 nm	1.528	1.528	1.526
	アッベ数νd		55.5	54.9	55.8
	内部透過率	500 nm	>0.85	>0.82	>0.85
	（10 mmt）	980 nm	>0.98	>0.98	>0.98
		1550 nm	>0.98	>0.98	>0.98
化学的性質	耐水性（粉末法）	RW（P）*	2級	1級	1級
	耐酸性（粉末法）	RA（P）*	1級	1級	1級
	耐アルカリ性（粉末法）	Ralk（P）**	0.25%	0.19%	0.18%

*JOGIS **OHARA ***JIS

・クリアセラム™-Z　標準品：0.0±1.0×10^{-7}/℃（0-50℃）
・クリアセラム™-Z　HS　　：0.0±0.2×10^{-7}/℃（0-50℃）
・クリアセラム™-Z　EX　　：0.0±0.1×10^{-7}/℃（0-50℃）

　クリアセラム™-Z のゼロ膨張特性は正の膨張を持つガラスの中に負の膨張を持った結晶を析出させてゼロ膨張特性を発現させる，いわゆるガラスセラミックス材料であり，高精度なゼロ膨

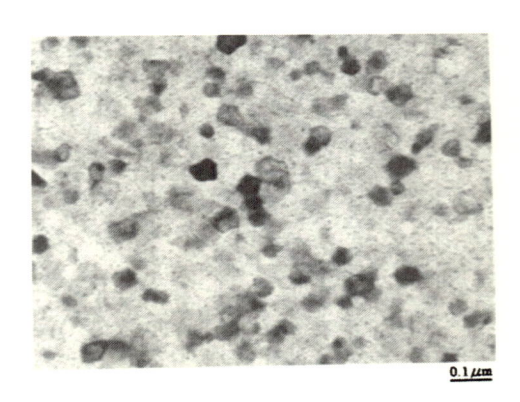

図2　クリアセラム™-Z　HS　TEM画像

張特性を発現させるためにガラス中の結晶析出量と結晶粒径サイズをガラス組成と結晶化工程で制御している。負の膨張特性を持つ析出結晶は β-石英であり，代表的なものに β-ユークリプタイト（LiAlSiO$_4$）結晶がある。この結晶は単独で大きな負の膨張特性を持っており，この結晶を含めた β-石英固溶体結晶が体積比でガラス：結晶＝2～3：7～8の割合で析出し，クリアセラム™-Z のゼロ膨張特性の骨格を作っている。結晶粒径はクリアセラム™-Z　標準品と EX グレードで50 nm 程度，HS グレードで50～100 nm 程度に揃っており，これがその後の製品に向けた冷間加工に大きく影響を及ぼし，非常によい機械加工性を示すのである。

　図2に一例としてクリアセラム™-Z　HS グレードの透過型電子顕微鏡（TEM）の観察結果を示す。

　TEM 写真でもわかるように粒径サイズが揃っていることが確認され，組成，結晶化工程が精密にコントロールされていることがわかる。

2.2　製造方法と均質特性

　クリアセラム™-Z の製造プロセスについて図3に示す。

　クリアセラム™-Z のガラス組成は概ね先にも示した β-ユークリプタイト結晶を形づくる SiO$_2$-Al$_2$O$_3$-Li$_2$O を基本として，ガラス中にこの結晶を析出させるべく結晶の核形成剤（TiO$_2$，P$_2$O$_5$ など）や熔解温度を下げるための成分として数種類のアルカリ土類金属酸化物（MgO，CaO など）など，およそ10種類程度の金属酸化物から成っている。クリアセラム™-Z のガラス熔解温度は光学ガラスメーカーである㈱オハラにとっては熔解温度が高く，本ガラスを開発するにあたっては，出来る限り熔解温度を下げるように成分を工夫した経緯がある。一般的に光学ガラスの熔解温度は他のガラス，例えば板ガラスや理化学用ガラスと比較して低く，およそ1200～1300℃程度であり，1000℃以下で熔解するものもある。これは光学ガラスの用途であるレンズ形状にするために，再度加熱して容易に変形させたいなど，再加熱して形状を変形したいという目

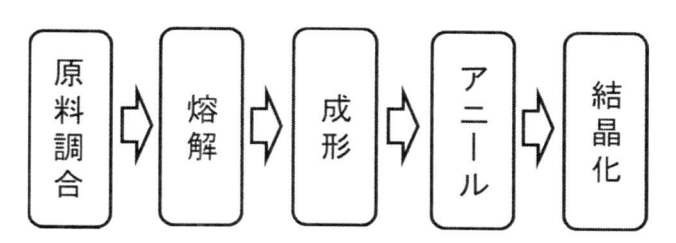

図3　クリアセラム™-Zの製造プロセス

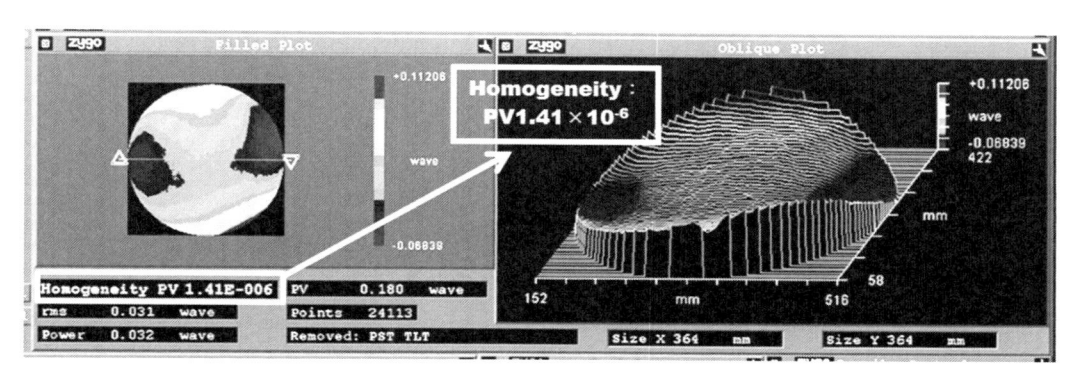

図4　光学干渉計によるクリアセラム™-Z均質性測定結果

的が一般的に強いためである。一方，クリアセラム™-Zは開発していく中で組成上，光学ガラスのような1300℃以下で熔解できる組成にすることは困難であることが早期にわかり，上限として光学ガラスの熔解で使用しているポット容器材質である白金の耐熱温度（約1650℃）を超えないように調整した。その結果，光学ガラスの生産設備でも熔解可能な1500℃レベルでの熔解温度を実現できる組成を完成することができた。この意味は，光学ガラス熔解のノウハウを使うことができるため，均質性の高いゼロ膨張ガラスを製造することが可能になったということでもある。実際に現在の製造方法は光学ガラスの製造方法と同等の炉構造，機構で製造しており，均質性も光学ガラス並みに高いことが確認されている。

図4にクリアセラム™-Zの結晶化後の均質性について測定した代表的な均質性測定結果を示す。

サンプル形状はφ380×80 mmt，測定は米Zygo社光学干渉計にて測定したものだが，屈折率の均質性でPV$=1.4\times10^{-6}$であった。これは半導体露光装置に用いられる透過光学系レンズの均質性仕様を満たすほどの値であり，非常に均質性が高いガラスが製造できていることが確認された。

一方，クリアセラム™-Zの製造プロセスとして熔解工程とともに重要な工程として結晶化工程がある。熔解，成形したガラスではまだゼロ膨張ではなく，熱膨張係数αはおよそ$\alpha=42\times10^{-7}/℃$である。このガラスを再度熱処理し，ガラス中にβ-石英系結晶を析出させることによってゼロ

膨張にする。このプロセスで特に気を付けなければならないのは，先にも示したように正の膨張を持つガラス中に負の膨張を持つ結晶を析出させるため，ガラス内で正と負が混在し，相反する熱膨張係数を持つ2つの物質が同時にガラス内に存在することになる。この事実は場合によってはガラスを破損させてしまう可能性もあり，破損しなくともガラス内に大きな歪が残ることも考えられる。歪は，光学特性や後工程である加工特性にも大きな影響を及ぼすため，極力ガラス内の歪を無くさなければならない。開発途中では歪が原因の破損事例を数多く経験し，ガラス破損，歪の問題は大きな課題となったが，温度の昇温，降温速度を最適化し，結晶化を行う炉の構造も最適化することで最適な結晶化工程，結晶化加熱プログラムを最終的に確立させることができた。結晶化工程の時間はガラスのサイズにもよるが，およそ1〜2か月かけることにより，ほとんど歪の残らない光学ガラスと同等の歪値を持ったゼロ膨張ガラスを製造することができる。図5に大型のクリアセラム™-Zにおける歪の分布について示す。

　φ1550 mmのクリアセラム™-Zに対し，30°きざみで12点＋中心点の計13点の歪測定を実施した結果である。結果として，13点測定平均でAve.＝1.8 nm/cm，最大値もMax＝4.1 nm/cmであった。これはもともと歪を嫌う光学ガラスのオハラ光学ガラスカタログに掲載の歪等級1級が＜5 nm/cmであることから，良好な歪値であることがわかる。このようなガラスは熔解，成形時の製造技術が重要なことは当然ながら，ゼロ膨張にするための結晶化工程においても均一な熱処理と歪を抑える熱処理プログラムができなければ達成できない。

　粉体原料から高温熔解を経て成形型に流し出し，結晶化するというガラス生地，品質が不均一になりやすい工程を経て製造しているガラスがこのような均一性と均質性を兼ね備えて製造できていることは，光学ガラスで培った技術を各工程に展開し，厳密に管理できているからこそ実現できたものである。

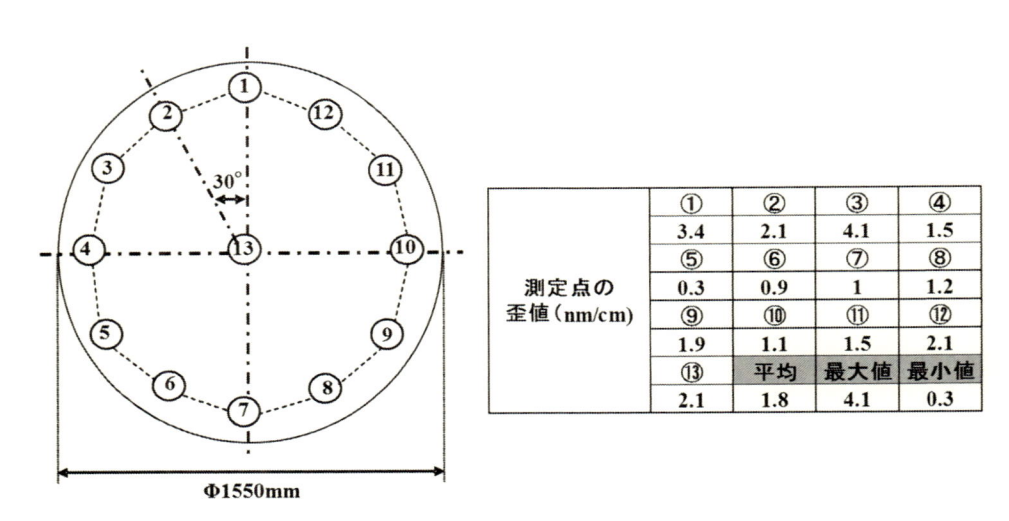

測定点の 歪値（nm/cm）	①	②	③	④
	3.4	2.1	4.1	1.5
	⑤	⑥	⑦	⑧
	0.3	0.9	1	1.2
	⑨	⑩	⑪	⑫
	1.9	1.1	1.5	2.1
	⑬	平均	最大値	最小値
	2.1	1.8	4.1	0.3

図5　Φ1550 mm クリアセラム™-Z の歪分布測定結果

2.3　熱膨張特性

　結晶化まで完了したクリアセラム™-Z の最も重要な保証項目である熱膨張係数の測定はゼロ膨張性（どれだけゼロなのか）を確認するという，非常に困難な測定である。市販品の熱膨張測定器では測定精度として ppm オーダー（1×10^{-6}/℃）までが一般的である。通常のガラスや金属，セラミックスであれば十分な性能であるが，ゼロ膨張を謳っている材料を測定するにはもう1～2桁，できれば3桁（ppb レベル）下の測定精度が必要である。当社も最初は市販の高精度熱膨張測定器を用いて測定を行なっていたが，顧客要望や他社材との比較に ppm オーダーの測定では不十分であることがわかったため，自社で膨張測定器を開発することにした。開発するにあたって，まず測定精度としては 1×10^{-8}/℃ までの測定ができ，1×10^{-7}/℃ オーダーで精度の高い値が得られるような測定装置を構想し，試行錯誤の結果，最終的には光学フィゾー干渉計を用いた精密熱膨張測定器を開発するに至った。自社で開発した熱膨張測定器について図6に示す。

　開発した測定器の性能は繰り返し精度で $\sigma < 5$ ppb/℃（0～50℃）であり，10^{-7} オーダーで測定するには十分な性能を持ち合わせていることが確認された。当然，外部とのコリレーション，差異を確認するために国立研究開発法人産業技術総合研究所やドイツの国立物理研究所（以下PTB と略）にて測定を行い，測定結果に大きな差異がないことも確認している。この熱膨張測定器で測定したクリアセラム™-Z と石英の比較を図7に，クリアセラム™-Z とクリアセラム™-Z　HS，クリアセラム™-Z　EX の熱膨張曲線を図8に示す。

　本熱膨張曲線は縦軸がサンプルの伸び（ΔL /L），横軸は温度を示し，曲線の傾きが熱膨張係数値となる。クリアセラム™-Z は低膨張ガラスの代表である石英（$\alpha \fallingdotseq 5 \times 10^{-7}$/℃）と比較しても広い温度域で曲線が平らになっており，傾きがほとんどないことから，低膨張特性が高いこ

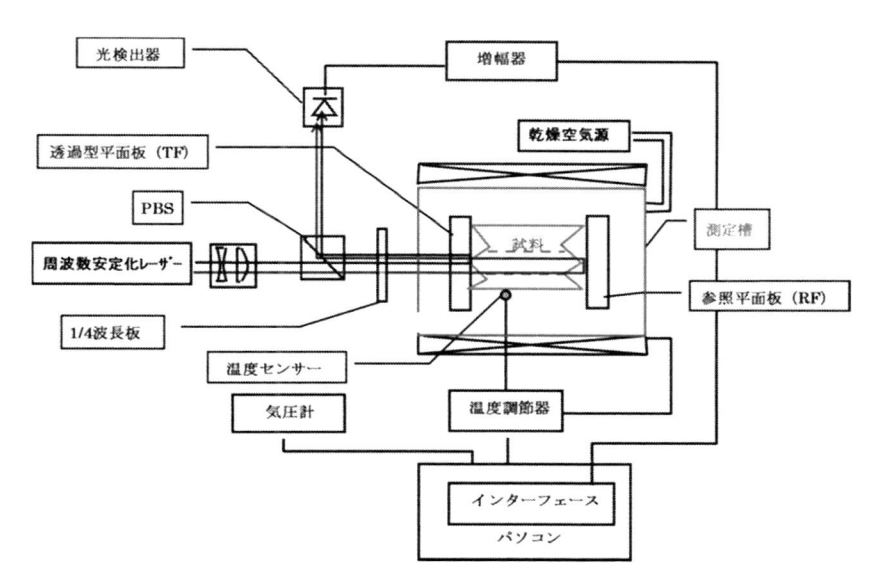

図6　オハラ社製　熱膨張係数測定装置図

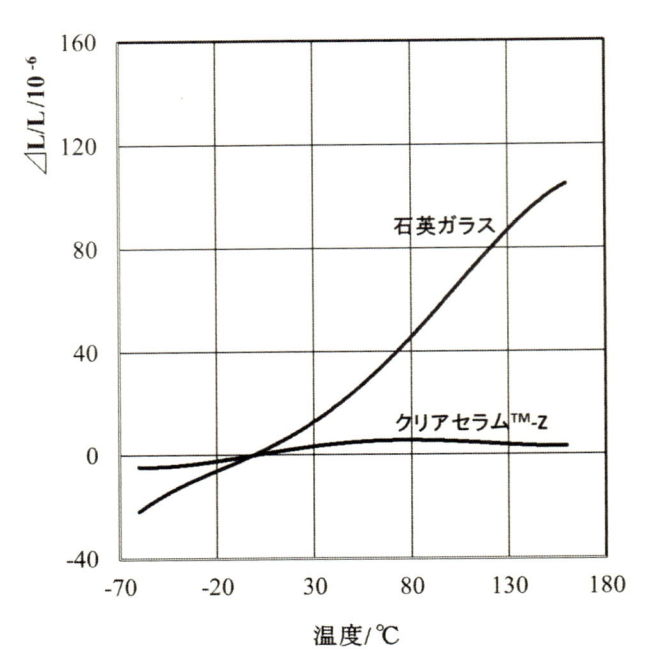

図7　クリアセラム™-Z 標準品と石英の熱膨張曲線比較

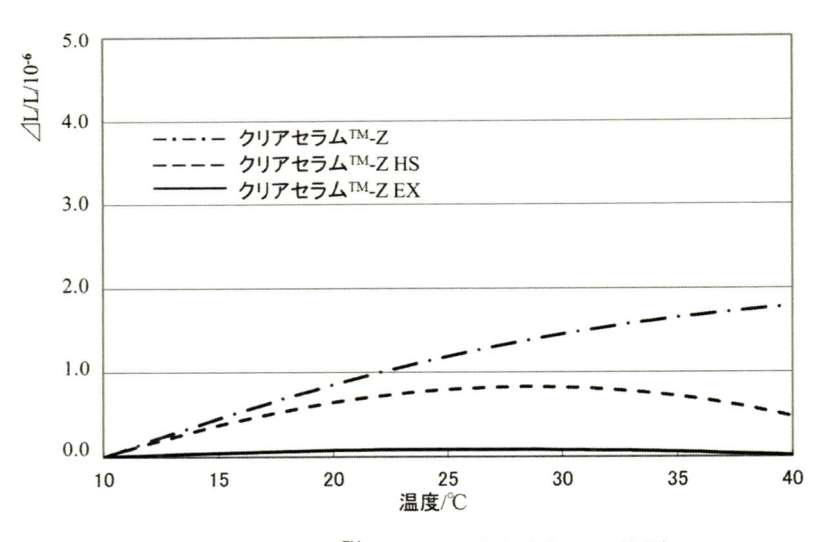

図8　クリアセラム™-Z　熱膨張曲線（グレード比較）

とが確認できる。また，クリアセラム™-Z とクリアセラム™-Z　HS の比較ではクリアセラム™-Z HS の材料設計として室温付近でゼロ膨張になるよう調整していることから，25℃近傍で曲線が平らになっていることがわかる。クリアセラム™-Z はそのグレードとして標準品は出来る限り

温度範囲の広い領域で極低膨張（ゼロ膨張）特性を持ち，HS グレードは室温付近でゼロ膨張になるように組成，熱処理によって調整しているのである。加えて EX グレードは標準品と HS グレードの両方の特性を持たせ，温度範囲が広い領域でゼロ膨張特性を持たせるという究極のゼロ膨張材料としてリリースしている。

2.4　加工特性

　クリアセラム™-Z はその膨張特性から様々な高精密部品，部材に応用されることが多いため，ガラスの加工性は採用される際の重要な要素となる。素材としてガラスと結晶が混在している，いわゆるガラスセラミックスという素材であることから，研磨加工についてはスムースな研磨面が得られにくいのではないか，などの懸念を示される場合がある。実際にクリアセラム™-Z を研磨加工した結果を図9に示す。

　原子間力顕微鏡（AFM）にて視野角5 μm で確認した結果であるが，RMS，Ra などで表される面精度はオングストローム（Å）オーダーで研磨できることが確認された。これは通常のガラスと同等レベルであり，クリアセラム™-Z の析出結晶は図2にも示したように50 nm 程度の粒径であるが，面精度はÅオーダーでの研磨ができていることから，研磨に対して析出結晶はほとんど影響していないことがわかった。ちなみに研磨レートについても石英とほぼ同程度であることも摩耗度試験にて確認している。

　一方，研削，機械（マシニング）加工はガラスセラミックスの特徴を最大限生かすことができる加工であり，研削性においては石英よりも40%近く研削レートは高い（加工時間が短い）ことが確認されている[1]。これは粒径の揃った結晶が析出していることにより，セラミックスのような快削性を持ち，かつガラス部分のやわらかさを併せ持った材料のためであると考えられる。

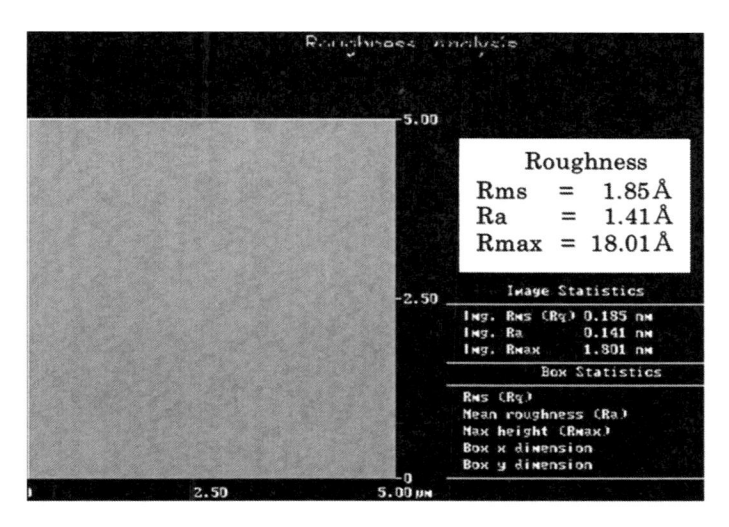

図9　研磨面 AFM 画像（5 μm 角）

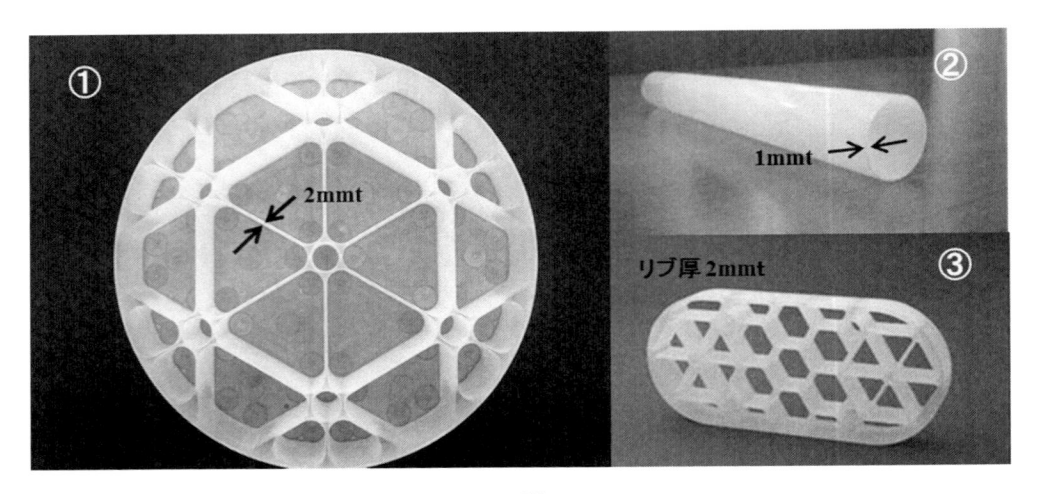

図10　クリアセラム™-Z の様々な加工例
（①，②は機械加工，③はウォータージェット加工）

また，機械加工でも穴あけや複雑な形状を容易に加工でき，通常のガラスでは破損してしまうような薄い肉厚の加工でも問題なくできる。図10に実際に機械加工した実例について示す。

　肉厚1～2 mm を残した機械加工でも破損せずに加工でき，精密な構造部材の軽量化形状なども容易に実施できる。この良好な機械加工性は，ガラス中に析出している粒径の揃った結晶が，加工時に発生する破損の原因となるマイクロクラックの進行を止める作用を持つためと考えられている。よって良好な機械加工性はガラスセラミックスという材質のほかに析出結晶の粒径が揃っていなければならないことも重要な点である。

　クリアセラム™-Z の加工性は通常のガラスのような研磨加工ができ，セラミックスのような機械加工もできる，ガラスとセラミックスの加工性を併せ持った素材であり，ガラスセラミックスという材質は名称だけでなく，加工性も同様にガラス＋セラミックスであると言える。この加工特性を活かした加工品として，例えばウォータージェット加工によってくり貫いたクリアセラム™-Z にオプティカルコンタクトという高精度に光学研磨した面同士を分子間力にて接合した中空構造物について作製した例を図11に示す。

　この中空構造物を作製するにあたっては高精度研磨と薄い肉厚の難加工をしなければならないため，非常に難易度の高い技術を含んでいる。また，オプティカルコンタクト技術はもともと石英ガラスのセルを作製する際の技術であったが，この技術をクリアセラム™-Z にも適用できるように検討，開発し，オプティカルコンタクト後に熱処理することで接合界面のない一体品にすることができる技術も得ることができている。これにより，クリアセラム™-Z はこれまで困難と思われていた形状が作製可能となり，広く用途展開ができるようになっていることも大きな強みとなっている。

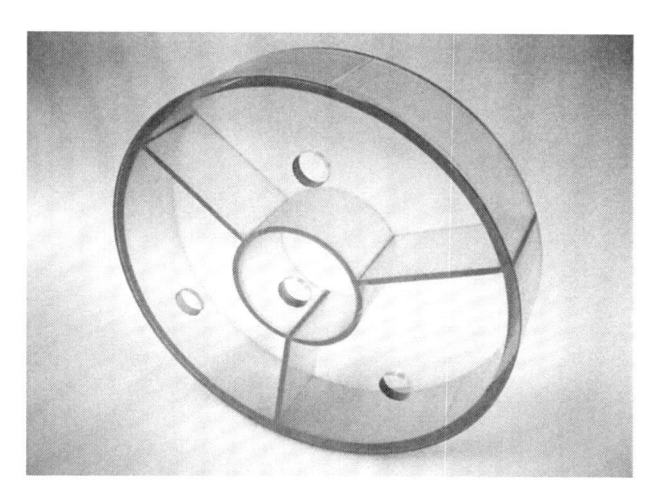

図11　軽量化＋オプティカルコンタクト加工例

2.5　形状安定性

　クリアセラム™-Z は先にも述べたようにガラスと結晶からなるガラスセラミックスであり，ガラスと結晶の熱膨張係数は正と負の物質が結合して存在していることから，熱履歴，加工履歴による熱膨張係数や面形状変化を伴うヒステリシスの存在がしばし議論される。通常のガラス使用用途ではほとんど議論にならないほどの僅かな遅れ量，ヒステリシスであるが，要求される仕様精度がサブ μm 以下，nm（ナノメーター）での形状変化を問題とするような超精密な部材では，ガラスの経年変化についても理解しておかなければならない。

　図12 はクリアセラム™-Z を高精度反射ミラーとして使用した場合を想定した試験として，面精度の経年変化について測定した結果を示している。測定は ϕ 200×60 mmt，研磨精度 λ/10 以下，反射金属膜コートを施したクリアセラム™-Z 製ミラーサンプルを 2 年間にわたって干渉計にて測定し，その面変化有無を確認したのである。この結果，干渉計の測定誤差以上の変化は確認されず，安定した研磨面を保持していることがわかる。この面変化の有無は半導体や望遠鏡などの反射ミラー用途で使用する際に大きな影響を及ぼすものであり，面の経年変化は反射する光や画像を乱す要因となるため，長期間にわたる面形状の安定性は重要な材料特性なのである。

　面形状の安定性以外にもう一つ材料の形状安定性について確認しなければならないことに寸法の経年変化がある。ガラスは基本的にアモルファス構造を示すが，アモルファスは結晶よりもエネルギー的に不安定な状態にあり，ガラス相と結晶相が混在するガラスセラミックスはその構造上の問題と思われる経年寸法変化があることがわかっている[2,3]。経年寸法変化は非常にわずかな変化であり，通常の計測技術では測定できないレベルであるが，超高精度な用途でゼロ膨張材料を使用する場合にはこの変化も無視できないことから，変化，挙動を把握しておかなければならない。長期間の長さ変化について測定を実施した結果を図13 に示す。

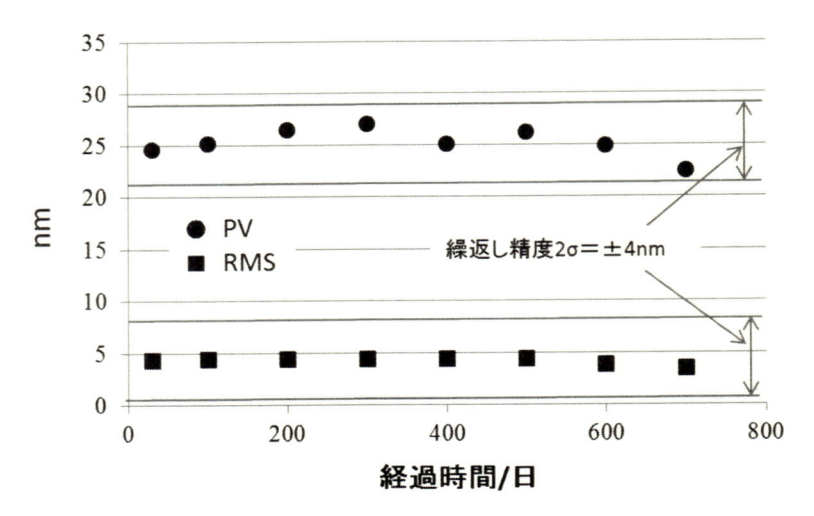

図12　光学干渉計による面精度経年変化測定結果

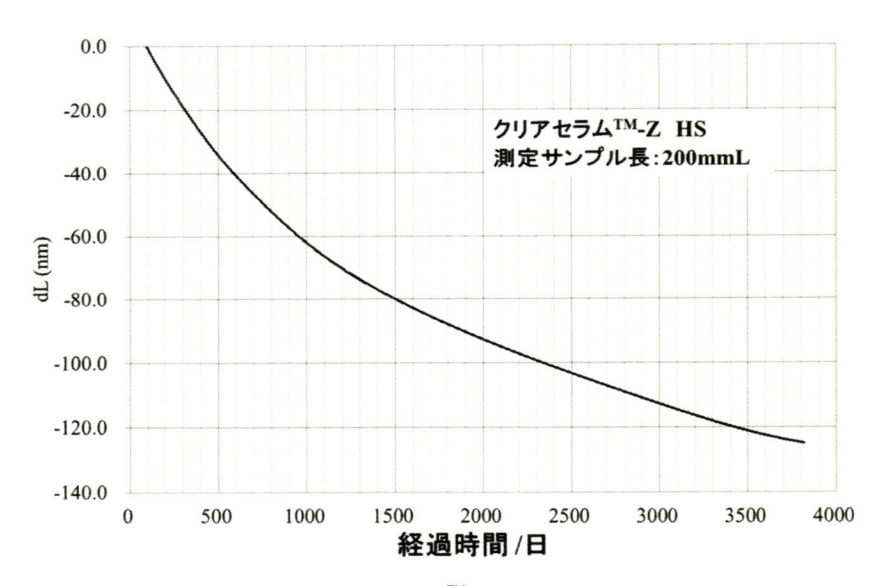

図13　クリアセラム™-Z の経年寸法変化

　測定機関は経験豊富な PTB に依頼し，測定期間を10年間継続的に測定した。測定サンプルは熱履歴や加工履歴によるわずかな歪もキャンセルしなければ正確な測定はできないため，特に慎重に準備された。測定の結果，クリアセラム™-Z の経年寸法変化である収縮率は1年あたり 1×10^{-7} であることがわかった。これは1mのクリアセラム™-Z が1年間でおおよそ $0.1\,\mu\mathrm{m}$ 収縮していくという理解である。この結果は，例えば高精度計測器用部材など使用用途によって設

計検討に盛り込んでいくことができるため，非常に困難な測定ではあるが，有用な結果が得られたものと考えている。

3　クリアセラム™-Z の応用例

クリアセラム™-Z の応用例としてはゼロ膨張特性とともに良好な加工性と形状安定性を持ち合わせていることから，様々な精密部材，構造部材に用いられている。例を挙げると以下のようなもので現在使用されている。

- ・計測・検査機器用スケール部材，精密部材
- ・半導体・液晶露光装置向けステージ，反射ミラー部材
- ・精密定盤
- ・宇宙機器向け反射ミラー部材
- ・望遠鏡向け反射ミラー材

これら応用例はすべて使用上，材料の熱膨張（伸縮）を嫌う精密機器であり，最先端技術を支えている産業機器や観測機器である。このうち，特にゼロ膨張特性の信頼性や実績が問われるものの1つに大型望遠鏡向け反射ミラー用途がある。大型望遠鏡はその用途から，遠方のわずかな光を正確に捉え，かつ長期運用に耐えなければならず，昼夜の温度変化にも対応しなければならない。用途上，苛酷な環境下で信頼性を担保しなければならない材料の認定は単にゼロ膨張材料を提供するだけではなく，様々な仕様もクリアしなければならない。クリアセラム™-Z は宇宙や天体に用いるためのそれら仕様に対して品質，加工性，形状安定性等をクリアし，大型望遠鏡のミラーにも適用できることがわかった。その結果，国内外の大型望遠鏡に採用されるまでに至ったのである。例えば岡山天文台に設置される国内最大の京大岡山 3.8 m 望遠鏡[4,5]や世界最大級の 30 m 望遠鏡（Thirty Meter Telescope：以下 TMT と略）[6,7]である。岡山天文台の 3.8 m 望遠鏡は新技術望遠鏡として分割鏡を採用し，3.8 m の鏡を 18 枚に分割して製造，研磨し，高精度に並べて1枚の鏡として機能させる日本で初めての技術を採用する。また TMT は日本，米国，カナダ，中国，インドの5カ国が参画する国際プロジェクトであり，対角 1.5 m の鏡を 492 枚並べて 30 m の鏡で最遠方の宇宙を探るという壮大な計画である（図 14）。この二つの大型望遠鏡に採用されたクリアセラム™-Z は，その信頼性が国内外の多くの研究者，技術者に認められたことを意味する。

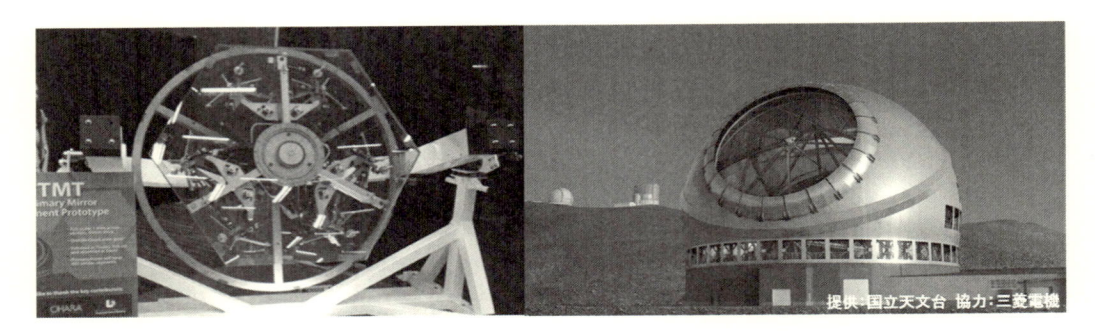

図14　TMT セグメントミラーと TMT 完成予想図

4　まとめ

極低膨張ガラスセラミックス　クリアセラム™-Z はゼロ膨張特性，均質性，加工性，形状安定性といった様々な観点での品質が認められ，精密機器や半導体，宇宙・天体など最先端用途に展開されている世界を代表するゼロ膨張ガラスの1つである。クリアセラム™-Z の開発はその特性，用途から，信頼性を得るためのデータ取得に10年以上もの歳月を費やしている。そして今もなお，ゼロ膨張特性を進化させるべく材料開発，データ取得を続けている。クリアセラム™-Z は今後も世界の最先端技術発展に貢献すべく，様々な技術課題，要求に応えていく。

文　　献

1)　C. Ghio, K. Nakajima, J. E. DeGroote, *Optical Fabrication and Testing*, OThC4, Optical Society of America（2008）
2)　J. W. Berthold, S. F. Jacobs, M. A. Norton, *Applied Optics*, **15**（8），1898-1899（1976）
3)　Otto Lindig, Wolfgang Pannhorst, *Applied Optics*, **24**（20），3330-3334（1985）
4)　M. Kino, M. Kurita, *Applied Optics*, **51**（19），4291-4297（2012）
5)　H. Tokoro, T. Maihara, *Journal of the Japan Society for Abrasive Technology*, **56**（7），447-450（2012）
6)　M. Iye, *The ASTRONOMICAL HERALD*, **107**（11），587-594（2014）
7)　H. Minamikawa, *OPlusE*, **34**（7），615（2012）

第15章　Smartec®−熱膨張抑制剤

河原正美*

　Smartec®は理化学研究所の竹中（現：名古屋大学）と高木（現：東京大学，ならびに独マックスプランク研究所）が発明し[1,2]，㈱高純度化学研究所で製品化された，負熱膨張性をもつマンガン窒化物の商標であり，Smartec®−熱膨張抑制剤として販売している。

　負熱膨張性マンガン窒化物の著しい特徴の一つは，非常に大きい負の線熱膨張を示し，組成を調整することで，負熱膨張の温度域や大きさを自在に変えられるため，様々な用途や素材に合わせて複合材料の熱膨張特性を調整できる熱膨張抑制剤として適用が可能なことである。

　更には負熱膨張の方向が等方的で歪も生じないため，使い勝手がよく，また機能も安定する，熱伝導が良く熱変化応答が早い，硬い，といった特長を持ち，今後広汎な利用が期待される。本稿では，Smartec®の基本物性，製品開発の経緯などを紹介する。

1　Smartec®−製品紹介

　2017年時点で，常温領域用のSmartec®-Mと，高温領域用のSmartec®-Hを標準組成として取り揃えており，主な物性は下記のとおりである。

　　基本組成：Mn-Sn-Zn-N
　　粒度　　　：$180\,\mu$m 篩 Pass（参考：メジアン径　$20\,\mu$m 前後）
　　外観　　　：黒色〜黒灰色粉末
　　熱膨張評価例：
　　　Smartec®-M　常温領域　制御範囲：$20℃\sim 65℃$　膨張係数 $\alpha = -40\,$ppm/℃
　　　Smartec®-H　高温領域　制御範囲：$65℃\sim100℃$　膨張係数 $\alpha = -45\,$ppm/℃
　標準組成以外にも温度域の変更，調整や，粒径・組成等のカスタマイズの対応も行っている。Smartec®は写真1に示すような黒色粉末であるが，樹脂との混錬や射出成型なども可能である

2　マンガン窒化物の構造と物性

　Smartec®を構成する負熱膨張性マンガン窒化物であるMn_3XN（X：Zn, Ga など）は，逆ペロ

＊　Masami Kawahara　㈱高純度化学研究所　先端材料研究部　主任研究員

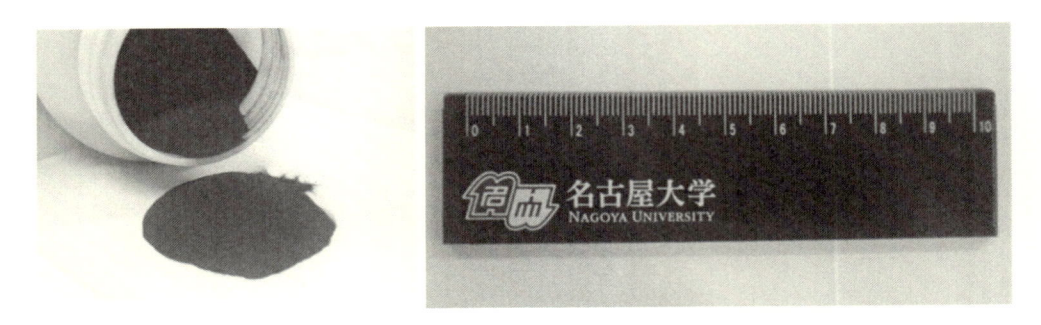

写真1　Smartec®粉末と，ポリアミドイミド混錬樹脂にて作製した定規

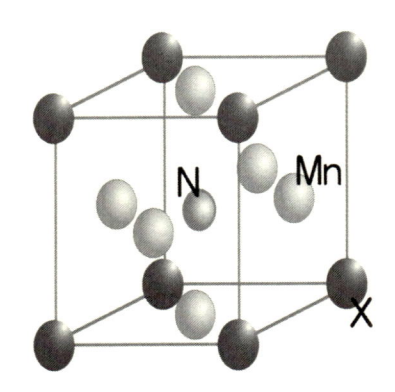

図1　逆ペロブスカイト構造

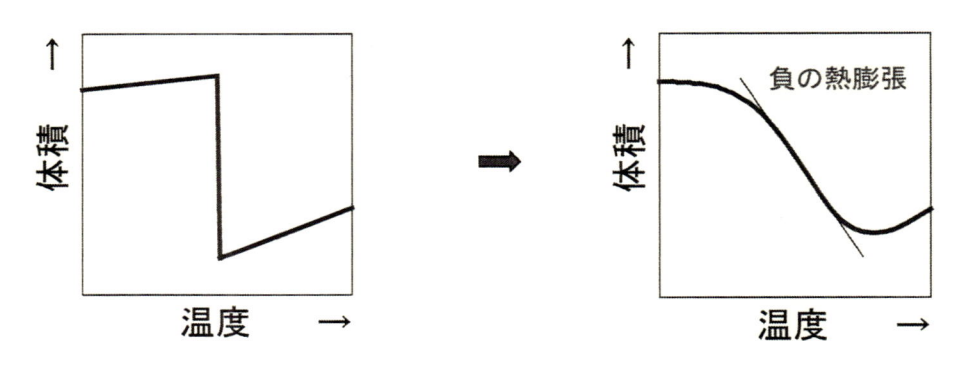

図2　急激な体積収縮を緩やかにできないか

ブスカイトと呼ばれる構造をもつ（図1）。この物質は温度上昇に伴い，低温の反強磁性相から高温の常磁性相へ立方法晶系を保ったまま転移し，急激な不連続的体積収縮を示す。

　この現象は1960年代後半にはすでに発見されていたが，竹中らは，この磁気転移が室温付近にあることに着目され，仮に，この鋭い体積収縮を図2のように連続的，かつ緩やかに生じさせれば，室温域で大きな負の線熱膨張係数を持つ物質が得られるはず，と着想され，様々な元素置換を試みた。

　そして，X サイトの一部を Ge や Sn で置換することで鋭かった体積収縮を，100℃程度の温度幅で穏やかになることを突き止めた。この物質で得られた成形体は一定の温度領域で連続的な線熱膨張を示すことがわかった。

3　Smartec®製品化の経緯

　竹中らが 2005 年に逆ペロブスカイト構造を持つマンガン窒化物 Mn_3XN が，室温で大きな負熱膨張特性を持つことを発見し，そこから㈱高純度化学研究所にて Smartec® として製品化に至るまでの経緯を紹介したい。

　Mn_3XN の一番の基本組成は，X として銅（Cu），ゲルマニウム（Ge）等に置換した構造である。この基本組成から着手し，原料粉末の窒素中反応で目的物質を得た。

　反応は比較的シンプルな固相反応であり，負熱膨張特性も充分であったが，金属材料の中では原料単価の高い Cu，Ge を使用していることから，コスト問題に直面した。

　特に Ge は，2017 年時点でのキログラム単価は十数万円という高額であり，今後の工業的利用を考えると，可能な限り Ge の使用は避けたい。そこで，ほぼ同じ負熱膨張性を示す組成である錫（Sn）への置換とその量産化を試みた。

　Ge と Cu が原料であった場合は，図 3-① に示すように，それぞれの単体や金属間化合物組成

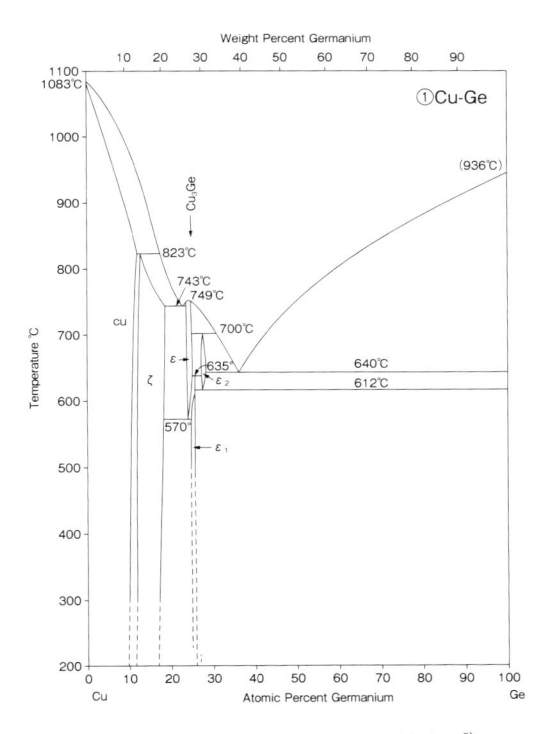

図 3-① Cu-Ge　各種組成の 2 元状態図[3]

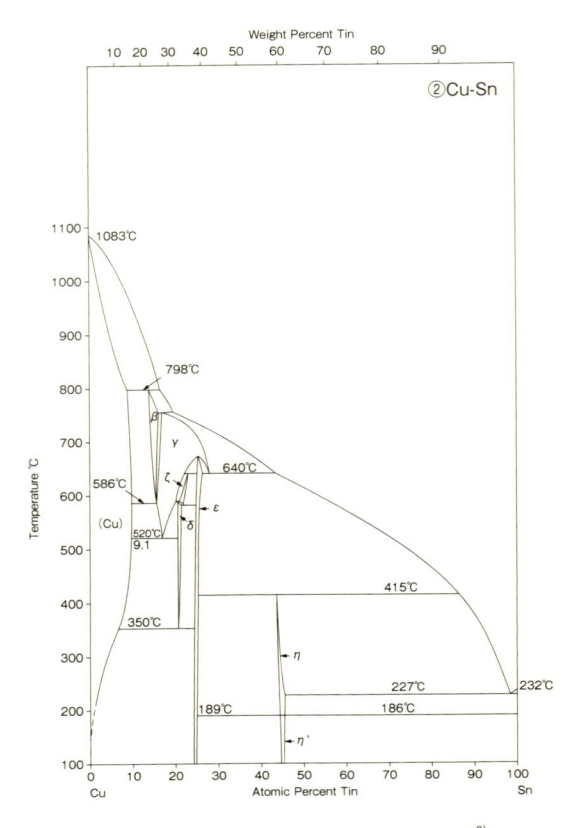

図 3-② Cu-Sn　各種組成の２元状態図[3]

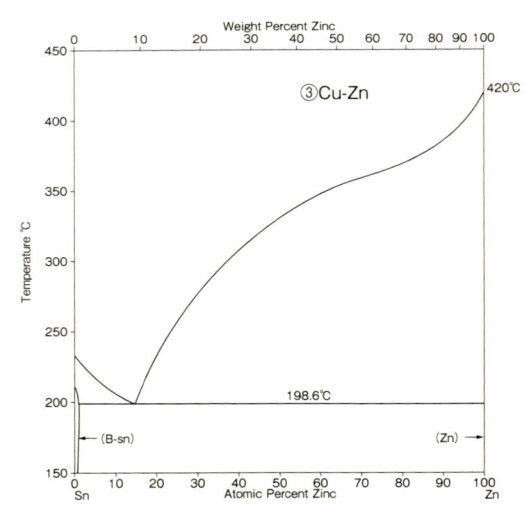

図 3-③ Sn-Zn　各種組成の２元状態図[3]

の物質も融点は比較的高く，焼成の昇温中に固相反応も進行するため，大きな問題はなかった。

　しかしながら Sn への置換は，単体の融点が低く，図 3-②のように昇温とともに Sn の液相が分離する現象があるため，昇温速度を緩やかにし，金属間化合物の生成を伴いながら，反応を進行させるような焼結プログラムを調整した。

　更なるコストダウンのため，Cu サイトも亜鉛（Zn）と置き換える試みを検討した。Zn に置換されたマンガン窒化物は大きな負熱膨張特性を持つものの，合成が非常に難しく，大量合成への課題があったが，NEDO 若手研究グラントの一環として，名古屋大学，独立研究開発法人理化学研究所，㈱高純度化学研究所と共にて共同開発を進めた。

4　亜鉛系熱膨張抑制剤の大量合成技術の確立

　亜鉛置換系の負熱膨張性窒化マンガン製造の困難さは，図 3-③のように，組み合わせて使用される Sn と金属間化合物を持たない共晶合金系である点と，Zn の蒸気圧があげられた。

　Sn と Zn が共存すると，比較的低い温度で共晶組成の合金が生成し，反応中に固相線に沿って Zn の分布をもたらす。

　また，その高い蒸気圧により，一般には密閉系，封管中の反応が必要となり，それが量産化への妨げになっていたが，㈱高純度化学研究所では，そのような物性を持つ Zn 置換マンガン窒化物であっても従来よりも低温度で合成する方法を見出した。

　製造途中での組成分布と Zn 揮発を，低く抑えることができる製造技術が確立され，一般的な電気炉を使用して製造が可能となった。㈱高純度化学研究所では，更に量産化技術を確立し，Zn 置換マンガン窒化物を 1 回の処理で 100 kg レベルで大量合成することに成功し，Smartec® が商品として誕生した。

5　Smartec®の組成と熱膨張特性に与える影響

　負熱膨張を示す温度域，線熱膨張を示す傾きは，負熱膨張性マンガン窒化物を構成する成分の調整でコントロールできる。

　図 4 に示すように，Smartec® を構成する元素（Mn，Zn，Sn，N）の各比率を，配合比率や製造条件により制御することで，細かい調整が可能となる。

　これらの，Smartec® を構成する金属は地殻内に多量に存在する一般的なもので環境負荷も低く，安価で入手できる。そして，生産に適用できるレベルでの量産化も成功したことから，製造コストも工業材料として，比較的低く抑えられている。

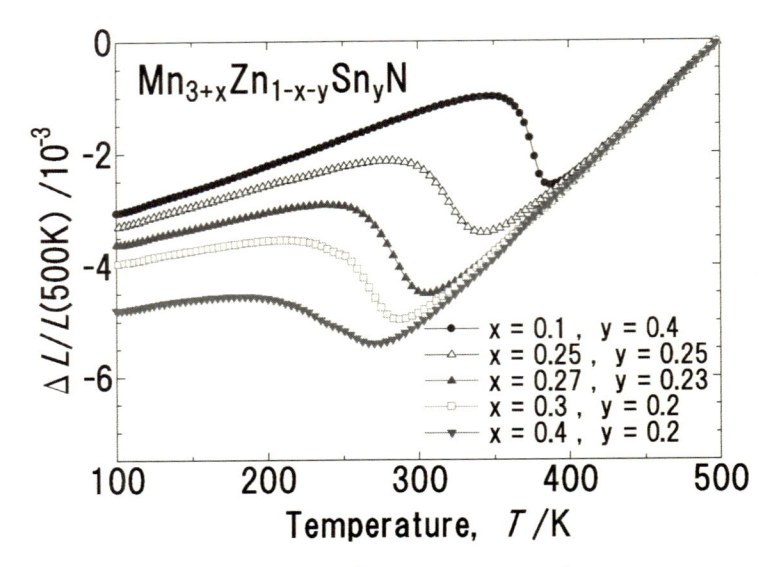

図4　Smartec®の組成と熱膨張特性[4]

6　Smartec®－樹脂複合材料

　近年における産業技術の高度な発達は，熱膨張といういわば固体材料の宿命ともいえる性質すら，制御・抑制することを求めている。

　例えば，代表的な材料である鉄は線膨張係数αが12 ppm/℃となっており，これは長さ10センチメートルの鉄棒が，温度が1℃上がると1.2 μm伸びることに相当する。一般的な感覚からすれば僅かだが，nmというレベルの高精度が求められる半導体デバイス製造や，部品のわずかな歪みが機能に深刻な悪影響を与える精密機器などの分野では，この程度のわずかな伸びでも致命的である。また，複数の素材を組み合わせたデバイスでは，構成素材それぞれの熱膨張の違いから，界面剥離や断線といった深刻な障害が生じることがある。

　このため，例えば加工機械，半導体製造装置，光学機器，計測機器，電子デバイスなど多くの産業分野で，熱膨張制御への強い要請がある。最近，精力的に研究開発が展開される熱電変換や燃料電池といったエネルギー・環境技術についても，それらの機能安定化のためには熱膨張制御が必須である。

　Smartec®及び，現在知られている負熱膨張材料の物性と特徴を表1に示した。

　ZrW_2O_8系の材料は高機能であるが製造に高温急冷が必要であり，製造コストが高く，金属との複合材料には使いづらい。また，樹脂の熱膨張抑制には，ものたりない数値である。

　ユークリプタイト系は安価であり，製造量も多いが，負熱膨張が小さく（$\alpha\sim-7$ ppm/℃），また異方的であり，構造設計がしづらい欠点がある。

表 1　従来・類似技術，競合技術との分析

	負熱膨張特性	比重	ヤング率	価格	異方性
Smartec® (Mn₃N 系)	◎ −30 ppm/℃ 超	△ 6.9 g/cm³	◎ 200 GPa	○	等方的
ZrW₂O₈	○ −9 ppm/℃	○ 3.7 g/cm³	△ 50 GPa	△	等方的
β−ユークリプタイト	△ −2〜5 ppm/℃	◎ 2.5 g/cm³	△ 80 GPa	○	異方性有

　そのような欠点を補うことのできる Smartec® の負熱膨張材は他に類のない大きな負熱膨張係数とヤング率が特徴であり，今日までに発見された各種負熱膨張性物質のなかで，アルミニウムや樹脂などの熱膨張を抑制できるのはマンガン窒化物系の Smartec® だけである。

　㈱高純度化学研究所では，Smartec® を量産化したのち，さらに熱膨張抑制剤として配合した樹脂複合材料ペレットの開発に着手し，産業利用に対応できるレベルで製造することに成功した。

　Smartec® は，線熱膨張係数がこれまでの銅系（$\alpha = -10 \sim -20$ ppm/℃）に比べて倍（$\alpha = -15 \sim -40$ ppm/℃）程度と，既存の負熱膨張材料より非常に大きい。

　代表的な樹脂や構造材料に使用される素材の例として，ポリアミドイミド（$\alpha = 30 \sim 40$ ppm/℃），ゴム（$\alpha = 70 \sim 80$ ppm/℃），石英（$\alpha = 3.5$ ppm/℃），アルミナ（$\alpha = 7$ ppm/℃）などは正の線熱膨張を持つ。

　従来の負熱膨張材料では，負熱膨張の度合いが小さく，大きな熱膨張を示す金属や樹脂の熱膨張を相殺するには力不足だが，この負熱膨張性マンガン窒化物の登場によって，ようやく樹脂をはじめ様々な材料の熱膨張が抑制可能になった。

7　Smartec®－樹脂複合材料の応用例

　半導体製造装置や家電・電子部品に広く使用されているポリアミドイミド系合成樹脂に，Smartec® を 60〜80％の重量割合で配合したペレットは，室温を含む広い温度域で熱膨張が低く抑えられるまでになった[5,6]。この複合材料は，20〜70℃ほどの室温を含む広い温度域で熱膨張が低く抑えられており，その線膨張係数がおよそ 5 ppm/℃ と，樹脂単体に比べて 1/10 程度であり，一般的に低膨張材料とされるセラミック材料と比べてもより小さくなった。

　混合する Smartec® の構成元素組成や，混錬する樹脂の種類の配合比を調整することで，熱膨張特性を制御することが可能である。

　製造されたポリアミドイミド複合樹脂ペレットは，通常の射出成形のラインで加工が可能であり，部材のわずかな歪みがピントのぼけなどにつながる光学機器はじめ，製造・加工設備，計測機器など今後の広範な実用が期待される。

写真 2　量産に成功した Smartec® を配合した樹脂複合材料
（左）ペレット，（右）射出成形された抗折試験片

8　Smartec® と金属との複合材料の応用例

　樹脂素材だけでなく，アルミニウムをはじめ，銅，真鍮，鉄，チタンなど，様々な金属とマンガン窒化物の複合化にも成功している[4,7]。本技術により，金属材料にも好ましい熱膨張特性を持たせることが可能である。

　図 5 は，Smartec® と，例としてチタンを放電プラズマ焼結にて，低温かつ短時間で複合化し，線熱膨張を評価した一例である。

　一般に，単純なマンガン窒化物は高温になると窒素の脱離が起き，金属の融点近くまで温度を上げると構造が崩壊するため，金属との複合化は難しいが，放電プラズマ焼結を用いることで，低温短時間で焼結ができ，マトリックスとなるチタンや鉄などの高融点の金属との複合化も簡単である。

　配合率の調整でプラスからマイナスまで熱膨張を自由自在にコントロールでき，熱膨張可変の構造材料や，バイメタル，傾斜材料などにも適用など応用が期待される。

9　Smartec® の基本物性

　最後に，各種素材との複合化や，構造設計の参考として Smartec® を構成する負熱膨張性マンガン窒化物の各種物性について記述したい。負熱膨張性マンガン窒化物を用いた複合材料の熱膨張評価は，様々なモデルに基づいて解析されている。ここでは詳細は省くが，その際の基本となるのが 2 つの極限，Rule of Mixture（ROM）と Turner のモデルなどがあげられる[8]。実際の複合材料の特性が理想的な評価式通りにならないことも多くあるため，設計・評価の際には留意しておく必要がある。

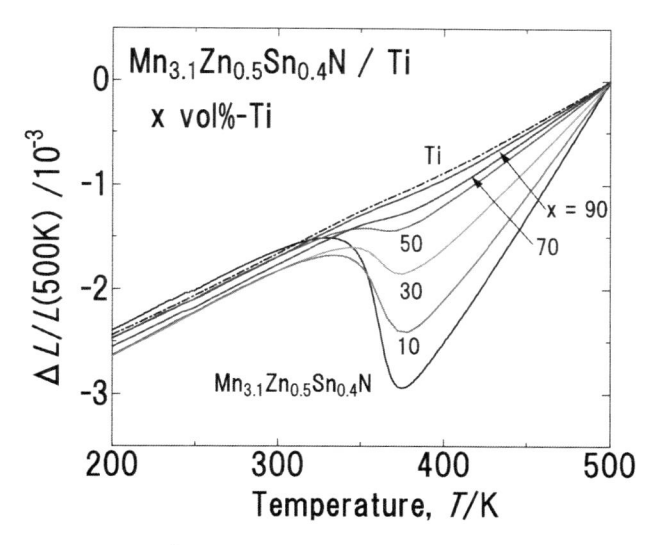

図 5　Smartec®を熱膨張抑制剤として含有する金属複合材料の
　　　線熱膨張（基材：チタン)[4]

Smartec®を構成する負熱膨張性マンガン窒化物の基本的な物性は次のとおりである[9]。下記の
数値は室温での概数であり，基本物性は温度や組成により変動することに留意頂きたい。

結晶構造	：立方晶系ペロブスカイト（空間群：pm3m）
ヤング率	：200［GPa］
電気抵抗率	：300［$\mu\Omega$ cm］
熱伝導度	：5［W/mK］
比重	：6.9［g/cm³］
ビッカース硬度	：400［kgf/mm²］
磁性	：反強磁性　＊負熱膨張の開始温度以下で反強磁性となる

10　Smartec®の熱安定性

　図 6 は Smartec®の温度上昇に伴う質量変化を示したものである。大気中では 400℃程度より
徐々に質量が増え，Smartec®を，水蒸気や大気にさらすと，高温では成分が酸化していくが，
熱膨張抑制剤としての適用温度範囲である〜70℃程度までは非常に安定である。
　単純なマンガン窒化物は侵入型窒化物であり，窒素の解離圧は温度に比例し，600℃程度から
窒素の解離が起こる。しかし Smartec®は大気に触れていない環境下では，窒素の解離や，Zn 蒸
散はほぼ発生していないことから，未反応の金属成分が残存しておらず，安定に作りこまれたも
のであるとも判断できる。樹脂等での複合材料であれば，大気との接触も遮断され安定性はさら

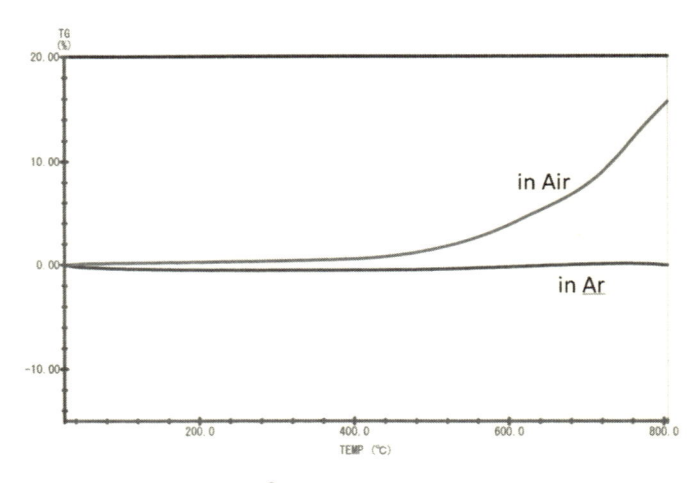

図6　Smartec®の Air 中および Ar 中の質量変化

に増すため，実用には問題ないと考える。

11　Smartec®　今後の挑戦

　さらなるアプリケーションの拡大に向け，特に電子デバイスへの適用を前提とすると Smartec® は，写真3に示すよう，粗粒である，重い，導電性があるといった課題がある。

　半導体デバイスの線幅（現世代で〜20 nm）を考えれば，そのプロセスに桁違いの高精度が要求されるため，微粉末化や，表面の絶縁コーティングにより，樹脂との複合性能，分散性を向上させることが必須である。

　現在，㈱高純度化学研究所では，長年培った無機合成技術，薄膜形成技術や粉砕技術を駆使し，微細化や，表面コーティング等による絶縁化に挑戦しており，高分散性樹脂やインクへの適用を可能にし，ナノデバイスへの適用可能性を追求している。

　今後も，マンガン窒化物の特徴である「安価である」「環境にやさしい」「特性制御のしやすさ」を活かし，様々な産業分野から出される熱膨張制御の要請・要望に応えるとともに，マンガン窒化物ならびにその複合材料の特性とチューニングを行うことで，新しい熱膨張制御のあり方を提案し続ける。

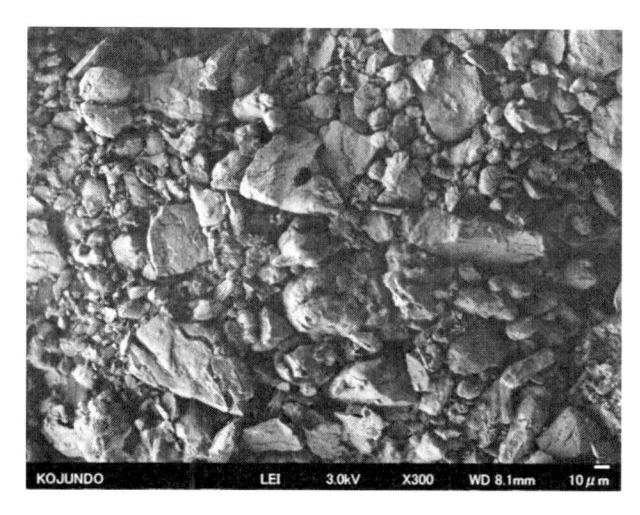

写真 3

文　　　献

1)　K. Takenaka and H. Takagi, *Appl. Phys. Lett.*, **87**, 261902（2005）

2)　竹中康司，固体物理，**41**，361-368（2006）

3)　W. G. Moffatt, the HANDBOOK of BINARYPHASE DIAGRAMS

4)　杉本典弘，濱田大輔，竹中康司，日本金属学会誌，**77**，75-79（2013）

5)　市古征義，竹中康司，日本金属学会誌，**77**，415-418（2013）

6)　K. Takenaka and M. Ichigo, *Compos. Sci. Technol.*, **104**, 47-51（2014）

7)　K. Takenaka, T. Hamada, D. Kasugai, and N. Sugimoto, *J. Appl. Phys.*, **12**, 083517（2012）

8)　竹中康司，セラミックス，**52**（2017）584-589

9)　K. Takenaka *et al.*, *Sci. Technol. Adv. Mater.*, **15**, 015009（2014）

第4編
熱膨張制御の実例

第16章　三次元集積化デバイス

木野久志[*1], 田中　徹[*2]

1　緒言

半導体集積回路はパソコンや携帯電話，自動車，家電製品など日常の様々な製品に用いられており，その市場規模は年々拡大の一途をたどっている。半導体集積回路はシリコンウェハと呼ばれるシリコンの薄い円板上に形成され，シリコンウェハからチップ形状に切り出され，製品に実装できる形に加工される。集積回路には非常に多くのトランジスタが形成されており，現在のマイクロプロセッサや DRAM（Dynamic Random Access Memory）には 10 億個以上のトランジスタが集積されている。トランジスタのサイズはムーアの法則に従い年々微細化を続けており，2017 年では製品レベルの最小設計寸法は 14 nm を下回っている。しかしながら，微細化に伴うリーク電流の増大や加工限界などの問題も顕在化しており，微細化の限界が近いとされている。そこで近年微細化によらない電子デバイスの高性能化指針として More than Moore と呼ばれる指針が提唱されている。図 1 に国際半導体ロードマップ委員会が発行している半導体技術に関す

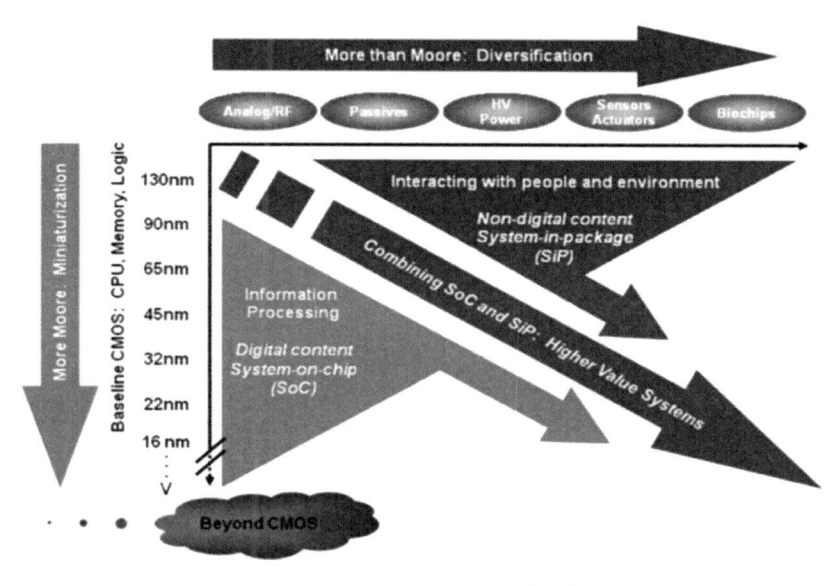

図 1　電子デバイスの開発指針[1)]

＊1　Hisashi Kino　東北大学　学際科学フロンティア研究所　新領域創成研究部　助教
＊2　Tetsu Tanaka　東北大学　大学院医工学研究科　教授

るロードマップ（International Technology Roadmap for Semiconductors：ITRS）に 2011 年に示された指針を示す[1]。縦軸はトランジスタの微細化を示しており，More Moore と呼ばれている。横軸は More than Moore と呼ばれ，機能の多様化により電子デバイスの高性能化を図る指針を示している。今後，電子デバイスはトランジスタの微細化のみならずセンサデバイスやパワー半導体，高周波デバイス，太陽電池，バイオチップなどの多様なデバイスを実装することで更なる高機能化を達成していくと考えられる。そして，微細化技術と多様なデバイスの融合を可能とする技術が今後の電子デバイスの更なる発展の鍵となる。本章では微細化技術と多様なデバイスの融合を可能とする技術として三次元集積化技術に焦点を当てる。特に，三次元集積化技術における課題の一つである異種材料間の熱膨張係数差によって生じる局所応力を例に挙げ，局所応力を抑制する手法として負の熱膨張係数を有する材料を用いたアンダーフィルを紹介する。

2　三次元集積化技術

2.1　SiP

　複数のチップを 1 つのパッケージ内に実装する手法として SiP（System in Package）が挙げられる。SiP では機能ごとに別々に製造されたチップを 1 つのパッケージ内に集約し，ワイヤーボンディングなどによりチップ間の電気的接続を行う。SiP の例を図 2 に示す[2]。複数のチップを積層し，各チップ周辺の I/O（Input/Output）端子からワイヤーボンディングを用いて最下層の基板に電気的に接続されている。従来はプリント基板上などに 2 次元的に実装されていたチップをこのように縦方向に積層することにより実装面積の大幅な縮小を実現できる。そして，様々なチップを積層することにより多種多様な機能を 1 つのパッケージに実装することが可能となる。さらに，チップの組み合わせ自由度が高く，各チップはそれぞれのラインで製造されるため，短い開発期間での製品化が可能である。携帯機器などの消費サイクルが早く，スペースに制限のある電子機器において多く採用されている形式である。しかしながらこの方式ではワイヤーボンディングはチップ周辺にしか行えないため I/O 端子数が限られる点や長いボンディングワイ

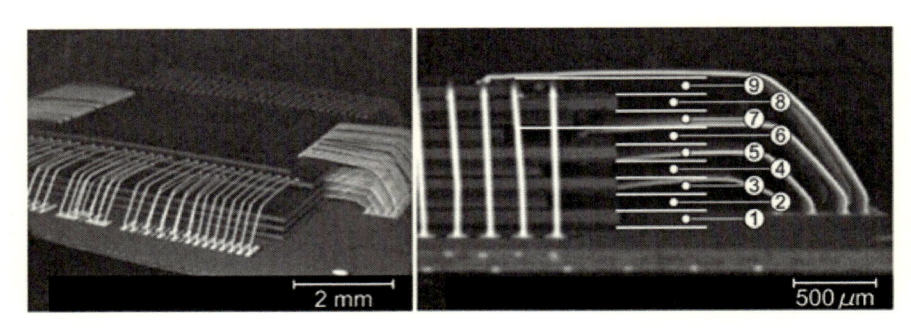

図 2　ワイヤーボンディングによるチップ実装の例[2]

ヤーによる電気抵抗の増大などの問題がある。また，レアメタルである金がボンディングワイヤーとしてよく使用されている点も懸念されている。近年はI/O端子数を確保し，短い配線で実装可能なFOWLP（Fan Out Wafer Level Package）と呼ばれる方式も注目を浴びている[3]。FOWLPでは複数種類のチップを横方向に並べた実装方式であるが，チップ間の電気的接続にワイヤーボンディングは用いず，配線形成などの種々の工程をチップ切り出し前のウェハレベルと同等の製造技術で行うため，複数のチップ間で様々な工程を一括で行うことにより高い生産性を実現し，さらにチップ間を短く高密度な配線で接続することが可能となる。また，チップ外にまでI/O端子を伸ばすことにより，多くのI/O端子を有するチップ実装も可能となる。これらの様々な利点から注目を浴びている。

2.2 三次元集積化技術

三次元集積化技術はチップを貫通する配線を用いて複数の集積回路や多様なデバイスを1チップに集積する技術である。図3に三次元集積化デバイスの模式図を示す[4]。図に示すように三次元集積化技術によって集積回路のみならず，センサやパワー半導体など異種機能チップを1チップに集積することが可能である。各チップは $50\,\mu\mathrm{m}$ 以下まで薄層化され，積層されたチップ間の電気的接続はシリコン貫通配線（Through-Si Via：TSV）と呼ばれる基板を貫通する配線と金属マイクロバンプと呼ばれる微小な金属突起によってなされる。TSVを用いることにより，チップ全面を電気的な接続に用いることが可能なため，チップ周辺部しか用いることができなかった従来のワイヤーボンディングによる電気的接続と比較し，圧倒的なI/O数を確保することが可能となる。また，積層構造であるため，面積の増大なく集積密度を向上させることが可能である[5,6]。

三次元集積化技術はTSV形成のタイミングにより大きく3種に大別される。トランジスタ工程前にTSVを形成するビアファースト，トランジスタ形成後の多層配線工程前にTSVを形成するビアミドル，多層配線形成後にTSVを形成するビアラストの3種である。特にビアラストはチップないしはウェハの表面からTSVを形成するフロントビアと裏面から形成するバックビ

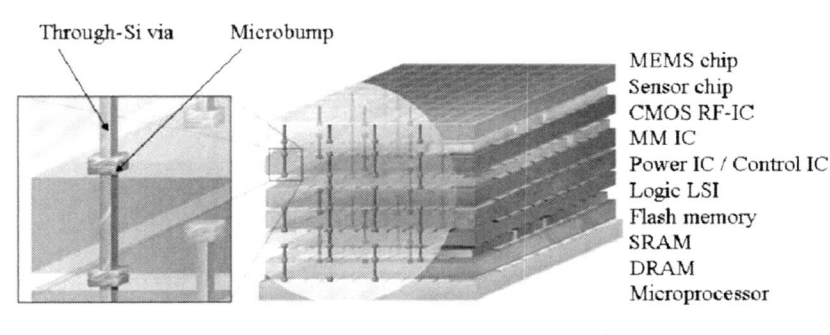

図3 三次元集積化デバイスの模式図[4]

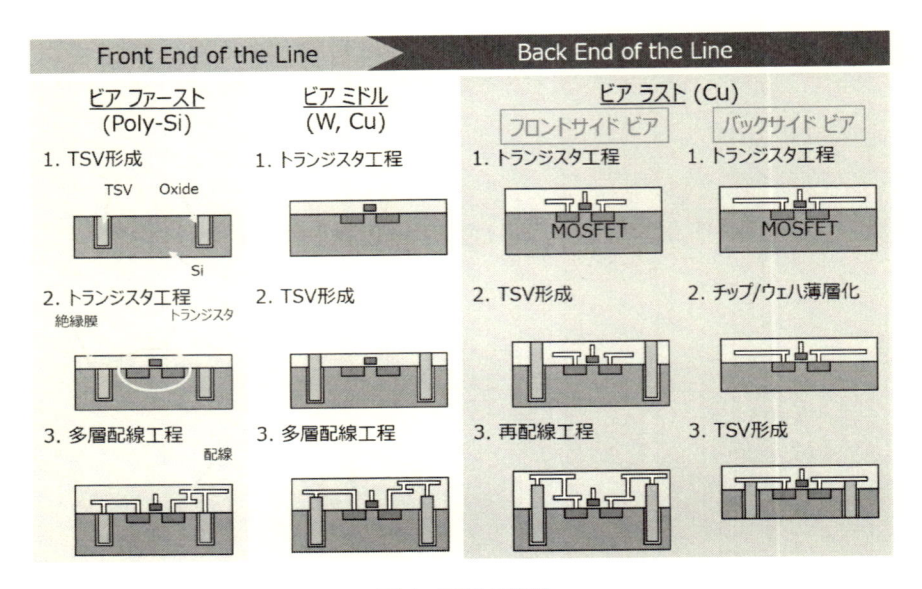

図4　TSV の種類

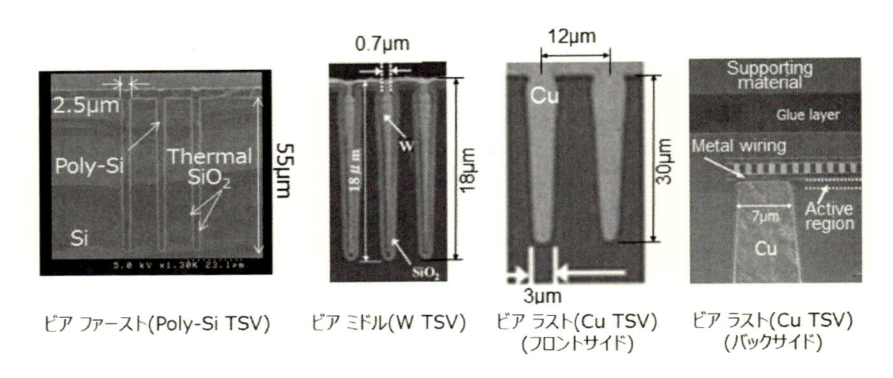

ビア ファースト(Poly-Si TSV)　ビア ミドル(W TSV)　ビア ラスト(Cu TSV)(フロントサイド)　ビア ラスト(Cu TSV)(バックサイド)

図5　東北大学で試作した種々の TSV の断面写真

アに分かれる。これらはそれぞれ特徴があり，アプリケーションに応じて使い分けられている。実際に試作した3種の TSV を図5に示す。TSV の材料は様々であり，主に形成のタイミングによって使い分けられている。Poly-Si は高い抵抗値を有しているが，アスペクト比の高いビアへの充填が容易であり，耐熱温度が高いため高温プロセスが必要となるトランジスタ工程前に TSV が形成されるビアファーストプロセスで用いられる。W も比較的耐熱温度が高く，化学気相堆積法（Chemical Vapor Deposition：CVD）による堆積方法も成熟しておりビアミドルプロセスを中心に用いられている。Cu は金属の中でも抵抗値が低く，めっきプロセスにより CVD と比較して高速に堆積可能であるが，熱による Cu 原子の拡散が懸念されており，高温プロセスを必要としないビアラストプロセスに用いられる。

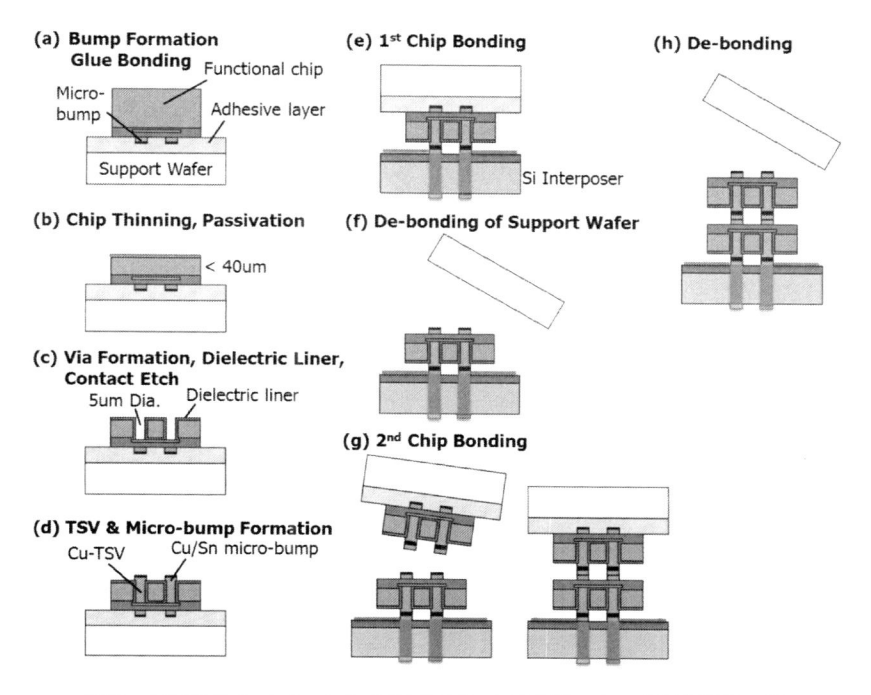

図6　ビアラスト／バックサイドビアプロセスを用いた三次元集積化工程

　ここではビアラスト／バックサイドビアプロセスを例に三次元集積化プロセスを説明する。図6にビアラスト／バックサイドビアプロセスを用いた三次元集積化プロセスを示す。ビアラストプロセスでは良品チップのみを選別できるため高い歩留まりが期待できる。また，一般に前工程と呼ばれるトランジスタおよび配線工程終了後に TSV 形成を行うため，前工程に関するラインを有していないメーカーも TSV を形成することが可能であり，参入のため敷居が低いことも特徴である。はじめに TSV を形成したいチップもしくはウェハを支持基板に貼り付ける。これはチップ／ウェハを薄層化した際に支持基板に貼り付けておくことでハンドリングを容易にするためである。支持基板にチップ／ウェハを貼り付けた後はチップ／ウェハを機械研磨および化学機械研磨（Chemical Mechanical Polishing：CMP）により薄層化を行う。その後，絶縁膜を堆積させビアを形成する。このビア側壁に絶縁膜を堆積させ，めっきプロセスにより Cu を充填させることで TSV が完成する。その後，チップ間の電気的接続を行うための金属マイクロバンプを形成し，積層したい基板（例えば Si インターポーザー）と接合する。そして支持基板と剥がすことで2層積層の三次元集積化が完了する。この工程を繰り返すことで複数積層の三次元集積化が完成する。このように専用ラインで作製された各チップを1つのパッケージに集約するという SiP の概念を踏襲しつつ，TSV を用いることで高密度かつ低抵抗な配線によりチップ間の大量高密度な電気的接続を可能にする三次元集積化技術はこれからの情報化社会を支える主要技術になると期待されている。

3　三次元集積化技術の課題―局所曲げ応力―

　三次元集積化技術は異種機能チップの集積方法として優れた技術である。しかしながら，市場へ普及させるためにはいくつかの課題がある。例えば，TSV を含めた設計環境の構築，動作発熱の放熱，TSV 形成コストの低減，三次元集積化デバイス内に発生する機械的応力の抑制などがあげられる[7~9]。本節では三次元集積デバイス内に発生する機械応力について，特にアンダーフィルと呼ばれるチップ間を充填する接着剤と金属マイクロバンプの熱膨張係数（Coefficient of Thermal Expansion：CTE）の差によって生じる局所曲げ応力について解説する。

3.1　アンダーフィルの硬化により発生する局所曲げ応力

　三次元集積化されたチップ間には機械的強度とマイクロバンプ間の絶縁性を向上させるため，アンダーフィルと呼ばれる有機系接着剤が充填されている。アンダーフィルにはエポキシ樹脂が用いられ，三次元集積化デバイスに限らず電子デバイス実装時のアンダーフィル材および封止材料としても広く用いられている。通常，エポキシ樹脂は硬化のために加熱工程を必要とする。例えば150℃で硬化されたエポキシ樹脂は CTE に従って室温に戻るまで収縮する。一方，チップ間には電気的接続を行うための金属マイクロバンプも存在しており，金属マイクロバンプもエポキシ樹脂硬化の際には硬化温度から室温に戻るまで CTE に従って収縮する。図7に理想的な三次元集積化デバイスと CTE の差を考慮した三次元集積化デバイスの断面模式図を示す。一般にエポキシ樹脂の CTE は約 100 ppm/K であり，金属の CTE である 10~20 ppm/K と比較すると相当高い。そのため，アンダーフィルは金属マイクロバンプと比較して硬化温度から室温に戻るまでの間に相当な収縮が生じる。この収縮により図7に示す様にチップないしはウェハにアンダーフィルの収縮による力を受ける。三次元集積化されているチップ／ウェハは 50 µm 以下まで薄層化されているため僅かな力で容易に変形する。以上から，図7（右）に示すように薄層化されたチップ／ウェハには局所的な曲げ応力が印加される。この応力により Si に歪みが生じ，トランジスタなどのデバイス特性に変動が生じることが懸念される。このアンダーフィルと金属マイクロバンプによる応力の影響は世界中の研究機関により調査および報告がなされてい

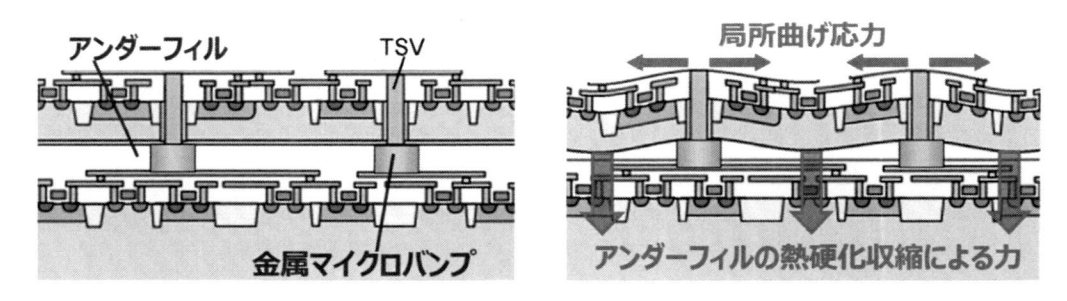

図7　理想的（左）および CTE の差を考慮した（右）三次元集積化デバイスの断面模式図

る[10~12]。

　アンダーフィルとマイクロバンプの CTE の差の三次元集積化デバイスへの影響を評価するため，実際の三次元集積化デバイスと同等の構造を作製した。図8に実際に試作した三次元集積化デバイスの模擬構造を示す。実際の構造と同様に基板と薄層化チップはアンダーフィルとマイクロバンプで接続された構造となっている。チップの厚さは 35 μm，マイクロバンプの奥行，幅，高さは全て 20 μm であり，アンダーフィルの硬化温度は 180℃ である。このデバイスの表面形状を白色干渉計で測定した結果を図9（左）に示す。測定した試料のマイクロバンプピッチは 500 μm である。おおよそ ±400 nm の凹凸が生じていることが分かる。また，変形量の薄層化チップ／ウェハの膜厚やバンプピッチの依存性を図9（右）に示す。バンプピッチが縮小されることで変形量は抑制されており，また，積層されるチップ／ウェハ膜厚が薄くなることで変形量が増大していることが分かる。つまり，三次元集積化技術のスケーリングを行う際，可能な限り積層デバイスの膜厚は維持したまま，バンプピッチを狭くすることで曲げ応力の影響を抑制できることを示唆している。

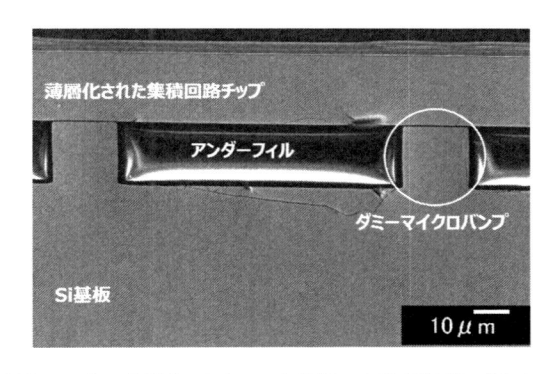

図8　実際の三次元集積化デバイスを模擬した評価試料の断面 SEM 写真

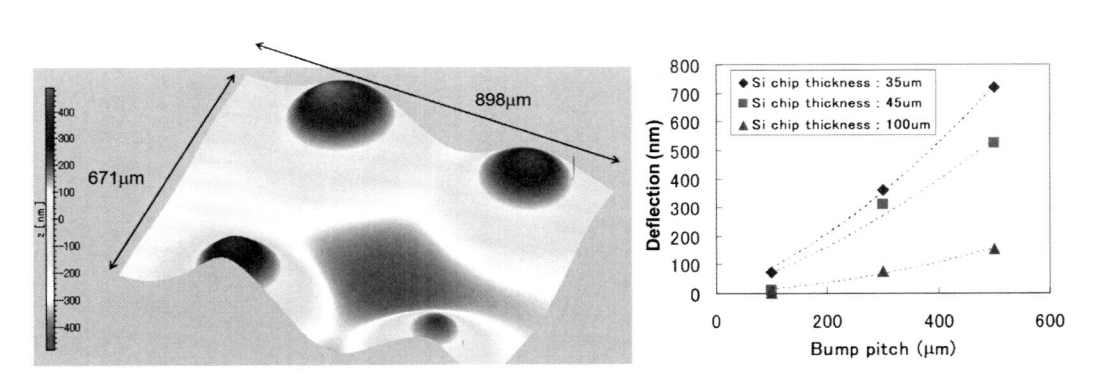

図9　白色干渉計による表面形状測定結果（左）と薄層化チップ変形量へのバンプピッチおよびチップ膜厚の依存性（右）

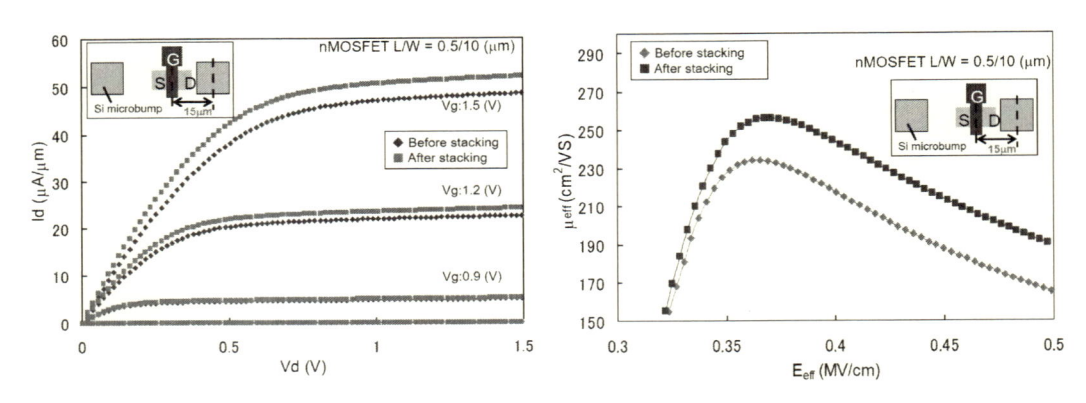

図10　積層工程前後におけるトランジスタのドレイン電流－ドレイン電圧特性（左）と移動度特性（右）

　次にトランジスタの電気特性を測定することでCTEの差によって生じる曲げ応力が電子デバイスに及ぼす影響を評価した。図10に積層工程前後でのトランジスタの電気特性を示す。トランジスタはN型の電界効果型トランジスタ（Metal Oxide Semiconductor Field-Effect Transistor：MOSFET）を用いた。MOSFETはバンプ中心から電流の流れる向きに$15\,\mu$mの場所に設置している。マイクロバンプのピッチは$50\,\mu$mであり，MOSFETを設置した場所は電流の流れる向きに引張応力が印加される場所である。図10（左）にはドレイン電流－ドレイン電圧特性を示しているが，積層工程の前後で約7%の電流値増加が見られた。N型MOSFETのキャリアは電子であり，単結晶Si中での電子移動度は引張ひずみにより増大し，圧縮ひずみにより減少することが知られている[13]。そこで電子移動度の積層工程前後での変化を測定した。測定結果を図10（右）に示す。$0.5\,\mathrm{MV/cm}$の実効電界においては約14%の電子移動度の増加が観察された。以上から，アンダーフィルとマイクロバンプのCTEの差によりMOSFETの電気特性に変動が発生することが示された。この電流値変化は非常に大きな変化量であり，三次元集積化デバイスの信頼性を向上させるためにも，CTEの差を抑制する必要がある。

3.2　回路の動作発熱により発生する局所曲げ応力

　前項ではアンダーフィルの硬化時に硬化温度から室温に戻る際に生じる曲げ応力の影響を紹介した。本項では電子デバイスの動作時の発熱によるアンダーフィルの膨張の影響を紹介する。集積回路は動作時に熱を発生する。実際に一般的なPCにおいてもプロセッサやメモリは40℃～60℃付近で動作しており，動作負荷がかかったときには80℃を超えることもある。特に三次元集積化デバイスは蓄熱しやすい構造となっており，放熱も課題の一つである。さらに，回路動作によって生じた熱はアンダーフィルと金属マイクロバンプを膨張させる。アンダーフィルは金属マイクロバンプよりCTEが高いため，金属マイクロバンプよりも膨張し，図11に示すように前節とは逆向きに曲げ応力を発生させる恐れがある[14]。そこで図8の試料を23℃および50℃環境下に設置し，その電気特性を評価した。図12はトランジスタのドレイン電流の23℃および

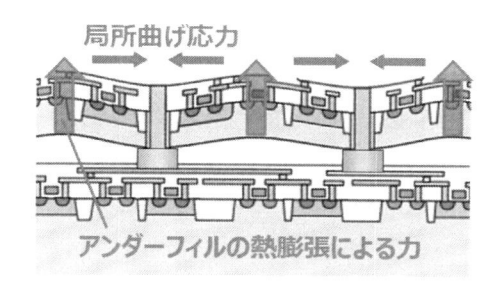

図 11　回路動作の発熱によるアンダーフィルの
膨張に起因した局所曲げ応力

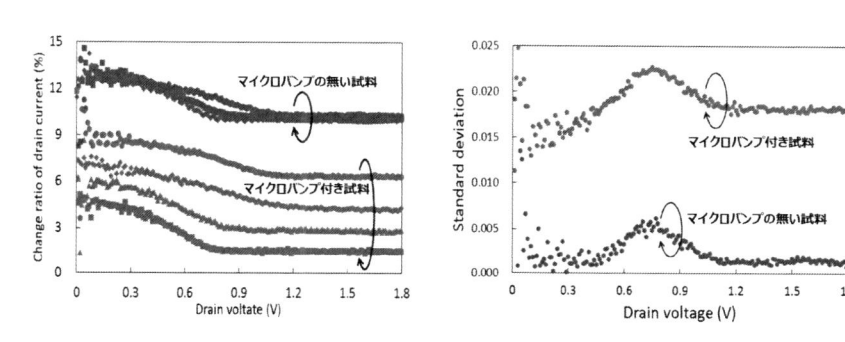

図 12　熱によるドレイン電流の変化率（左）と複数のトランジスタ間のドレイン
電流変化率の標準偏差（右）

50℃間での変化率とその標準偏差を示している。また，参考としてマイクロバンプを用いることなくアンダーフィルのみで接合した試料の特性も測定した。図 12（左）において，マイクロバンプの無い試料では大きな変化率を示しているが，これは一般的な熱によるキャリア移動度変化の影響であり，応力の影響は受けていない。一方でマイクロバンプを有する試料では熱による影響に加え，応力の影響によりドレイン電流の変化率は全体的に低いが，素子ごとにばらついていることを確認できる。これは発熱により発生する応力が場所によって異なるためである。図 12（右）は変化率の標準偏差を示しており，バンプを有する試料では特性に大きなバラツキが生じていることを確認できる。このように，発熱環境下においてはアンダーフィルとマイクロバンプの組み合わせは素子特性に大きなバラツキをもたらすことが判明した。

4　負の熱膨張係数を有するアンダーフィル用フィラーによる
　　局所曲げ応力の低減

　三次元集積化デバイスにおいてアンダーフィルとマイクロバンプの CTE の差は大きなバラツキを含む特性変動を与えることが分かった。この特性変動を抑制するにはアンダーフィルとマイ

クロバンプ間の CTE の差を低減させる必要がある。一般にアンダーフィルとして用いられるエポキシ樹脂の CTE を低減させるにはフィラーと呼ばれる CTE の低い微小粒子をエポキシ樹脂に混ぜ込むことで材料全体の CTE を低減させる。フィラー密度を上げることで CTE を大きく低減させることは可能であるが，材料全体の粘度が上昇する。一般にアンダーフィルは毛管力によって注入されることが多いが，三次元集積化デバイスのチップ積層間隔は大よそ数十 μm であり，マイクロバンプの間隔も狭いことから粘度が高いと空隙が生じる恐れがある。また，三次元集積化デバイスのように非常に狭い領域にアンダーフィルを充填する場合，フィラー粒径は 10 μm 以下が望まれる。しかしながら，フィラーの粒径が小さくなるほどフィラーとエポキシ樹脂の接触面積が増大するため，粘度も増大する。そのため，低いフィラー密度による低い粘度を維持しながらも CTE を大幅に抑制する必要がある。そこで我々は負の CTE を有する材料をアンダーフィルのフィラーとして用いることで従来のフィラーと比較して低いフィラー密度ながらも高い熱膨張抑制の実現を試みた。本節では高い負の熱膨張率を有し，添加する材料の組成比により負の熱膨張を示す温度域が制御可能で，熱履歴が非常に少ない窒化マンガン系の材料をフィラーとして用いた三次元集積化デバイス用アンダーフィルの特性を紹介する[15〜17]。

4. 1 シミュレーションによる評価

負の膨張係数を有する材料は全温度領域で負の熱膨張を示すわけではなく，特定の温度域でのみ負の熱膨張を示す[15,16]。そのため，負の CTE を有する材料をアンダーフィルのフィラーとして用いるためには正の CTE も考慮する必要がある。そこでまず有限要素法を用いたシミュレーションにより負の CTE を有する材料のフィラーとしての効果を評価した。シミュレーションに用いたモデルを図 13 に示す。負の CTE を有する材料として調整された窒化マンガンは65℃〜100℃で−45 ppm/K の膨張係数を有する条件とした。また，比較として一般的にフィラーとしてよく用いられている SiO_2 も合わせて評価した。SiO_2 と比較し，窒化マンガンは高いヤング率を有している。ヤング率が低い場合，膨張を抑制する力が弱くなるため，十分な熱膨張抑制を行うことが不可能となる。その点でも窒化マンガンは熱膨張抑制に適した材料と考えられる。シミュレーション結果を図 14 に示す。図 14（左）はフィラー密度を 21.6% における CTE の温度依存性を示している。70℃から 80℃にかけて CTE が急上昇しているが，これは母材であるエポキシのガラス転移点である 75℃を超えたため，エポキシの CTE が急上昇したためである。窒化マンガンが正の熱膨張を示す 65℃以下では SiO_2 とほぼ同等の CTE を示しているが，負の熱膨張を示す 65℃以上では SiO_2 と比較してエポキシ樹脂の熱膨張をより抑制していくことが分かる。図 14（右）は 70℃における CTE のフィラー密度依存性を示している。SiO_2 と比較すると，窒化マンガンは効率よくエポキシ樹脂の熱膨張を抑制可能であることが分かる。以上から，負の CTE を有する材料は負の熱膨張を示す温度域においては非常に効率よく熱膨張を抑制可能であることが判明した。負の熱膨張を示す温度域を広げることが今後の課題と考えられる。

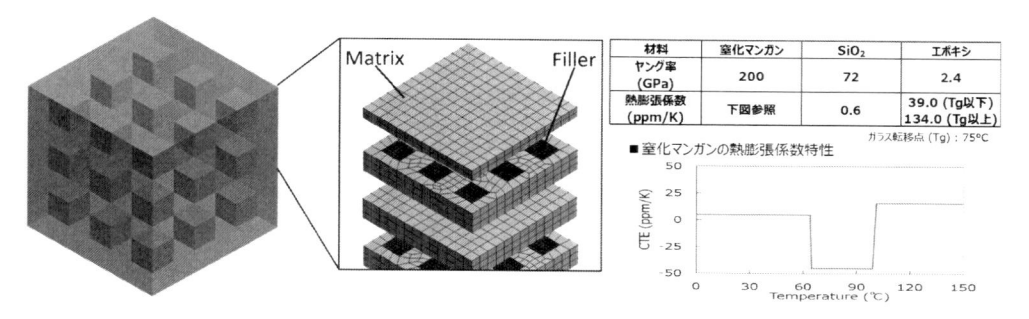

図13　CTE の影響評価のためのシミュレーションモデルとパラメータ

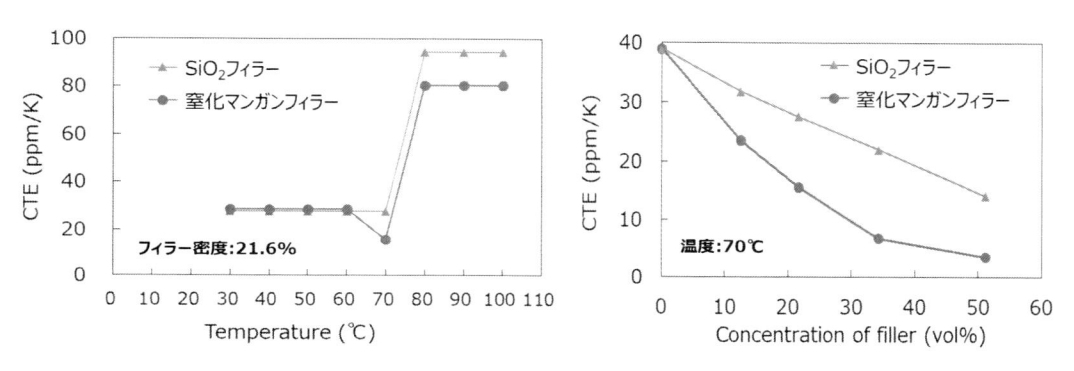

図14　CTE の影響評価シミュレーションの結果

4.2　三次元集積化時の曲げ特性評価

　シミュレーション結果を基に実際の三次元集積化デバイスにおいて負のCTEを有するフィラーの有効性を評価した。図8と同等の試料を用いて評価を行った。ただし，マイクロバンプは幅20 μm，奥行き10 mm，高さ20 μm，ピッチ500 μmである。アンダーフィルとして，窒化マンガンフィラーを 12.5 vol%含有するエポキシ樹脂，SiO₂ を 18.0 vol%含有するエポキシ樹脂，フィラーを含まないエポキシ樹脂の3種類を用いた。窒化マンガンフィラーの平均粒径は6 μmであり，SiO₂ フィラーの平均粒径は4 μm である。今回はエポキシ樹脂の硬化温度である 120℃から室温までの温度変化によるアンダーフィルの収縮に起因した薄化 Si チップの曲がり量によりフィラーの効果を評価した。評価結果を図15に示す。窒化マンガンフィラーを用いた場合，SiO₂ フィラーと比較して密度が低いに関わらず薄層化 Si チップの曲がりをより抑制出来ていることが分かる。以上から負のCTEを有する窒化マンガンフィラーはCTEの差によって生じる局所曲げ応力の抑制に非常に有望な材料であると言える。これは三次元集積化デバイスに限らず一般的な電子デバイス実装においても同様である。

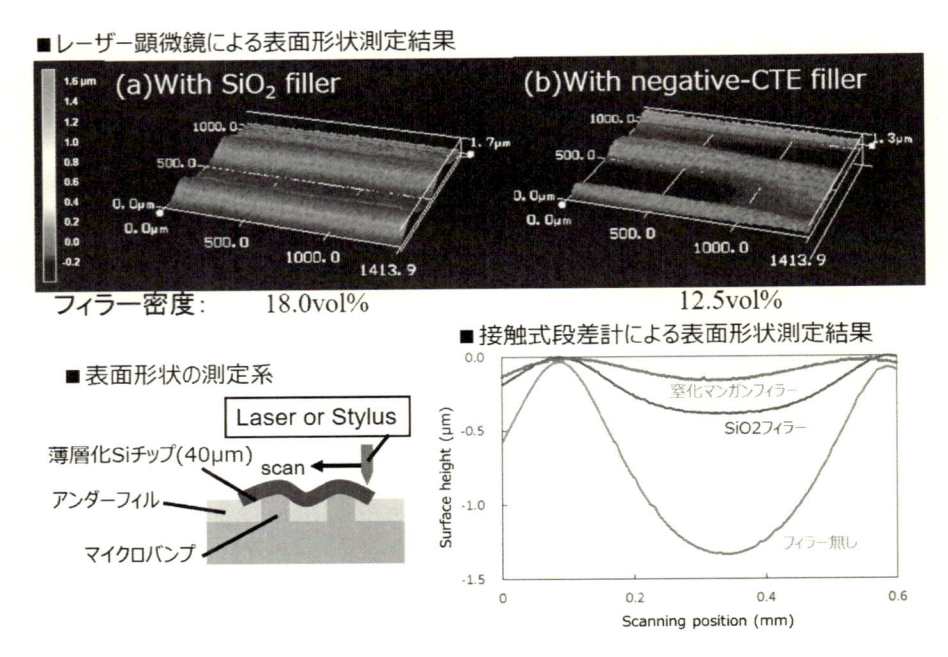

図15　窒化マンガンフィラーによる局所曲げ応力の抑制効果評価

5　まとめ

　本章では電子デバイスの開発指針として，異種機能統合化の有望性を述べた。異種機能の統合方法として SiP および三次元集積化技術を説明した。三次元集積化技術は SiP と比較して優れた性能を有している。また，三次元集積化技術の解決すべき課題の１つとしてアンダーフィルと金属マイクロバンプの CTE の差によって生じる局所曲げ応力について詳説した。局所曲げ応力が発生する要因としてアンダーフィルの硬化温度から室温までの温度変化と，デバイスの動作発熱による温度変化についてその影響を紹介した。これらの局所曲げ応力を抑制するには材料間の CTE の差を低減させる必要があり，三次元集積化デバイスにおいては従来用いられてきたフィラーでは十分な熱膨張の抑制が困難である。そこで，負の CTE を有する材料に着目し，シミュレーションと実験により負の CTE を有する材料の有用性を示した。今回用いた窒化マンガン系の材料は一般にフィラーとして用いられている SiO_2 と比較して高い熱伝導率を有している。そのため，三次元集積化の課題である蓄熱の問題に対しても有用と考えられる。今後は引き続き応力抑制に関する研究を行うと同時に，放熱特性に関する調査も行っていく予定である。

謝辞

　本章で紹介した成果は，東北大学未来科学技術共同研究センター・小柳光正教授，東北大学大学院工学研究科・福島誉史准教授，東北大学大学院医工学研究科及び工学研究科の田中（徹）研究室のスタッフ・学生・

卒業生の協力により得られたものであり，謝意を表します．また，本章で紹介した窒化マンガン系の材料は
㈱高純度化学研究所より提供いただいたものであり，深く感謝いたします．

文　　献

1) ITRS 2011 Edition（JEITA 訳）13 頁，図 5.

2) 原田　享，杉崎吉昭，田窪知章，"高密度実装技術，"東芝レビュー，**59**（8），26-30（2004）.

3) C.-F. Tseng, C.-S. Liu, C.-H. Wu, and D. Yu, "InFO（Wafer Level Integrated Fan-Out）Technology," *Pros. 2016 IEEE 66th Electric Components and Technology Conf.*, 1-6（2016）

4) T. Fukushima, H. Kikuchi, Y. Yamada, T. Konno, J. Liang, K. Sasaki, K. Inamura, T. Tanaka, and M. Koyanagi, "New Three-Dimensional Integration Technology Based on Reconfigured Wafer-on-Wafer Bonding Technique," *IEDM 2007 Tech. Dig.*, 985-988（2007）

5) M. Koyanag, "Roadblocks in Achieving Three-Dimensional LSI," *Proc. 8th Symp. Future Electron Devices*, 55-60（1989）

6) T. Tanaka, H. Kino, R. Nakazawa, K. Kiyoyama, H. Ohno, and M. Koyanagi, "Ultrafast Parallel Reconfiguration of 3D-Stacked Reconfigurable Spin Logic Chip with On-chip SPRAM（SPin-transfer torque RAM）," *Symp. VLSI Technology Dig. Tech. Pap.*, 169-170（2012）

7) C. S. Selvanayagam, J. H. Lau, X. Zhang, S. Seah, K. Vidyanathan, and T. C. Chai, "Nonlinear Thermal Stress/Strain Analyses of Copper Filled TSV（Through Silicon Via）and Their Flip-Chip Microbumps," *IEEE Trans. Adv. Packag.*, **32**, 720-728（2009）

8) S. K. Marella, and S. S. Sapatnekar, "A Holistic Analysis of Circuit Performance Variations in 3-D ICs With Thermal and TSV-Induced Stress Considerations," *IEEE Trans. Very Large Scale Integration*（VLSI）, **23**, 1308-1321（2015）

9) H. Kino, J.-C. Bea, M. Murugesan, K.-W. Lee, T. Fukushima, M. Koyanagi, and T. Tanaka, "Impacts of Static and Dynamic Local Bending of Thinned Si chip on MOSFET Performance in 3-D Stacked LSI," *Proc. 2013 63th Electric Components and Technology Conf.*, 360-365（2013）

10) 佐々木拓也，上田啓貴，三浦英生，"ピエゾ抵抗ひずみセンサを用いたフリップチップ実装構造内局所軸残留応力分布の測定，"エレクトロニクス実装学会誌，**12**（7），623-628（2009）

11) H. Kino, J.-C. Bea, M. Murugesan, K.-W. Lee, T. Fukusima, T. Tanaka, and M. Koyanagi, "Impacts of Microbump-Induced Local Bending Stress in 3D-LSI," *Ext. Abstr. 2011 Solid State Devices and Materials*, 52-53（2011）

12) V. Cherman, G. Van der Plas, J. De Vos, A. Ivankovic, M. Lofrano, V. Simons, M. Gonzalez, K. Vanstreels, T. Wang, R. Daily, W. Guo, G. Beyer, A. La Manna, I. De Wolf, E. Beyne,

"3D Stacking Induced Mechanical Stress Effects," *Proc. 2014 64th Electric Components and Technology Conf.*, 309-315 (2014)

13) 高木信一，"Si 系高移動度 MOS トランジスタ技術，"応用物理，**74** (9)，1158-1170 (2005)

14) H. Kino, H. Hashiguchi, S. Tanikawa, Y. Sugawara, S. Ikegaya, T. Fukushima, M. Koyanagi, and T. Tanaka, "Effect of local stress induced by thermal expansion of underfill in three-dimensional stacked IC," *Jpn. J. Appl. Phys.*, **55** (4S), 04EC03 (2016)

15) K. Takenaka, and H. Takagi, "Giant negative thermal expansion in Ge-doped anti-perovskite manganese nitrides," *Apl. Phys. Lett.*, **87**, 261902 (2005)

16) T. Hamad, and K. Takenaka, "Giant negative thermal expansion in antiperovskite manganese nitrides," *J. Appl. Phys.*, **109**, 07E309 (2011)

17) H. Kino, T. Fukushima, and T. Tanaka, "Remarkable Suppression of Local Stress in 3D IC by Manganese Nitride-Based Filler with Large Negative CTE," *Proc. 2017 67th Electric Components and Technology Conf.*, 1523-1528 (2017)

第17章　電子デバイス向け樹脂複合材料の熱膨張制御

佐々木　拓*

1　樹脂材料における熱膨張制御の必要性

　CPU，画像処理チップ，大規模集積回路（LSI）等のパワーデバイスに用いられる半導体素子や，液晶，プラズマディスプレイ（PDP），発光ダイオード（LED），有機EL素子等の発光素子を有する電子部品，及び，それを備えた電子デバイスなどでは，小型化や電子回路の高集積化が加速度的に進んでおり，その際に金属など無機材料ではなし得ない加工性の高さ，コストメリットなどの観点から樹脂材料が構成部材として広く一般的に用いられている。

　樹脂材料と一言で言えども，半導体素子向けだけでもボンディング材，モールド材，アンダーフィル材など液状形態で供給されるものから，レジストドライフィルム，ビルドアップフィルムといったフィルム形態など成型体として供給されるものまで千差万別であり，その樹脂自体もエポキシ樹脂，ポリイミド樹脂，シリコーン樹脂など多岐にわたっている[1]。

　なお近年，これら電子デバイスの小型化／高集積化に伴い素子からの発熱量も飛躍的に増加しており，その結果，素子の劣化や性能の低下，さらには電子デバイスの機能障害の発生が問題となっている。特に熱伝導率の低い樹脂材料及びその周辺では影響は顕著であり，例えば樹脂中に熱伝導材料（無機フィラーなど）を複合化させて放熱性を付与する「樹脂複合材料」とするなどの対策が取られている[2]。

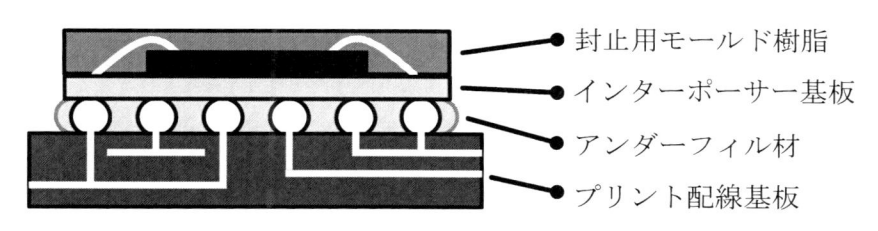

　封止用モールド樹脂
　インターポーザー基板
　アンダーフィル材
　プリント配線基板

図1　電子デバイス分野における樹脂材料の活用事例（BGA実装）

＊　Taku Sasaki　積水化学工業㈱　高機能プラスチックスカンパニー　開発研究所
　　　　先端技術センター　主任研究員

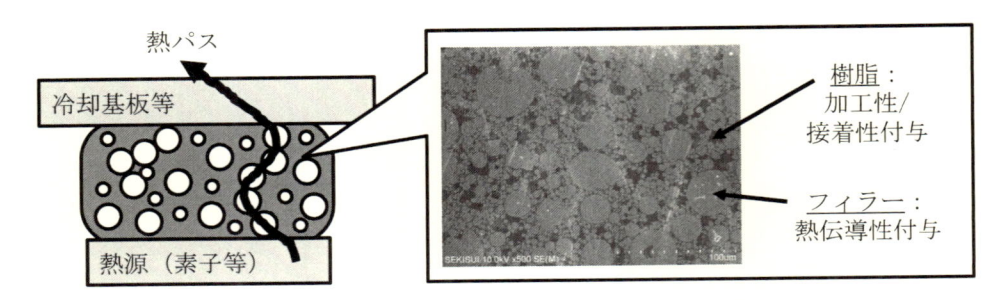

図2　半導体素子等における樹脂複合材料：熱伝導性樹脂複合材料

表1　各種材料の熱線膨張係数（数値は代表的報告値）

樹脂材料	熱線膨張係数 （ppm/℃）	その他材料	熱線膨張係数 （ppm/℃）
シリコーン樹脂	100～300	ステンレス鋼	17.3
ポリエチレン樹脂	70～150	銅	16.8
エポキシ樹脂	50～100	鉄	12.1
フェノール樹脂	45～70	グラファイト	5.5
ポリイミド樹脂	20～60	シリコン	2.4

　しかし放熱機能のみならず広義の熱マネージメントの観点からは，更に耐熱性，難燃性，寸法安定性なども樹脂材料に求められており，特に熱膨張による寸法変動は，μmスケールの極めて微細な寸法制御が求められる電子デバイス分野では素子破壊にも繋がりかねない為に確実な対策が求められている。

　樹脂材料の熱線膨張係数は総じて高く，素子の発熱に伴う熱膨張は周辺の無機材料からなる部材と比べ高くなる傾向がある。この熱線膨張係数の差異が即ち周辺部材との寸法変化の差に繋がり，接合部位の剥離や接合対象物への応力印加，しいては破壊を引き起こす原因となっている。更にフィルムなどの成型体においては加熱冷却に伴う反りなどの現象も生じ別の破壊モードも引き起こすことから，これら熱膨張による寸法変動を如何に周辺部材と合わせ込むかが電子デバイスの信頼性向上に繋がる大きな要因となっている。

　なお，樹脂材料においては特にTg（ガラス転移温度）を境に熱膨張の挙動が大きく異なることが知られている。素子からの発熱温度は小型化／高集積化に伴い一般的な樹脂材料のTg付近を上回ることも多々あり，Tg以下の領域（$\alpha1$）のみならずTg以上の領域（$\alpha2$）それぞれにおいても熱膨張制御が求められている。

　これらを受けて実際の製品開発においても電子デバイス向け構成材料はその信頼性を担保するために温度サイクル試験など様々な信頼性評価が求められており，その評価の中で熱膨張による不良解析なども多々行われている。

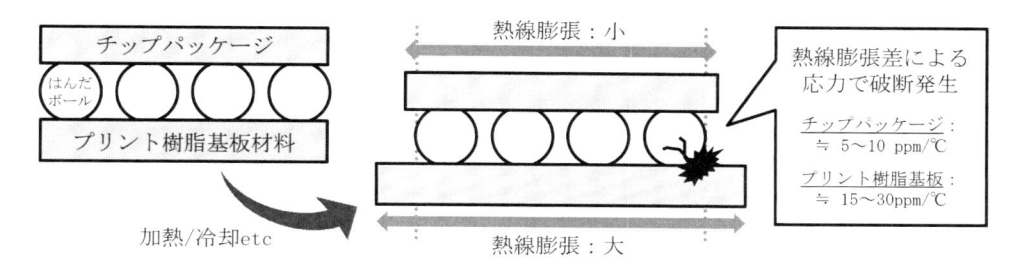

図3 熱線膨張差における半導体実装部位破壊の事例模式図

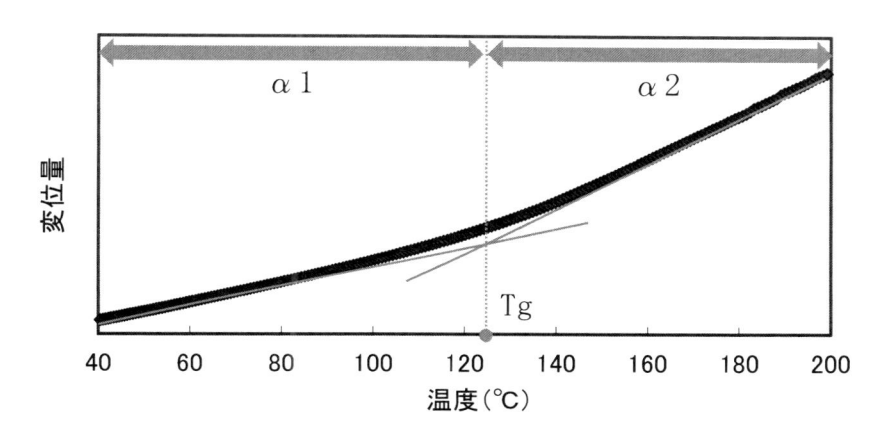

図4 樹脂材料における TMA 測定曲線（事例：エポキシ樹脂）

表2 電子デバイスの各種信頼性評価試験の例

信頼性評価試験	試験内容	条件例
高温保存	高温ストレス環境下に対する耐性	125℃ / 1000 h
低温保存	低温ストレス環境下に対する耐性	−55℃ / 1000 h
高温高湿バイアス	温度／湿度ストレス環境下に対する耐性	85℃ & 85% / 1000 h
温度サイクル	繰り返し温度変化に対する耐性	−55⇔125℃ / 700 cyc

　この様に電子デバイス向け樹脂材料においては熱膨張による不良発生が顕在化の一途を辿って
いることから，その対策が急務となっている。

2　実際の熱膨張制御のアプローチ

　そこで現在，電子デバイス向け樹脂材料の熱膨張を抑制／制御するために様々なアプローチが
試みられている。大きく分けると樹脂の分子構造を緻密に制御することで樹脂自体の熱線膨張係

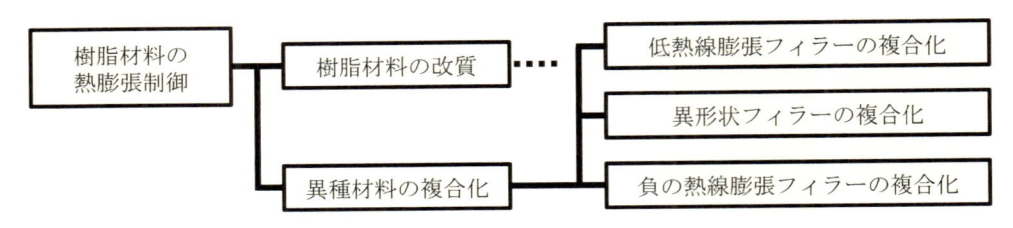

図5　樹脂材料の熱膨張制御に向けたアプローチ

数を低減させるアプローチと，樹脂中に熱膨張を抑制するフィラーを添加するアプローチが挙げられる。

　樹脂の分子構造を制御するアプローチとしては，例えば架橋点を有する三次元高分子構造を制御する，剛直な骨格を導入するなどが挙げられる[3]。

　対してフィラーを添加するアプローチでは，それ自体の熱線膨張係数が低いもの，フィラーが樹脂中でネットワーク構造を形成しあたかも骨格の如く熱膨張を抑えるもの，そしてフィラー自体がマイナスの熱線膨張係数を有するものなど多岐にわたる。

　ここでは特に大きな熱膨張制御効果が期待できるフィラー複合化によるアプローチに関して，いくつかの代表的事例を紹介する。

2.1　シリカフィラー

　シリカ（二酸化ケイ素）は熱線膨張係数が低く，他にも硬度や靭性といった物性改質から粘度調整といった成形性改善に至るまで，フィラーとしては安価な値段も後押しして広く一般的に用いられている材料になる。

　シリカ単体を材料として見ると，非晶質シリカなどは 0.5 ppm/℃ 程度と低い熱線膨張係数を有しており，これをフィラーとして樹脂中に複合化させることで熱膨張抑制効果が得られることが多数報告されている。

　しかしながら図6の様に熱膨張を抑制するためには数十％以上ものフィラー複合化する必要があり，樹脂材料としての必要特性や成型加工性などを阻害するために別アプローチとの併用などが必要とされる。

2.2　ナノファイバー／ナノチューブフィラー

　またフィラーの材料特性のみならず，その形状や分散形態を制御することで優れた特性改善効果を発現する手法も提案されている。熱膨張制御に関してもセルロースナノファイバー[4]やカーボンナノチューブといった高アスペクト形状の材料をネットワーク状に均一分散させることで，数％程度の微量添加ながらも良好な熱膨張制御が期待できるとして研究が進められている。

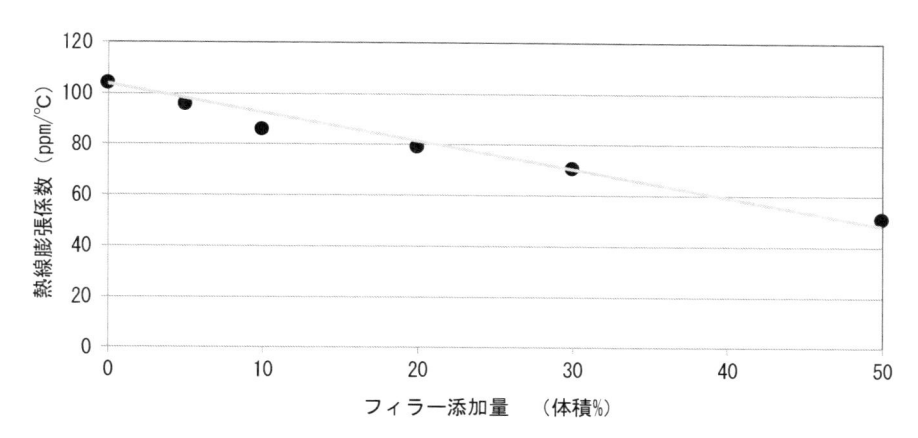

図 6　エポキシ樹脂／溶融シリカフィラー複合材料の熱線膨張係数

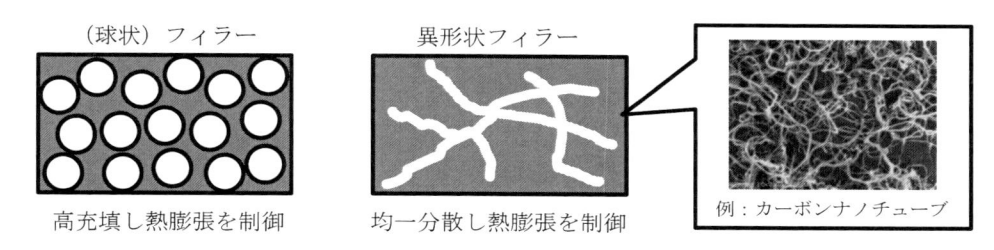

図 7　一般的な球状フィラーと異形状フィラーでの複合化形態の違い

表 3　負熱線膨張係数を有する材料[8]

負線膨張材料	熱線膨張係数 （ppm/℃）	文献
ZrW_2O_8	−9	Mary（1996）
$Mn_3Ga_{0.7}Ge_{0.3}N_{0.88}C_{0.12}$	−18	Takenaka（2005）
$MnCo_{0.98}Cr_{0.02}Ge$	−52	Zhao（2015）
$Bi_{0.95}La_{0.05}NiO_3$	−82	Azuma（2011）
$CaRuO_{3.74}$	−115	Takenaka（2017）

2.3　負線膨張フィラー

　そしてもっとも注目を浴びているのがマイナスの熱線膨張係数を有する無機材料をフィラー化した負線膨張フィラーである。これまでにもマイナスの熱線膨張係数を有する材料は提唱されてきた[5]が，フィラー化し複合化したとしても樹脂材料の大きな熱線膨張係数を抑制するには至らず実用化は困難とされてきた。しかし近年，巨大負熱線膨張係数を有するマンガン窒化物の発見[6]を始め，東ら[7]による四重ペロブスカイト酸化物，そして竹中ら[8]による層状ルテニウム酸化

物といった，－100 ppm/℃を超えるような極めて巨大な負熱線膨張係数を有する材料が次々と発見されている。

　詳細は本書他章を参照されたいが，これら材料をフィラー状に加工し樹脂材料と複合化することで熱膨張を完全に相殺するゼロ熱線膨張化の報告[9]も成されており，今後の電子デバイス向け樹脂材料における熱膨張制御の中心技術に成っていくと思われる。

3　熱膨張制御フィラー複合化時における課題

　このような樹脂材料への熱膨張制御フィラーの複合化は大きな熱膨張抑制効果が期待できるが，反面，フィラーとしての設計や複合化の形態制御をはじめ，電子デバイス向け樹脂複合材料として製品設計を考えた際に様々な課題が存在しており，これらを解決してこそ理想的な熱膨張制御が達成できると言える。

　そこでフィラー複合化の際に考慮すべき課題の中でも代表的なものをいくつか列挙する。

3.1　フィラーの電気的特性・誘電的特性

　用途や用いる部位によっても変わってくるが，一般的に電子デバイス向け樹脂複合材料は周辺の配線部材へのリークなどを防ぐために絶縁性であることが求められる。通常，樹脂材料は絶縁性のものが多いが，熱膨張抑制の為に電気伝導性を有するフィラーを用いた場合は同様に樹脂複合材料としても導電性を有しやすい。フィラーの分散状態を制御し表面へフィラーが露出しないようにする，またフィラー自身を絶縁性被膜でコートする（コアシェル化）などの対策案が考えられるが，強力な電気的印加が掛かった際における破壊起点に成り得るなど懸念点も多く，絶縁性のフィラー活用が基本的に求められる。

　また，フィラー自身の誘電的特性も重要視されている。半導体素子などにおいては周辺に配線材料が合わさった形で樹脂複合材料も用いられるが，昨今の電子デバイスの高速駆動化などに

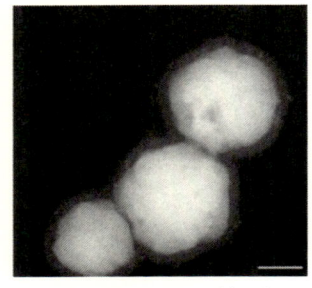 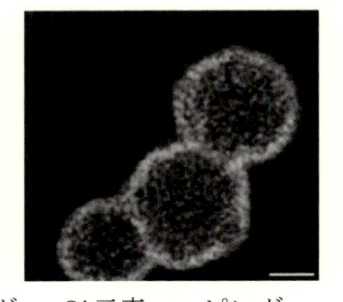

　　フィラー/SiO$_2$被覆　　フィラー構成元素マッピング　　Si元素マッピング

図8　フィラーに対する絶縁性被膜コート（SiO$_2$コアシェル化）

伴って信号通信は高周波化しているために周辺部材の誘電的特性に大きく影響を受ける。フィラーに対しても低誘電率，低誘電正接であることが併せて求められる。

3.2　フィラー／樹脂材料の比重差

　樹脂材料へフィラーを複合化する際のプロセスとしては，モノマー中へ分散させた後に重合し複合化するもの，加熱などで溶融した樹脂中へ直接分散させて複合化するもの，溶媒などで溶解した樹脂中へ分散させ脱溶媒することで複合化するもの，など様々な手法が考えられるが，総じて樹脂材料が液状である際にフィラーを分散複合化させ，その後液状のままで用いる場合や成型加工して樹脂複合材料とする形になる。

　その際に問題となってくるのが樹脂材料とフィラーの比重差である。樹脂材料の比重は $1.0\,\mathrm{g/cm^3}$ 以下から高くとも $2.0\,\mathrm{g/cm^3}$ 程度であるが，特に負線膨張フィラーの様な無機材料においては $5.0\,\mathrm{g/cm^3}$ をも超えるものもあり，分散中に即座に沈降してしまう懸念点がある。

　樹脂材料中で沈降したままであると，下部にはフィラーが高充填し上部には樹脂材料のみという傾斜構造を持つ樹脂複合材料となってしまい，樹脂複合材料の内部においても熱線膨張係数に差が生じてしまうなどフィラーを添加することが逆効果となってしまう恐れがある。

3.3　フィラーの形態

　サイズや形状といったフィラーの形態は極めて重要な因子であると考えられる。まず樹脂材料への分散複合化を考えると，$\mu\mathrm{m}$ スケールを超えるような粗大サイズのフィラーである場合は樹脂材料中で局所的にフィラーが存在している形となる。この場合，熱膨張抑制効果はフィラーの近傍のみでしか期待できず，逆にフィラーが近傍に存在しない領域では樹脂材料の熱線膨張係数のままの熱膨張が発生し，寸法変動に差異が生じるどころか内部応力の蓄積，材料破壊といった不良発生の原因に直結する形と成り得る。

　その為，樹脂材料中で均一に熱膨張抑制効果を発現させる為に，フィラーとしてはなるべく樹脂材料と接する界面面積が大きくなることが好ましく，結晶構造などは保持しつつ微細加工した

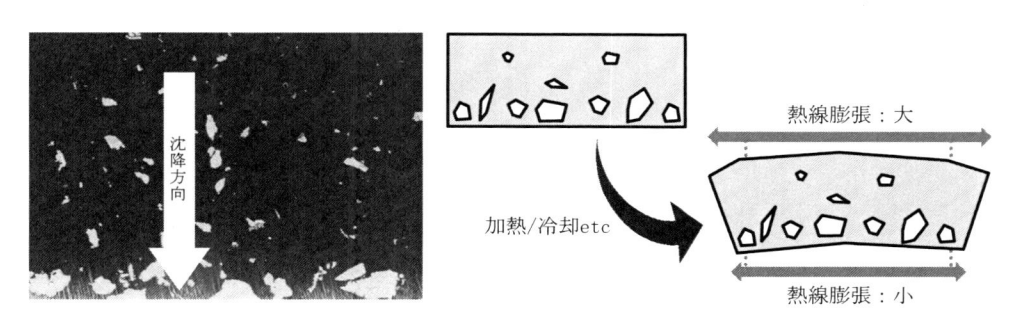

図9　フィラー複合体断面からみる沈降現象（樹脂／フィラーの比重差 ≒ $5.0\,\mathrm{g/cm^3}$）

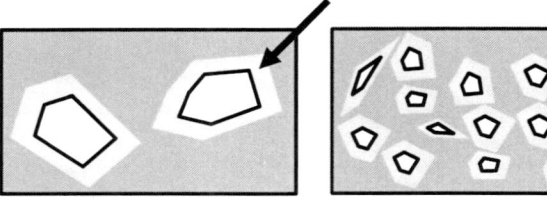

粗大フィラー複合化　　　　　　微細フィラー複合化　　　　　　超微細フィラー複合化

図10　微細化による均一熱膨張抑制効果の発現イメージ

フィラー粒子径：約50μm　　　フィラー粒子径：約5μm　　　フィラー粒子径：約0.5μm

図11　フィラーサイズ微細化における沈降抑制効果（図9と同一条件で断面観察）

ナノサイズのフィラーやナノファイバー／ナノチューブといった高比表面積異形状フィラーの活用が期待される。

　加えてナノサイズ化は前述の比重差による沈降対策にも効果が期待でき，粒径が小さくなることで流体抵抗の増加が生じ沈降しにくくなると考えられる。図11は同一のフィラーを粉砕加工により微細化した際における複合化断面の電子顕微鏡像になるが，粒径が小さくなるにつれて沈降が抑えられ，ナノサイズまで微細化したフィラーでは樹脂材料中に均一分散していることが見受けられる。

3.4　フィラーの表面状態

　更に樹脂材料との親和性，すなわちフィラーの表面が樹脂材料と如何に馴染んでいるかも熱膨張制御の効果発現に大きく影響している。フィラーと樹脂材料の親和性は低いと複合化プロセスにおける均一分散化が困難になるばかりでなく，熱膨張時においてフィラーと樹脂材料の界面にて局所的な熱線膨張係数差が生じる為に界面剥離が生じ，熱膨張制御の効果発現が困難になるのみならず，フィラーと樹脂材料の界面で微細な空隙が生じることにより強力な電気的印加が掛かった際における絶縁破壊点と成り，電子デバイス自体の信頼性低下につながることも危惧される。

　フィラー表面の官能基修飾，界面活性剤の吸着，シランカップリング処理など一般的なフィラーの表面処理手法は樹脂材料との親和性向上に効果的であるが，複合化させる樹脂材料に合わせた選定が必要である。

　これら考慮すべき課題はそれぞれ相関し合っており，互いに影響を及ぼさない様にフィラーを設計し，最適に樹脂中へ複合化させなければならない。負線膨張フィラーをはじめ，今後も様々なフィラー材料候補が発見されると期待できるが，樹脂材料への複合化を鑑みた際にはこれらの観点も加味した上で最適な材料設計を行っていく必要がある。

文　　　　献

1)　柳原光太郎，高分子，**22**，448（1973）
2)　金成克彦，高分子，**26**，557（1977）
3)　梶　正史，ネットワークポリマー，**32**，35（2011）
4)　太陽ホールディングス株式会社，https://www.taiyo-hd.co.jp
5)　C. N. Chu *et al.*, *Mater. Sci. Eng.*, **95**, 303（1987）
6)　K. Takenaka *et al.*, *Appl. Phys. Lett.*, **87**, 261902（2005）
7)　M. Azuma *et al.*, *Nat. Commun.*, **2**, 347（2011）
8)　竹中康司，セラミックス，**52**，584（2017）
9)　K. Nabetani *et al.*, *Appl. Phys. Lett.*, **106**, 061912（2015）

第18章　固体酸化物形燃料電池の空気極材料の熱膨張と結晶構造

—K$_2$NiF$_4$型酸化物の異方性熱膨張と等方性熱膨張の構造的要因—

八島正知[*]

1　はじめに

　固体酸化物形燃料電池（Solid Oxide Fuel Cells, SOFCs と略す）は電解質に固体酸化物を用いる燃料電池であり，発電効率が高い，多様な燃料を用いることができる，固体であるため任意の形状のデバイスを作製できるなどの特徴を持つため，新エネルギーの切り札であるといえる。電荷担体がイオンである無機固体をイオン伝導性セラミックスという。電荷担体の殆どがイオンである（イオンの輸率が1に近い）イオン伝導性セラミックスは狭義のイオン伝導体であり，SOFCs の電解質に用いられている。電荷担体がイオンと電子の両方であるイオン伝導性セラミックスをイオン-電子混合伝導体と呼ぶ。混合伝導体はSOFCs の空気極として用いられる。より低い動作温度において発電効率を向上させてSOFCs の製造コストを下げるためには，よりイオン伝導度が高い材料の開発が必要である[1〜5]。SOFCs の空気極として LaMnO$_3$ 系材料や LaCoO$_3$ 系材料などのペロブスカイト型酸化物が用いられてきた。空気極の新しい材料として最近 Pr$_2$NiO$_4$ 固溶体などの K$_2$NiF$_4$ 型構造（図1）を有する酸化物 A_2BO_4 が検討されている[6〜11]。ここで A_2BO_4 の A と B はそれぞれサイズが比較的大きな陽イオンと小さな陽イオンである。SOFCs では空気極と電解質の間の熱膨張係数の差が小さいことが熱応力による劣化を防ぐうえで望ましい。また，K$_2$NiF$_4$ 型酸化物には超伝導性など興味深い電気的性質あるいは磁気的性質を示す化合物も多く，基板として利用される K$_2$NiF$_4$ 型酸化物材料もある。K$_2$NiF$_4$ 型材料を製膜する際，あるいは基板として K$_2$NiF$_4$ 型酸化物を用いるときに，熱膨張係数の情報が重要である。エピタキシャル膜や単結晶基板を用いる際，また材料の熱応力による破壊を防ぐには，熱膨張の異方性に関する情報も重要である。本稿で扱う正方晶系空間群 $I4/mmm$ の K$_2$NiF$_4$ 型酸化物における熱膨張の異方性とは，a 軸に沿った熱膨張係数と c 軸に沿った熱膨張係数が異なることを意味する。

　K$_2$NiF$_4$ 型酸化物には，Sr$_2$TiO$_4$ など等方的な熱膨張を示す材料がある。一方，LaSrAlO$_4$ などの K$_2$NiF$_4$ 型酸化物の熱膨張は異方的である。熱膨張の異方性あるいは等方性がなぜ生じるかについて，原子レベルあるいは電子レベルでの原因はわかっていなかった。図1に示すように空間群 $I4/mmm$ の K$_2$NiF$_4$ 型 A_2BO_4 の格子定数 $a(T)$ および $c(T)$ は，原子間距離の関数で表すこ

＊　Masatomo Yashima　東京工業大学　理学院　化学系　教授

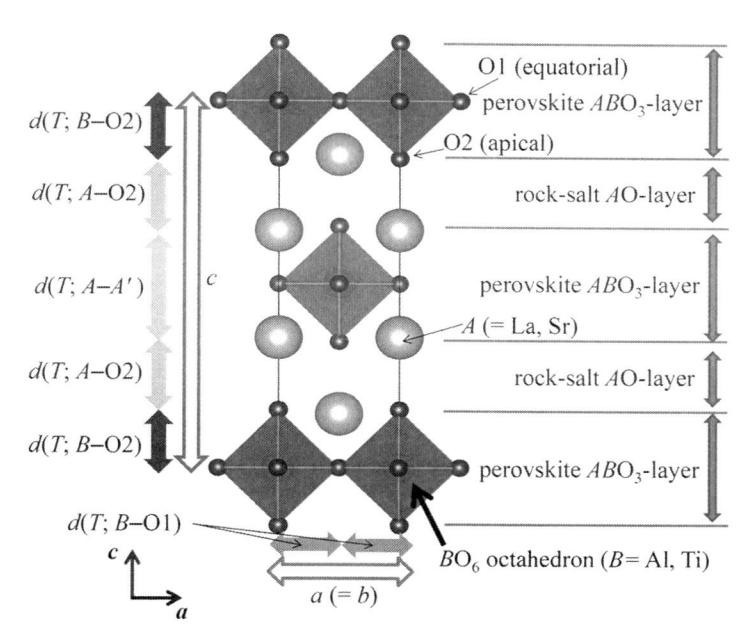

図1　K₂NiF₄型酸化物 A_2BO_4 の結晶構造
米国化学会の許諾を受けて文献14から複製。

とができる。ここで T は絶対温度である。すなわち

$$a(T) = 2d(T;B\text{-}O1)　式(1)$$
$$c(T) = 2d(T;B\text{-}O2) + 2d(T:A\text{-}O2) + d(T:A\text{-}A')　式(2)$$

の関係がある[12~14]。ここで O1 はエクアトリアル（equatorial：赤道面上の）酸素，O2 は頂点（apical）酸素を示す。したがって，格子定数の熱膨張の原因を原子レベルで調べるには，原子間距離の熱膨張を調べれば良い（式(6)，(7)および図5）。

　本稿の目的は，$CaYAlO_4$，$CaErAlO_4$ および $LaSrAlO_4$ の異方性熱膨張および Sr_2TiO_4 の等方性熱膨張の原因を原子レベルで調べるために，高温中性子回折法により，結晶構造，格子定数および原子間距離の温度依存性を調べた我々の研究[12~14]を解説することである。後述するように，K_2NiF_4 型 A_2BO_4 の熱膨張の異方性と等方性にとって重要なのは，B-O 結合の異方性あるいは等方性であることがわかる。そこで，本稿の二番目の目的は，B-O 結合の異方性あるいは等方性の原因を，B-O 結合長，電子密度分布ならびに結合原子価（Bond Valence）により明らかにした研究[12~14]を紹介することである。最後に結論を記すと共に，SOFCs の正極の候補材料である Pr_2NiO_4 系酸化物の熱膨張の異方性について論じる。

2 研究手法

　$CaYAlO_4$，$CaErAlO_4$，$LaSrAlO_4$ および Sr_2TiO_4 を固相反応法により合成した[12~14]。熱重量-示差熱分析を Ar 気流中で行ったところ，室温～1273 K の温度範囲で重量減少は殆ど見られず，酸素量と陽イオンの価数の温度変化は無視できる。原子間距離の温度依存性を調べるために中性子粉末回折実験を行った。オーストラリア原子力科学技術機構 ANSTO（Australian Nuclear Science and Technology Organization, Australia）の Bragg 研究所（現 オーストラリア中性子散乱センター：Australian Center for Neutron Scattering）の研究用原子炉 OPAL（Open Pool Australian Light water reactor）に設置してある粉末回折計 Echidna[15] を用いて，真空下（1.0×10^{-4} Pa），298～1273 K（200 K 毎）の温度範囲で中性子粉末回折データをその場測定した。中性子の波長は，1.6220 Å（$CaYAlO_4$，$CaErAlO_4$）または 1.62137 Å（$LaSrAlO_4$，Sr_2TiO_4）であった。得られたデータをリートベルト法（RIETAN-FP[16]）により解析した。Sr_2TiO_4 については，J-PARC の中性子粉末回折計 SuperHRPD[17]で室温～高温において中性子粉末回折データをその場測定した。プログラム Z-Code[18] により結晶構造を精密化した。

　電子密度分布を得るために SPring-8 のビームライン BL02B2[19] または BL19B2[20]にて透過法による放射光 X 線粉末回折実験を 300 K にて行った。検出器には，IP（イメージングプレート）が付いたデバイ-シェラーカメラを使った。測定には単色化された X 線が用いられ，波長は 0.39794 Å（$CaYAlO_4$，$CaErAlO_4$）または 0.399712 Å（$LaSrAlO_4$，Sr_2TiO_4）であった。得られたデータをリートベルト法（RIETAN-FP）により解析した後，最大エントロピー法（MEM；PRIMA[21]または Dysnomia[22]）により電子密度解析を行った。実験 MEM 電子密度が正しいことを確認するために，密度汎関数理論（DFT）に基づいた構造最適化を行い，最適化した構造について電子密度分布を計算した。プログラム VESTA[23] を用いて結晶構造および電子密度分布を描いた。

3 結果と考察 1：K_2NiF_4 型酸化物の格子定数の熱膨張と原子間距離の熱膨張の関係

　$CaYAlO_4$，$CaErAlO_4$，$LaSrAlO_4$ および Sr_2TiO_4 のすべての試料は 298 K～1273 K の温度領域全体にわたって，空間群 $I4/mmm$ の K_2NiF_4 型構造を有する正方単相であることがわかった[12~14]。熱重量（TG）分析により，$CaYAlO_4$，$CaErAlO_4$，$LaSrAlO_4$ および Sr_2TiO_4 のすべての試料は 298 K～1273 K の温度領域全体において有意な重量変化を示さなかった[12~14]。すなわち，酸素量および陽イオンの価数変化によるいわゆる化学膨張（chemical expansion）を含まない「真の」熱膨張を調べることができる。空間群 $I4/mmm$ の K_2NiF_4 型構造により $CaYAlO_4$，$CaErAlO_4$，$LaSrAlO_4$ および Sr_2TiO_4 の結晶構造を精密化した。例として図 2（a）に 1273 K における $LaSrAlO_4$ の中性子回折データのリートベルト解析図形を，図 2（b）に 300 K における

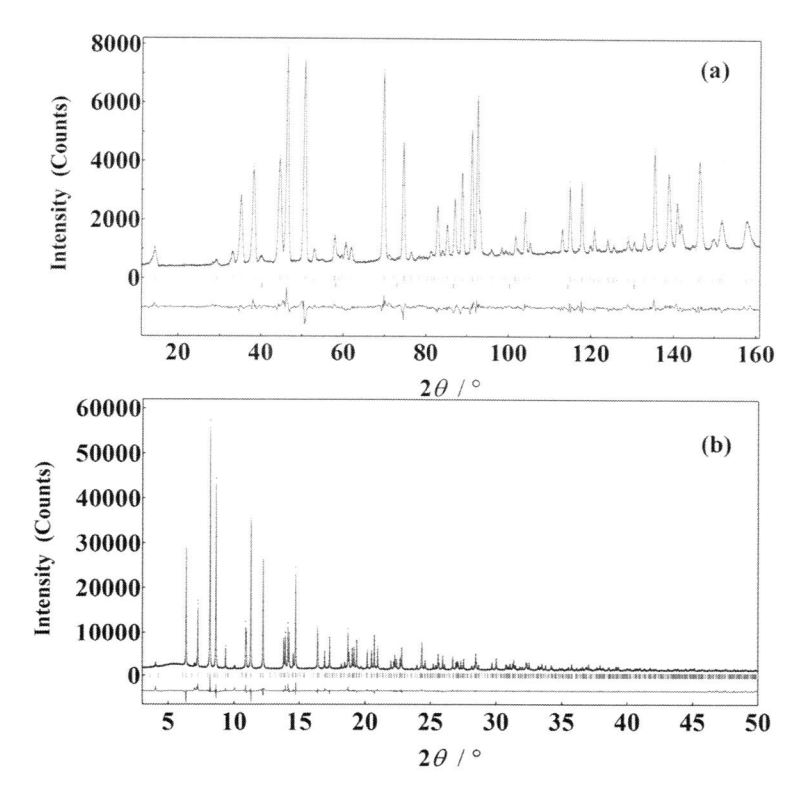

図2　(a) 1273 K で測定した LaSrAlO$_4$ の中性子粉末回折データのリートベルト図形,
(b) 300 K で測定した LaSrAlO$_4$ の放射光 X 線粉末回折データのリートベルト図形
米国化学会の許諾を受けて文献 14 から複製。

LaSrAlO$_4$ の放射光 X 線回折データのリートベルト解析図形を示す[14]。

　図1には精密化した結晶構造の一例を示す[14]。室温で回折装置 Echidna, SuperHRPD および iMATERIA により測定した中性子回折データを用いて精密化した結晶学パラメーターは, 300 K で測定した放射光 X 線回折データから求めたものと一致した。また, 文献値とも矛盾しない。LaSrAlO$_4$ と Sr$_2$TiO$_4$ の格子定数および原子変位パラメーターは温度と共に増加した。格子定数の熱膨張 $\Delta a / a_0$ および $\Delta c / c_0$ も温度と共に増加する（図3）[14]。熱膨張 $\Delta a / a_0$ および $\Delta c / c_0$ を次のように定義する。

$$\Delta a / a_0 = (a(T) - a(298)) / a(298)$$
$$\Delta c / c_0 = (c(T) - c(298)) / c(298)$$

ここで $a(T)$ と $c(T)$ は各々絶対温度 T における格子定数 a と c である。任意の温度において LaSrAlO$_4$ の $\Delta c / c_0$ は $\Delta a / a_0$ より高い（図3）[14]。一方, Sr$_2$TiO$_4$ の $\Delta c / c_0$ は $\Delta a / a_0$ と同程度である。298 K と 1273 K の間の a 軸長の平均熱膨張係数 α_a と c 軸長の平均熱膨張係数 α_c を以下の

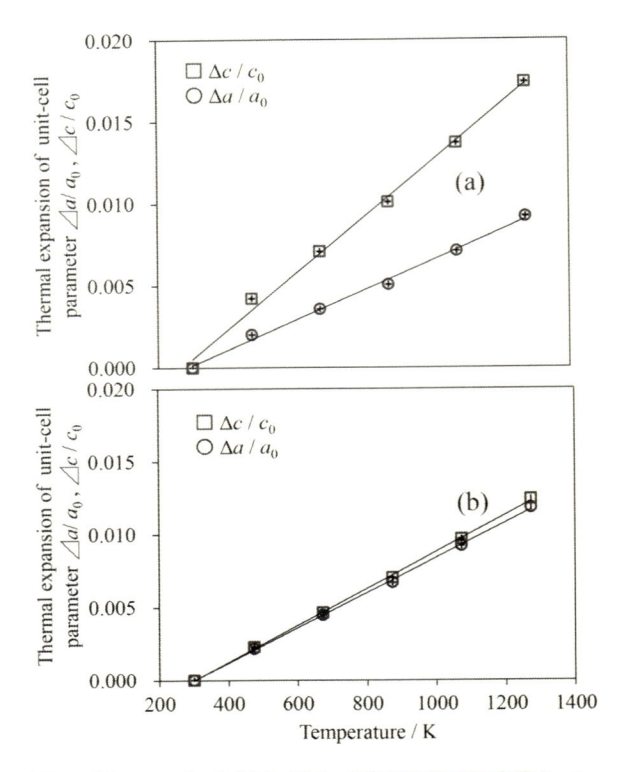

図3 (a) LaSrAlO₄ と(b) Sr₂TiO₄ の格子定数の熱膨張 Δa / a₀
およびΔc / c₀ の温度依存性
米国化学会の許諾を受けて文献 14 から複製。

式で定義する。

$$\alpha_a \equiv (a(1273) - a(298)) / a(298) / 975 \qquad \text{式(3)}$$

$$\alpha_c \equiv (c(1273) - c(298)) / c(298) / 975 \qquad \text{式(4)}$$

LaSrAlO₄ において，c 軸長の平均熱膨張係数 $[\alpha_c = 17.75(3) \times 10^{-6}\,\mathrm{K}^{-1}]$ は a 軸長の平均熱膨張係数 $[\alpha_a = 9.430(18) \times 10^{-6}\,\mathrm{K}^{-1}]$ の 1.882(4) 倍であり，熱膨張の異方性を示す。Sr₂TiO₄ において，c 軸長の平均熱膨張係数 $[\alpha_c = 12.70(4) \times 10^{-6}\,\mathrm{K}^{-1}]$ は a 軸長の平均熱膨張係数と同程度であり $[\alpha_a = 12.25(3) \times 10^{-6}\,\mathrm{K}^{-1}$，$\alpha_c = 1.037(4)\,\alpha_a]$，熱膨張は等方性を示す。ここで括弧内の数字は見積もった標準偏差 esd であり，例えば 12.70(4) では esd = 0.04 である。

次に，熱膨張の異方性および等方性の構造的要因を考察するために，LaSrAlO₄ と Sr₂TiO₄ の原子間距離の温度依存性を調べた[14]。考察を簡単にするために，数ある原子間距離のうち，a 軸もしくは c 軸に沿った 4 種の原子対 B-O1，B-O2，A-O2 および A-A' の原子間距離のみを調べた（A = La，Sr；B = Al，Ti）。格子定数はこの 4 種の原子間距離の関数となっている（式(1)，(2)）。

絶対温度 T と T_0 の間の原子 X と Y の間の原子間距離の熱膨張，

$$\Delta d(X\text{-}Y)\,/\,d_0(X\text{-}Y) \equiv [d(T:X\text{-}Y) - d(T_0:X\text{-}Y)]\,/\,d(T_0:X\text{-}Y)$$

は温度と共に増加した（図4）[14]。ここで，$d(T:X\text{-}Y)$ は絶対温度 T における原子 X と Y の間の距離である。$T_0 = 298\ \mathrm{K}$ から $T = 1273\ \mathrm{K}$ の間における原子間距離 $d(T:X\text{-}Y)$ の平均熱膨張係数 $\alpha(X\text{-}Y)$ を以下の式で定義する。

$$\alpha(X\text{-}Y) \equiv [d(T:X\text{-}Y) - d(T_0:X\text{-}Y)]\,/\,d(T_0:X\text{-}Y)\,/\,(T - T_0)$$
$$= [d(1273:X\text{-}Y) - d(298:X\text{-}Y)]\,/\,d(298:X\text{-}Y)\,/\,975$$

式(5)

以下では $T_0 = 298\ \mathrm{K}$ である。図4に示すように，$LaSrAlO_4$ と Sr_2TiO_4 では $B\text{-}O2$ の平均熱膨張係数に顕著な差があるが，他のものでは大きな差がないことがわかる。このことは $LaSrAlO_4$ の熱膨張の異方性，Sr_2TiO_4 の熱膨張の等方性を理解するうえで $B\text{-}O2$ 結合が重要であることを

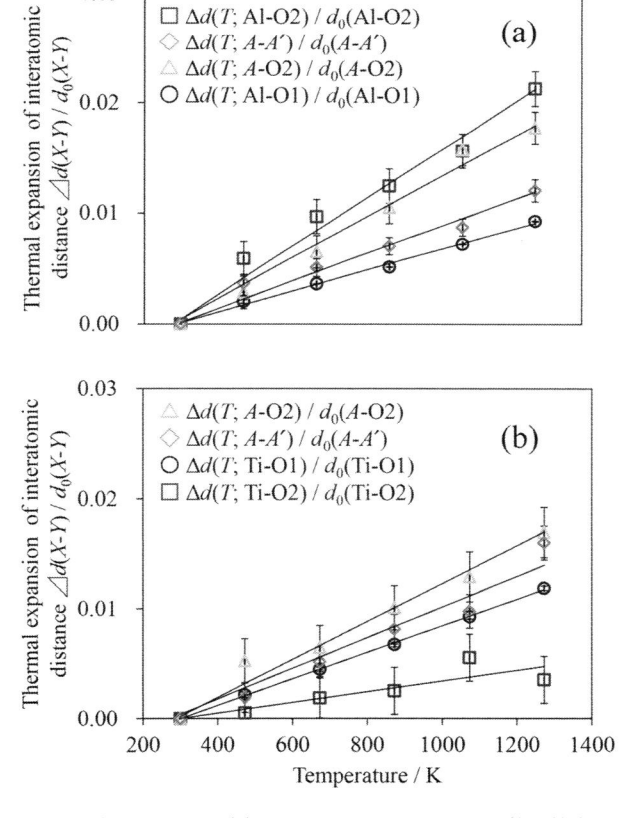

図4　(a) $LaSrAlO_4$ と(b) Sr_2TiO_4 における原子間距離の熱膨張
$\Delta d(T:X\text{-}Y)\,/\,d_0(X\text{-}Y)$ の温度依存性
米国化学会の許諾を受けて文献14から複製。

示唆している。B-O1 と比較して B-O2 の平均熱膨張係数は LaSrAlO$_4$ では大きく，Sr$_2$TiO$_4$ では小さい。このことが LaSrAlO$_4$ と Sr$_2$TiO$_4$ の熱膨張の異方性の有無の原因であると考えられる。すなわち LaSrAlO$_4$ の原子間距離の平均熱膨張係数の比（$\alpha(B$-O2$) / \alpha(B$-O1$) = 2.41(18)$）が，Sr$_2$TiO$_4$（$= 0.25(18)$）に比べて顕著に高いことが，LaSrAlO$_4$ の異方性熱膨張の原因である。より定量的にこのことを示すために，格子定数 c の平均熱膨張係数 α_c への原子間距離の平均熱膨張係数 $\alpha(X$-$Y)$ の寄与を調べた（図5）[14]。式(1)～(5)を用いて得られる次の関係式を用いることにより，図5における寄与を見積もった。

$$\alpha_a = \alpha(B\text{-O1}) \tag{式(6)}$$

$$\alpha_c = 2d(T_0 ; B\text{-O2}) \cdot \alpha(B\text{-O2}) / c(T_0) + 2d(T_0 ; A\text{-O2}) \cdot \alpha(A\text{-O2}) / c(T_0)$$
$$+ d(T_0 ; A\text{-}A') \cdot \alpha(A\text{-}A') / c(T_0) \tag{式(7)}$$

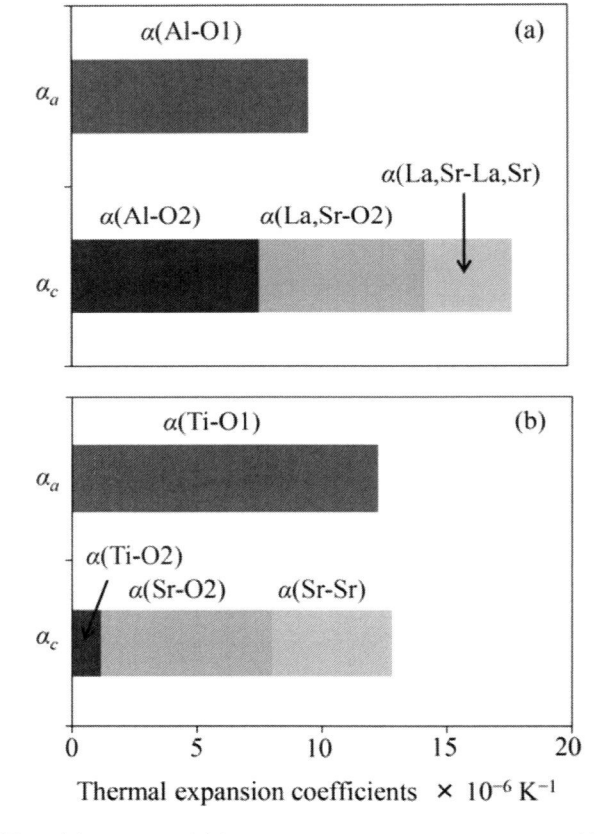

図5　(a) LaSrAlO$_4$ と(b) Sr$_2$TiO$_4$ の 298-1273 K における a 軸と c 軸に沿った平均熱膨張係数。c 軸の平均熱膨張係数 α_c への原子間距離の熱膨張係数 $\alpha(X$-$Y)$ の寄与。
米国化学会の許諾を受けて文献14から複製。

この式から，B-O2，A-O2，A-A' 原子間距離の平均熱膨張係数の α_c への寄与はそれぞれ $2d(T_0:B\text{-}O2)\cdot\alpha(B\text{-}O2)/c(T_0), 2d(T_0:A\text{-}O2)\cdot\alpha(A\text{-}O2)/c(T_0), d(T_0:A\text{-}A')\cdot\alpha(A\text{-}A')/c(T_0)$ と見積もられる。LaSrAlO$_4$ では B-O2，A-O2，A-A' 原子間距離の平均熱膨張係数の α_c への寄与はそれぞれ 42(3)，39(3)，20(2)％と算出された。一方，Sr$_2$TiO$_4$ では B-O2，A-O2，A-A' の平均熱膨張係数の α_c への寄与はそれぞれ 8(5)，54(7)，38(4)％となった（図5）。したがって LaSrAlO$_4$ における B-O2 結合の平均熱膨張係数 ［$\alpha(B\text{-}O2)=22.7(17)\times10^{-6}\,\mathrm{K}^{-1}$］ が B-O1 結合の平均熱膨張係数 ［$\alpha(B\text{-}O1)=9.43(2)\times10^{-6}\,\mathrm{K}^{-1}$］ に比べて高いことが，LaSrAlO$_4$ の大きい熱膨張異方性の要因である。一方，Sr$_2$TiO$_4$ の等方的な熱膨張は，B-O2 結合の平均熱膨張係数が B-O1 に比べて小さいことに起因する。

4　結果と考察2：K$_2$NiF$_4$型酸化物 A_2BO_4 における熱膨張の異方性と等方性はいかにして決まるか？　B-O 結合による理解

　ここでは，LaSrAlO$_4$ の熱膨張の異方性と Sr$_2$TiO$_4$ の熱膨張の等方性について電子密度分布を用いて考察する[14]。図6(a)と図6(b)は各々LaSrAlO$_4$ と Sr$_2$TiO$_4$ の放射光X線粉末回折データ（300 K）を MEM 解析することで得られた電子密度分布である[14]。これらの実験電子密度分布は DFT 計算で得られた理論電子密度分布と類似しており妥当である。

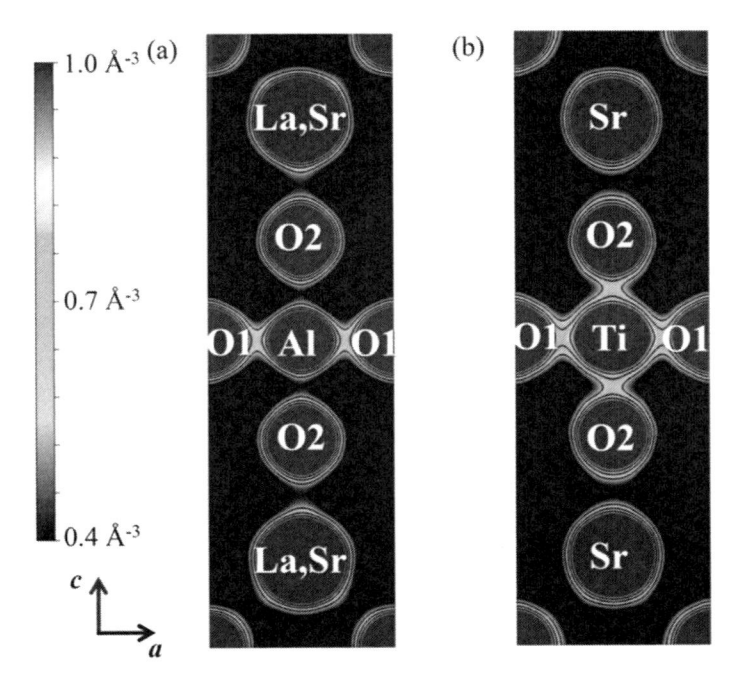

図6　(a) LaSrAlO$_4$ と(b) Sr$_2$TiO$_4$ の実験 MEM 電子密度分布
米国化学会の許諾を受けて文献 14 から複製。

　LaSrAlO$_4$ では B-O2 原子間距離が B-O1 に比べて長い $[d(B\text{-O2}) / d(B\text{-O1}) > 1]$。そのため，$B$-O2 の最小電子密度（$MED$）は B-O1 に比べて低い $[MED(B\text{-O2}) / MED(B\text{-O1}) < 1]$。したがって，$B$-O2 結合の力の定数 f，すなわち $f(B\text{-O2})$ は $f(B\text{-O1})$ に比べて小さくなると考えられる $[f(B\text{-O2}) / f(B\text{-O1}) < 1]$。熱膨張係数は f に反比例することが知られているため，B-O2 の平均熱膨張係数は B-O1 より大きくなる $[\alpha(B\text{-O2}) / \alpha(B\text{-O1}) > 1]$。よって，$B$-O2 結合が B-O1 結合に比べて長くて弱いことが，LaSrAlO$_4$ の熱膨張の異方性 $[\alpha_c / \alpha_a > 1]$ の構造的要因である[14]。同様の考察は，異方性熱膨張を示す CaErAlO$_4$ と CaYAlO$_4$ においても成立する[12,13]。

　Sr$_2$TiO$_4$ において原子間距離 B-O2 は B-O1 とほぼ等しい。そのため原子間距離の比 $d(B\text{-O2}) / d(B\text{-O1})$ は LaSrAlO$_4$ に比べて小さい。それに対応して，Sr$_2$TiO$_4$ の最小電子密度の比 $MED(B\text{-O2}) / MED(B\text{-O1})$ は LaSrAlO$_4$ に比べて大きい。そのため，Sr$_2$TiO$_4$ の結合の力の定数の比 $f(B\text{-O2}) / f(B\text{-O1})$ は LaSrAlO$_4$ に比べて大きいと示唆される。そのため，Sr$_2$TiO$_4$ の平均熱膨張係数の比 $\alpha(B\text{-O2}) / \alpha(B\text{-O1})$ が LaSrAlO$_4$ に比べて小さくなると考えられる。すなわち，Sr$_2$TiO$_4$ の B-O2 原子間距離は B-O1 とほぼ等しいために，最小電子密度の等方性 $[MED(B\text{-O2}) / MED(B\text{-O1}) \sim 1]$ が生じることが，Sr$_2$TiO$_4$ の等方的な熱膨張の構造的要因であると結論づけられる[14]。

　次に，LaSrAlO$_4$ の熱膨張異方性と Sr$_2$TiO$_4$ の熱膨張の等方性について結合原子価（bond valence）により考察する[14]。結合原子価とは凝縮体中の各結合に割り当てられる原子価であり，Pauling の第 2 法則における結合強度に対応する。原子 i と原子 j の間の原子間距離を $d(i\text{-}j)$ とすると，その結合原子価 $\mathrm{BV}(i\text{-}j)$ は次式で表される。

$$\mathrm{BV}(i\text{-}j) = \exp[(d_0(i\text{-}j) - d(i\text{-}j)) / b] \qquad\qquad 式(8)$$

ここで $d_0(i\text{-}j)$ と $b(= 0.37)$ は経験的な定数である。298 K における中性子回折データのリートベルト解析により得られた原子間距離と式(8)を用いることにより，B-O1 結合の結合原子価 $\mathrm{BV}(B\text{-O1})$ と B-O2 結合の結合原子価 $\mathrm{BV}(B\text{-O2})$ を計算した。LaSrAlO$_4$（B＝Al）では，$\mathrm{BV}(B\text{-O2})$ は $\mathrm{BV}(B\text{-O1})$ に比べて小さい。したがって，$\mathrm{BV}(B\text{-O2}) / \mathrm{BV}(B\text{-O1}) < 1$ である。結合原子価 $\mathrm{BV}(i\text{-}j)$ から得られる結合の力の定数 $f(i\text{-}j))$ は次式で近似される。

$$f(i\text{-}j) = \{k_0(8\,\mathrm{BV}(i\text{-}j) / 3)^{3/2}(1 / b - 2 / d(i\text{-}j))\} / d(i\text{-}j)^2 \qquad\qquad 式(9)$$

ここで k_0 はクーロン定数である。この式(9)を用いて LaSrAlO$_4$ における結合の力の定数の比 $f(B\text{-O2}) / f(B\text{-O1})$ を計算した。見積もられた B-O2 結合の力の定数は B-O1 より小さかった $[f(B\text{-O2}) / f(B\text{-O1}) < 1]$。$i$-$j$ 結合の平均熱膨張係数 $\alpha(i\text{-}j)$ は次式で表されることが知られている。

$$\alpha(i\text{-}j) = 1.35\,k_\mathrm{B} / \{f(i\text{-}j) \cdot d(i\text{-}j)\} \qquad\qquad 式(10)$$

ここで k_B はボルツマン定数である。この式(10)と $f(B\text{-}O2)$ と $d(B\text{-}O2)$ の値を用いて計算した B-O2 原子間距離の平均熱膨張係数は B-O1 原子間距離の平均熱膨張係数より大きい。すなわち $\alpha(B\text{-}O2)\,/\,\alpha(B\text{-}O1)>1$ である。LaSrAlO$_4$ における平均熱膨張係数の比 (2.08) は実験で得られた結果 $[\alpha(B\text{-}O2)\,/\,\alpha(B\text{-}O1)=2.41(18)>1]$ と一致する。従って，原子間距離の平均熱膨張係数の異方性 $[\alpha(B\text{-}O2)\,/\,\alpha(B\text{-}O1)>1]$ は，B-O 結合長の異方性 $[d(B\text{-}O2)\,/\,d(B\text{-}O1)>1]$ に起因すると考えられる。

　一般に，LaSrAlO$_4$ をはじめとする K$_2$NiF$_4$ 型酸化物 $A^{2.5+}_2B^{3+}O_4$ における原子間距離の比 $d(B\text{-}O2)\,/\,d(B\text{-}O1)$ は 1.09～1.20 の範囲にあり，1 より高い。これは K$_2$NiF$_4$ 型酸化物 $A^{2.5+}_2B^{3+}O_4$ における層と酸化物イオン間のクーロン力で説明できる。先に示したように，原子間距離の平均熱膨張係数の異方性 $[\alpha(B\text{-}O2)\,/\,\alpha(B\text{-}O1)>1]$ は LaSrAlO$_4$ における格子定数の異方性熱膨張の原因である。従って，$A^{2.5+}_2B^{3+}O_4$ における陽イオン $A^{2.5+}$ と B^{3+} の価数の組み合わせが異方性熱膨張の原因であると結論づけられる[14]。

　Sr$_2$TiO$_4$ について同様に結合原子価に基づいて，Sr$_2$TiO$_4$ の等方的な熱膨張の構造的要因を考察する。Sr$_2$TiO$_4$ などの K$_2$NiF$_4$ 型酸化物 $A^{2+}_2B^{4+}O_4$ では原子間距離の比 $d(B\text{-}O2)\,/\,d(B\text{-}O1)$ が 0.98～1.03 の範囲にあり，ほぼ 1 に等しく，B-O 結合長が等方的である[14]。実際，我々が精密化した結晶構造についても，Sr$_2$TiO$_4(B=\text{Ti})$ の B-O 結合長は LaSrAlO$_4(B=\text{Al})$ に比べて等方的である。そのため，結合原子価の比 BV$(B\text{-}O2)\,/\,$BV$(B\text{-}O1)$ は LaSrAlO$_4$ の値に比べて大きい。式(9)で計算した Sr$_2$TiO$_4(B=\text{Ti})$ の B-O 結合の力の定数の比 $f(B\text{-}O2)\,/\,f(B\text{-}O1)$ は，LaSrAlO$_4$ より大きい。したがって式(10)から算出される Sr$_2$TiO$_4$ の平均熱膨張係数の比 $\alpha(B\text{-}O2)\,/\,\alpha(B\text{-}O1)$ は，LaSrAlO$_4$ の比 $\alpha(B\text{-}O2)\,/\,\alpha(B\text{-}O1)$ と比べて小さい。そのため，B-O2 結合の熱膨張が B-O1 に比べて小さい原因は，B-O 原子間距離が等方的 $[d(B\text{-}O2)\,/\,d(B\text{-}O1)\approx 1]$ であると考えられる。したがって，Sr$_2$TiO$_4$ の格子定数の等方的な熱膨張の原因は，価数の組み合わせ（Sr：2 価；Ti：4 価）による B-O 原子間距離の等方性にあると言える[14]。

　次に，K$_2$NiF$_4$ 型酸化物 A_2BO_4 とペロブスカイト型 ABO_3 の熱膨張係数を比較する[14]。一般に K$_2$NiF$_4$ 型酸化物 A_2BO_4 の熱膨張係数は，類似した化学組成のペロブスカイト型 ABO_3 の熱膨張係数より低いと言われていた[24]。我々が調べた 4 つの組成 CaYAlO$_4$，CaErAlO$_4$，LaSrAlO$_4$ および Sr$_2$TiO$_4$ において，平均熱膨張係数 $\bar{\alpha}=(2\alpha_a+\alpha_c)\,/\,3$ を計算したところ，逆に A_2BO_4 の熱膨張係数が ABO_3 の熱膨張係数より高いことがわかった。これは岩塩ユニット CaO および SrO の熱膨張係数が高いことに起因する。文献[24]では $B=\text{Co}$ を主として検討しているが，化学膨張のため見かけ上ペロブスカイト ABO_3 の熱膨張係数が高いのであろう[14]。

5　結論と展望

K$_2$NiF$_4$ 型酸化物 A_2BO_4 は SOFCs 材料として検討されている。SOFCs 材料をはじめ様々な材料の作製と利用において，熱膨張とその異方性が重要である。K$_2$NiF$_4$ 型酸化物 A_2BO_4 の中には，

LaSrAlO$_4$ など異方性熱膨張を示す化学組成（図3(a)）と，Sr$_2$TiO$_4$ など熱膨張が比較的等方的である組成がある（図3(b)）。しかしながら，その構造的要因はよくわかっていなかった。本稿では，この問題を解決するために，化学膨張を示さない構成元素 A，B からなる K$_2$NiF$_4$ 型酸化物 A_2BO_4（CaYAlO$_4$，CaErAlO$_4$，LaSrAlO$_4$，Sr$_2$TiO$_4$）の結晶構造の温度依存性，熱膨張とその異方性，ならびに電子密度分布を高温中性子回折，放射光 X 線回折，第一原理電子計算により調べた研究を解説した。結果をまとめると[12~14]，

(1) K$_2$NiF$_4$ 型酸化物 CaYAlO$_4$，CaErAlO$_4$，LaSrAlO$_4$ が異方的な熱膨張を示す原因は，Al-O1 に比べて Al-O2 結合長の熱膨張係数が高いためであることを，格子定数と結合長の温度依存性から明らかにした（図4(a)，5(a)）。ここで O1 と O2 は各々エクアトリアル酸素と頂点酸素である。K$_2$NiF$_4$ 型酸化物 Sr$_2$TiO$_4$ が等方的な熱膨張を示す原因は，Ti-O2 結合長の熱膨張係数が相対的に低いためであることを，格子定数と結合長の温度依存性から明らかにした（図4(b)，5(b)）。

(2) $A^{2.5+}_2B^{3+}O_4$ における陽イオン $A^{2.5+}$ と B^{3+} の価数の組み合わせが，K$_2$NiF$_4$ 型酸化物 CaYAlO$_4$，CaErAlO$_4$，LaSrAlO$_4$ の異方性熱膨張の原因である。実際，$A^{2.5+}_2Al^{3+}O_4$ では，Al-O1 に比べて Al-O2 結合が長く，Al-O2 の結合原子価が小さく，Al-O2 結合の最小電子密度が低く（図6(a)），Al-O2 結合が弱いため，Al-O2 結合の力の定数が小さく，Al-O2 結合長の熱膨張係数が高くなる（図4(a)）。そのため格子定数の熱膨張係数が異方性を示すことがわかった（図5(a)）。

(3) $A^{2+}_2B^{4+}O_4$ における陽イオン A^{2+} と B^{4+} の価数の組み合わせが，K$_2$NiF$_4$ 型酸化物 Sr$_2$TiO$_4$ の等方的な熱膨張の原因である。実際，Sr$_2$TiO$_4$ では Ti-O1 と Ti-O2 の結合長がほぼ等しく，そのため $A^{2.5+}_2B^{3+}O_4$ と比較して，Ti-O1 結合に対する Ti-O2 結合の相対的な結合原子価が高く，Ti-O2 結合の最小電子密度が高く（図6(b)），Ti-O2 結合が強いため，Ti-O2 結合の力の定数が大きく，Ti-O2 結合長の熱膨張係数が低くなる（図4(b)）。その結果，Sr$_2$TiO$_4$ では格子定数の熱膨張係数が等方的であることがわかった（図5(b)）。

(4) 一般に K$_2$NiF$_4$ 型酸化物 A_2BO_4 の熱膨張係数は，類似した化学組成のペロブスカイト型 ABO_3 の熱膨張係数より低いと言われていた。しかし，我々の研究により，CaYAlO$_4$，CaErAlO$_4$，LaSrAlO$_4$ および Sr$_2$TiO$_4$ の平均熱膨張係数は，それぞれ YAlO$_3$，ErAlO$_3$，LaAlO$_3$，SrTiO$_3$ の平均熱膨張係数より高いことがわかった。

実際の SOFCs 材料では温度に依存して陽イオンの酸化数と酸素濃度が変化して化学膨張を示すので，熱膨張の異方性の原因を正確に理解することは簡単ではない。本研究で得られた化学膨張が無い組成での知見は実際の SOFCs 材料の熱膨張を理解するための基礎として重要であると考えられる。例えば，正方晶系 $I4/mmm$ の K$_2$NiF$_4$ 型構造を有するニッケル酸プラセオジム（Pr$_2$NiO$_4$）系イオン-電子混合伝導体の一つ Pr$_2$(Ni$_{0.75}$Cu$_{0.25}$)$_{0.95}$Ga$_{0.05}$O$_{4+\delta}$ の熱膨張は異方性を示す[11]。すなわち

第18章　固体酸化物形燃料電池の空気極材料の熱膨張と結晶構造

$$\alpha_a = 13.9(2) \times 10^{-6}\,K^{-1} < 16.1(2) \times 10^{-6}\,K^{-1} = \alpha_c \quad [25\text{-}1011℃]$$

であった。この異方性熱膨張の原因の一つは，（Ni, Cu, Ga）と頂点酸素 O2 間の結合が（Ni, Cu, Ga）とエクアトリアル酸素 O1 間の結合よりも弱いことに起因すると考えられる[11]。実際，$Pr_2(Ni_{0.75}Cu_{0.25})_{0.95}Ga_{0.05}O_{4+\delta}$ の MEM 電子密度分布と DFT 価電子密度分布において，（Ni, Cu, Ga）-O2 結合の最小電子密度の方が，（Ni, Cu）-O1 結合の最小電子密度より低い[11]。このように，今後，本稿で解説した基礎的な知見に基づいて，実用材料の熱膨張を理解し，熱膨張を制御できるようになると期待される。

　最近，我々のグループでは，いくつかの新型イオン伝導体を発見し，高温中性子回折法あるいは高温 X 線回折法により熱膨張の異方性を見出している[25~28]。これらの化合物の結晶構造はペロブスカイト型構造や K_2NiF_4 型構造に比べて複雑であるため，本稿で記したような熱膨張の異方性の構造的要因の定量的な理解には至っていない。より複雑な結晶構造を持つ材料の熱膨張を原子レベルあるいは電子レベルで理解することも今後の課題となるであろう。

謝辞

　本稿の一部は，『八島正知，川村圭司，尾本和樹，藤井孝太郎，日比野圭佑，「K_2NiF_4 型酸化物の異方性熱膨張の構造的要因」，燃料電池誌，15，[1]，21-27（2015）』に基づいている。本稿で解説した研究成果の一部は，九州大の石原教授，KEK の神山教授，鳥居博士，Miao 博士，茨城大の石垣教授，星川准教授，ANSTO の Hester 博士，Avdeev 博士，KAERI の Lee 博士，Kim 博士，東工大の藤井助教，白岩氏，日比野氏，東工大の元大学院生である尾本博士，川村氏をはじめとする数多くの方々との共同研究である。放射光 X 線回折実験を，SPring-8 の BL19B2 の課題（2013B1718，2014A1510，2014B1660，2014B1922，2015A1596，2015A1674，2015B1901）により，BL02B2 の課題（2016A1616）により，KEK PF BL-4B2 の課題（2011G640，2013G053，2013G216，2014G508，2015G047，2016G644）により実施した。中性子回折測定を，課題（Echidna：P2696，P3209，P3648，P4008，P4501，P4682，P4943，PP5198；iMATERIA：2013A0136，2013B0178，2014AM0011，2014B0114，2015A0249；SuperHRPD：2013B0198，2014B0233；HRPD@HANARO：2013-000026，2013-000027，2014-0071，2014-0072）により実施した。第一稀元素化学工業および東工大大大岡山分析部門にて ICP 発光分析を行った。また，本稿に記した研究の一部は，科研費（JP15H02291，JP26870190，JP16H00884，JP16H06293，JP16H06440，JP16H06438，JP16K21724，JP17H06222）のご援助を受けた。

文　　　献

1)　八島正知，日本結晶学会誌，**46**，232（2004）
2)　八島正知，日本結晶学会誌，**48**，25（2006）
3)　M. Yashima, *Solid State Ionics*, **179**, 797（2008）
4)　八島正知，結晶学会誌，**51**，153（2009）

5) M. Yashima, *J. Ceram. Soc. Jpn.*, **117**, 1055 (2009)

6) V. V. Kharton, A. P. Viskup, E. N. Naumovkh & F. M. B. Marques, *J. Mater. Chem.*, **9**, 2623 (1999)

7) T. Ishihara, K. Nakashima, S. Okada, M. Enoki & H. Matsumoto, *Solid State Ionics*, **179**, 1367 (2008)

8) M. Yashima, M. Enoki, T. Wakita, R. Ali, Y. Matsushita, F. Izumi & T. Ishihara, *J. Am. Chem. Soc.*, **139**, 2762 (2008)

9) M. Yashima, N. Sirikanda & T. Ishihara, *J. Am. Chem. Soc.*, **132**, 2385 (2010)

10) 八島正知, 未来材料, **10**, 35 (2010)

11) M. Yashima, H. Yamada, S. Nuansaeng & T. Ishihara, *Chem. Mater.*, **24**, 4100 (2012)

12) K. Omoto, M. Yashima & J. R. Hester, *Chem. Lett.*, **43**, 515 (2014)

13) K. Omoto & M. Yashima, *Appl. Phys. Express*, **7**, 037301 (2014)

14) K. Kawamura, M. Yashima, K. Fujii, K. Omoto, K. Hibino, S. Yamada, J. R. Hester, M. Avdeev, P. Miao, S. Torii & T. Kamiyama, *Inorg. Chem.*, **54**, 3896 (2015)

15) K.-D. Liss, B. Hunter, M. Hagen, T. Noakes & S. Kennedy, *Physica B*, **385-386**, 1010 (2006)

16) F. Izumi & K. Momma, *Solid State Phenom.*, **130**, 15 (2007)

17) S. Torii, M. Yonemura, T. Yulius Surya Panca Putra, J. Zhang, P. Miao, T. Muroya, R. Tomiyasu, T. Morishima, S. Sato, H. Sagehashi, Y. Noda & T. Kamiyama, *J. Phys. Soc. Jpn.*, **80**, SB020 (2011)

18) R. Oishi, M. Yonemura, Y. Nishimaki, S. Torii, A. Hoshikawa, T. Ishigaki, T. Morishima, K. Mori & T. Kamiyama, *Nucl. Instrum. Methods Phys. Res., Sect. A*, **600**, 189 (2009)

19) E. Nishibori *et al.*, *J. Phys. Chem. Solids*, **62**, 2095 (2001)

20) BL19B2 OUTLINE, http://www.spring8.or.jp/wkg/BL19B2/instrument/lang-en/INS-0000000300/instrument_summary_view

21) F. Izumi & R. A. Dilanian, "Recent Research Developments in Physics, Vol. 3, Part II", p.699, Transworld Research Network (2002)

22) K. Momma, T. Ikeda, A. A. Belik & F. Izumi, *Powder Diffr.*, **28**, 184 (2013)

23) K. Momma & F. Izumi, *J. Appl. Crystallogr.*, **44**, 1272 (2011)

24) M. Al Daroukh, V. V. Vashook, H. Ullmann, F. Tietz & I. Arual Raj, *Solid State Ionics*, **158**, 141 (2003)

25) K. Fujii, Y. Esaki, K. Omoto, M. Yashima, A. Hoshikawa, T. Ishigaki & H. R. Hester, *Chem. Mater.*, **26**, 2488 (2014)

26) K. Fujii, M. Shiraiwa, Y. Esaki, M. Yashima, S. J. Kim & S. Lee, *J. Mater. Chem. A*, **3**, 11985 (2015)

27) A. Fujimoto, M. Yashima, K. Fujii & H. R. Hester, *J. Phys. Chem. C*, **121**, 21272 (2017)

28) M. Shiraiwa, K. Fujii, Y. Esaki, S. J. Kim, S. Lee & M. Yashima, *J. Electrochem. Soc.*, **164**, F1392 (2017)

第19章 第3世代低熱膨張フィルター

鈴木義和[*]

1 はじめに

高温脱塵フィルターの一種であるディーゼル粒子除去フィルター（diesel particulate filter, DPF）は，ディーゼル排ガス中の粒子状物質を捕集するために広く利用されている。DPF では，捕集した粒子状物質（particulate matter, PM）を燃焼除去してフィルター機能を再生する必要があり，高い耐熱衝撃性を実現するための低熱膨張性が不可欠となる。ウォールフロー型の DPF 用材料としては，これまでコーディエライト（$2MgO \cdot 2Al_2O_3 \cdot 5SiO_2$）と炭化ケイ素（SiC）が広く用いられてきた[1~3]。どちらの材料の場合でも，ハニカム状に成形して入口と出口の穴を交互に塞ぐことで，ハニカムの壁面を多孔質フィルターとして利用している[2]。シリケート系セラミックスであるコーディエライトは，優れた低熱膨張性・軽量性を示すことから，大型ハニカムを一体成型することが可能でありコスト面で優位であるが，耐熱性についてはやや不十分とされている[2]。一方，炭化ケイ素は耐熱性については非常に優れているものの，コーディエライトに比べて熱膨張が大きいため，断面を 3 cm×3 cm 程度の小セグメント化し，貼り合わせるといった追加工程が必要となるためコスト面で幾分不利といえる。

コーディエライト DPF（第1世代），炭化ケイ素 DPF（第2世代）とも，現在，適材適所で用いられており，どちらも非常に優れた実績を上げている一方で，低コストかつ耐熱性に優れる非シリケート系複酸化物 DPF（第3世代）の開発・実用化も進められているところである。コーディエライト DPF，炭化ケイ素 DPF については，すでに詳しく解説されているため[1~3]，本稿ではチタン酸アルミニウム系を中心とする第3世代の低熱膨張フィルターについて解説する。

2 擬ブルッカイト型構造とチタン酸アルミニウム

擬ブルッカイト（pseudobrookite）Fe_2TiO_5 は，酸化チタンの多形の一つであるブルッカイト（brookite）に似た外形を持つことから名づけられた鉱物である。擬ブルッカイト型構造の一般式は M_3O_5 で表され，$Fe^{3+}_2Ti^{4+}O_5$ や $Al^{3+}_2Ti^{4+}O_5$ などの $M^{3+}_2M^{4+}O_5$ タイプ，あるいは，$Mg^{2+}Ti^{4+}_2O_5$ や $Fe^{2+}Ti^{4+}_2O_5$ などの $M^{2+}M^{4+}_2O_5$ タイプ，およびそれらの固溶体が代表的な擬ブルッカイト系化合物である。これまで報告されている擬ブルッカイト系化合物の多くがチタン酸塩であり，一部，4価のチタンを3価の鉄と5価のニオブ・タンタルで複合置換したものが報告

* Yoshikazu Suzuki 筑波大学 数理物質系 物質工学域 准教授

されている。

　擬ブルッカイト系化合物のうち，もっとも広く部材として実用化されているのがチタン酸アルミニウム（Al_2TiO_5）であり，多結晶セラミックスとした場合に優れた低熱膨張性を示すことが特徴である[4〜6]。従来は溶融アルミニウム用のセラミックラドルや焼成用セッターなどに用いられており，近年では DPF 材料としても注目されはじめている。擬ブルッカイト系化合物では，結晶軸毎の熱膨張異方性により多結晶焼結体中に生じるマイクロクラックが，ちょうど線路のレールの継ぎ目の役割を果たすことでバルク体としての低熱膨張性が発現する。

　擬ブルッカイト型構造（空間群 No. 63）は直方晶系（斜方晶系）に属することから，結晶軸のとり方が数多くあり，文献を読む場合には注意が必要である[7]。擬ブルッカイト Fe_2TiO_5 の構造解析を最初に行った Pauling は B 底心の $Bbmm$ として指数付けを行っており（b 軸が最長で約 10 Å，a 軸が少し短く約 9.8 Å，c 軸が最短で約 3.7 Å）[8]，比較的早い段階で報告された擬ブルッカイト系化合物の構造解析や JCPDS カードはこれに倣っている場合が多い。一方，擬ブルッカイト系化合物を詳しく調べた Bayer は，International Table で採用されている標準的な記載法である C 底心の $Cmcm$（c 軸が最長で約 10 Å，b 軸が少し短く約 9.8 Å，a 軸が最短で約 3.7 Å）を採用しており[6]，最近の論文の多くはこれに倣っている。図 1 に VESTA[9] を用いて描画した擬ブルッカイト型構造を示す。M1 サイトにはやや大きい陽イオンが，M2 サイトにはやや小さい陽イオンが優先的に入るが，陽イオンの分布は熱履歴により大きく変化することが報告されている。M1 サイト，M2 サイトとも 8 面体が大きく歪んでおり，これが各結晶軸での熱膨張異方性が発現する起源となっている。

　擬ブルッカイト型構造が安定化されるためには，電荷バランスに加えて各イオンサイズの絶妙なバランスが必要となるため，これまであまり多くの化合物は得られていない。Al_2TiO_5 では，a 軸（$Cmcm$ 表記）の熱膨張係数が $-3.0 \times 10^{-6}/℃$（$20\text{-}1020℃$[6]）と負の値をとるほど小さいた

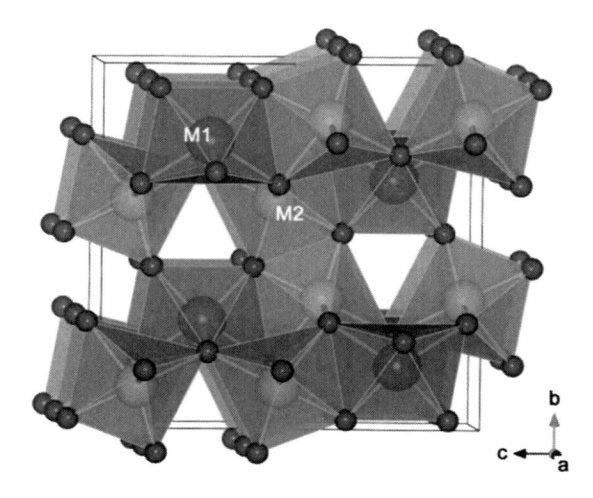

図 1　擬ブルッカイト型化合物の結晶構造

表 1　擬ブルッカイト構造（Me$_3$O$_5$）を有する Al$_2$TiO$_5$ および MgTi$_2$O$_5$ の
格子定数と線熱膨張係数*（G. Bayer[6]）

	Al$_2$TiO$_5$	MgTi$_2$O$_5$
Lattice constants（Å）at 20℃	a = 3.5875 b = 9.4237 c = 9.6291	a = 3.7442 b = 9.7363 c = 9.9870
Lattice constants（Å）at 520℃	a = 3.5823 b = 9.4721 c = 9.7262	a = 3.7486 b = 9.7755 c = 10.0526
Lattice constants（Å）at 1020℃	a = 3.5768 b = 9.5339 c = 9.8393	a = 3.7529 b = 9.8418 c = 10.1450
Linear thermal expansion（×10^{-6}/℃）20-520℃	β_a = − 2.9 ± 0.2 β_b = 10.3 ± 0.6 β_c = 20.1 ± 1.0	β_a = 2.3 ± 0.2 β_b = 8.1 ± 0.4 β_c = 13.2 ± 0.7
Linear thermal expansion（×10^{-6}/℃）20-1020℃	β_a = − 3.0 ± 0.3 β_b = 11.8 ± 0.6 β_c = 21.8 ± 1.1	β_a = 2.3 ± 0.2 β_b = 10.8 ± 0.5 β_c = 15.9 ± 0.8

*空間群 Cmcm（63）での表記を示しているが，Bbmm（63）と軸を入れ替え
た報告も多い。

め（表 1），各軸間での熱膨張係数差が大きくなり，より多くのマイクロクラックが入るため，
他の擬ブルッカイト系焼結体に比べてより顕著な低熱膨張性を示す。その反面，熱安定性が不十
分であり，1200℃付近以下で Al$_2$O$_3$ と TiO$_2$ に徐々に分解することが報告されている。実用化さ
れている Al$_2$TiO$_5$ セラミックスでは，熱安定性を高めるために，熱膨張係数の異方性がマイルド
で熱安定性の高い MgTi$_2$O$_5$ を一部固溶した組成（Al$_2$TiO$_5$-MgTi$_2$O$_5$ 固溶体）が広く用いられて
いる。

3　チタン酸アルミニウム製 DPF

チタン酸アルミニウムは，自動車向け用途では，まず排気ポートライナー（排気温上昇のため
の円筒部品）として実用化され，最近では DPF にも応用が進んでいる。米コーニング社では，
DuraTrap$^®$ フィルターとして，コーディエライト製およびチタン酸アルミニウム製の DPF を市
販しており，チタン酸アルミニウム製 DPF を高耐久性仕様と位置付けている（表 2）。

一方，国内では，オーセラ㈱と京都大学化学研究所の横尾グループが共同で，ケイ酸塩系添加
物を加えたチタン酸アルミニウム（レコサーム）を開発し，チタン酸アルミニウムセラミックス
の熱安定性を高めることに成功している[10, 11]。チタン酸アルミニウムは，800℃から 1280℃の温
度範囲で使用すると，次第に Al$_2$O$_3$ と TiO$_2$ に分解することが欠点とされていたが，同社が開発
した組成ではこの欠点をクリアしている。2007 年 6 月には，住友化学がレコサームのライセン
スを取得し，第 3 世代 DPF メーカーとして名乗りを上げている。2015 年には住化セラミックス

表2 コーディエライト製およびチタン酸アルミニウム製 DPF の比較

	コーディエライト製 DPF	チタン酸アルミニウム製 DPF
一体成形（モノリス）	可能	可能
熱膨張係数［RT-800℃］	$0.4 \times 10^{-6}/℃$	$0.5 \times 10^{-6}/℃$
素材自体の密度	$2.5\ g/cm^3$	$3.5\ g/cm^3$
気孔率	50%	50%
細孔径（メジアン径）	$19\ \mu m$	$15\ \mu m$

（Corning 社ホームページの公開資料をもとに作成）

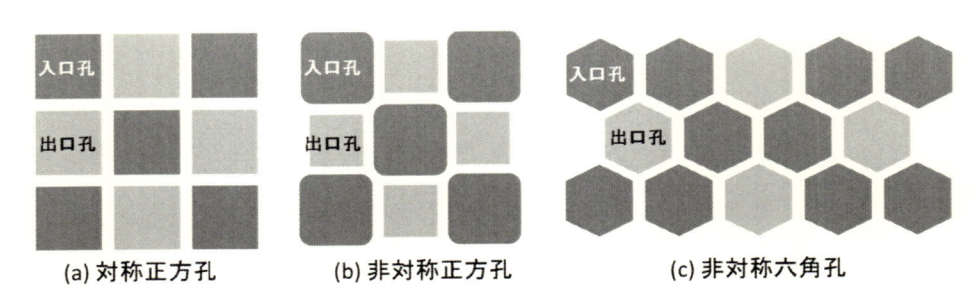

(a) 対称正方孔　　(b) 非対称正方孔　　(c) 非対称六角孔

図2　ハニカムの入口・出口孔の形状
(a)一般的なハニカムで用いられている対称正方孔，(b)SiC ハニカム等で用いられている非対称正方孔，(c)住友化学製 Al_2TiO_5 ハニカムで用いられている非対称六角孔[12]（図中の白い隙間（壁）の部分が多孔体になっており，多孔質フィルターとして機能する）。

ポーランド社での欧州向け量産・出荷も開始している。住友化学製のチタン酸アルミニウムDPF（Sumipure®）は，入口孔と出口孔のデザインを非対称六角孔形状にして入口孔の比率を高くすることにより（図2），限界堆積量（連続で捕集できる PM の量）を改善することに成功している。

4　多孔質チタン酸アルミニウムの微構造制御

　これまで述べてきた DPF では，PM の効率的な捕集のために細孔径が $15\ \mu m$ 程度のものが用いられている。細孔は三次元的に屈曲してつながっているため，細孔径が $15\ \mu m$ であっても，PM2.5 などの数 μm サイズの粒子の補集が可能である。しかし，近年 PM2.5 よりもさらに微細な PM0.5（$0.5\ \mu m$ 程度の微粒子）による健康被害についての懸念が喧伝されており，研究室レベルではさらに微細な細孔構造を有する多孔質チタン酸アルミニウムの開発が進められている。筆者らは，アルミナ源に γ-Al_2O_3 粉末，チタニア源にルチル粉末を用いることで，比較的低温（1350℃）の焼成温度で $0.80\ \mu m$ のシャープな細孔径を有する多孔質チタン酸アルミニウムを合成することに成功した（図3から図5）。実際に，水中にコロイド分散している微細なカーボン粒子を除去することも可能であり（図6），本材料を従来のハニカムセラミックスのトップ層としてコーティングすることができれば PM0.5 対応の DPF としての応用が可能になると期待される。

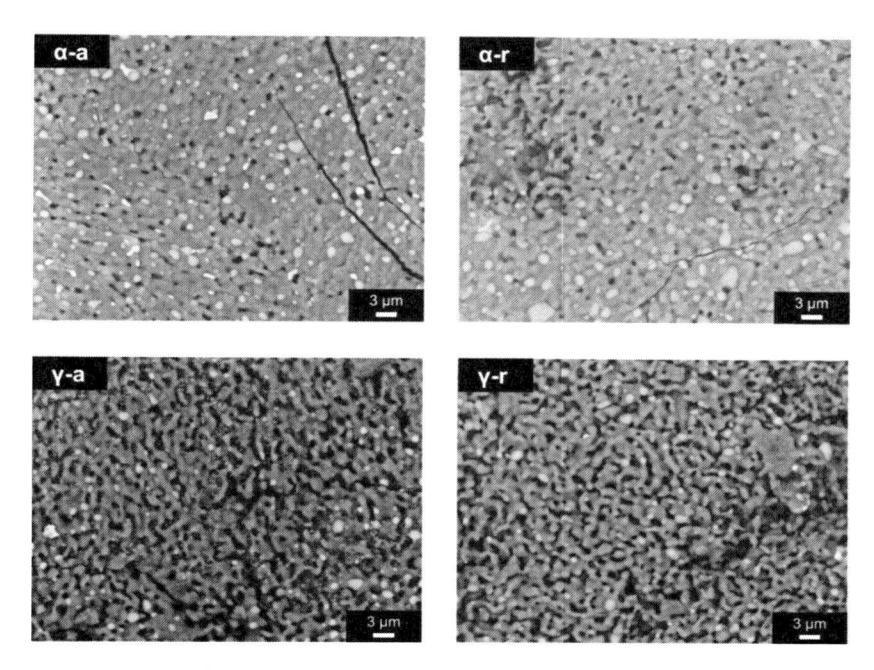

図 3　アルミナ源に α- および γ-Al$_2$O$_3$ 粉末，チタニア源に anatase および rutile 粉末を用いた反応焼結多孔体（焼結温度 1350℃）
　γ-Al$_2$O$_3$ と rutile の組み合わせで比較的均質な多孔体が得られる（図の出典：許可を得て文献 13 より転載）。

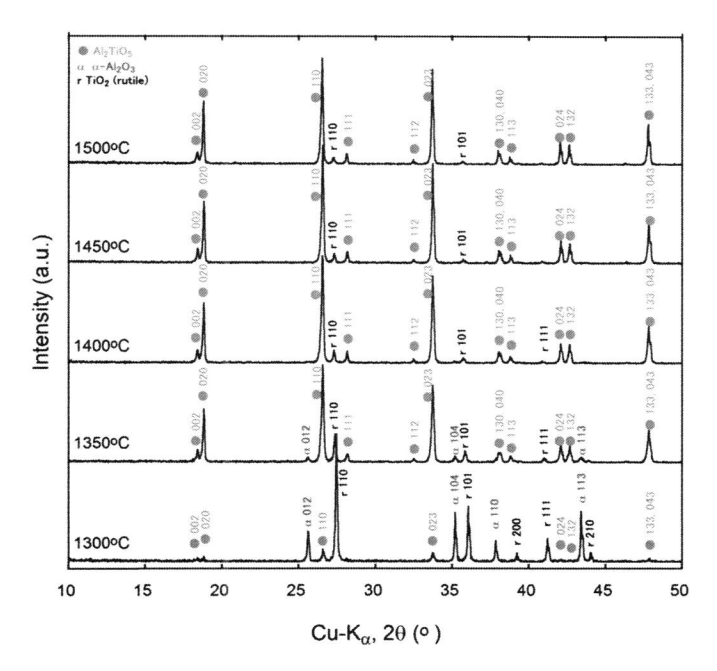

図 4　アルミナ源に γ-Al$_2$O$_3$ 粉末，チタニア源に rutile 粉末を用いた反応焼結多孔体の構成相
　焼結温度が 1350℃ 以上で Al$_2$TiO$_5$ が主構成相となる。指数付けは空間群 *Cmcm* で行った
（図の出典：許可を得て文献 13 より転載）。

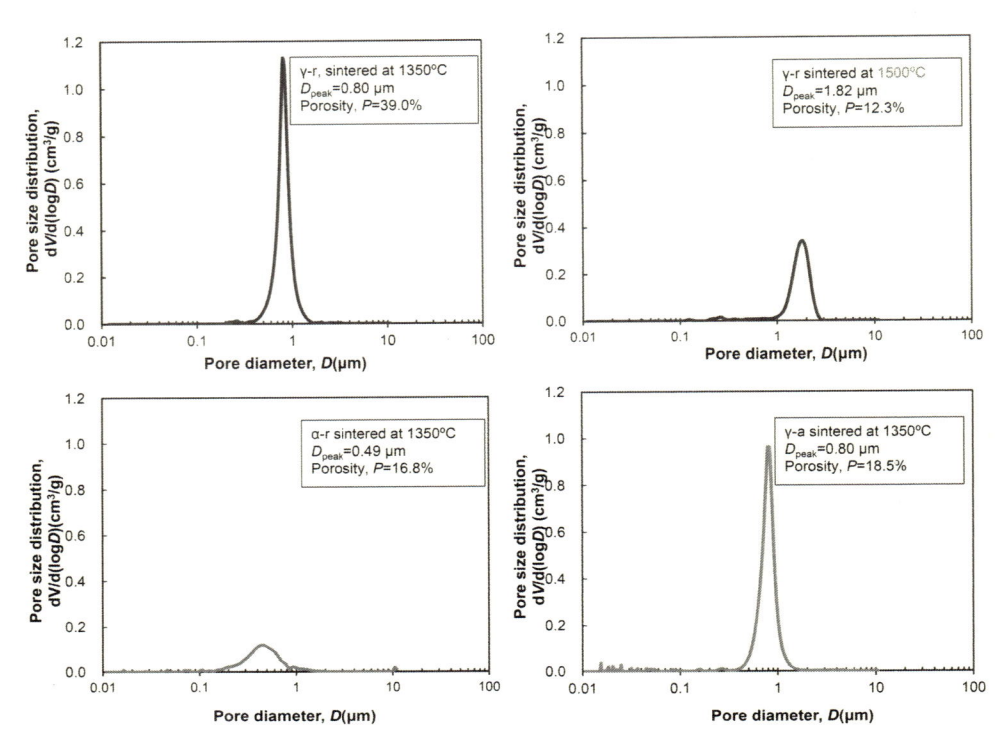

図5 原料および焼結温度を変えた代表的な試料の細孔径分布（水銀圧入法にて測定）
（図の出典：許可を得て文献 13 より転載）。

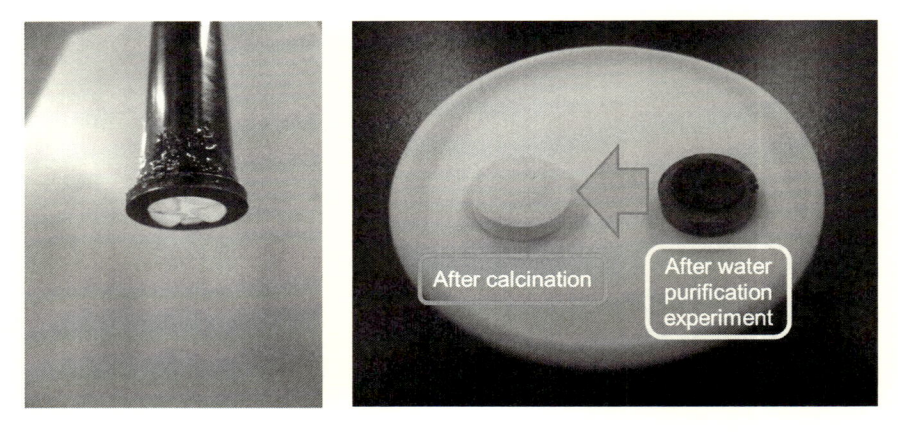

図6 アルミナ源に γ-Al$_2$O$_3$ 粉末，チタニア源に rutile 粉末を用いた反応焼結 Al$_2$TiO$_5$
多孔体（焼結温度 1350℃）
カーボンインク中のカーボン粒子のみがろ過され，真黒なコロイド溶液から透明な水が
分離できる。熱処理により，再生も可能（図の出典：許可を得て文献 13 より転載）。

5　多孔質二チタン酸マグネシウムの微構造制御

二チタン酸マグネシウム（$MgTi_2O_5$）はチタン酸アルミニウム（Al_2TiO_5）と同じく擬ブルッカイト構造をもつ化合物であり，熱膨張異方性が Al_2TiO_5 よりもマイルドであるため熱安定性に優れるという利点がある。$MgTi_2O_5$ の低熱膨張性については，Al_2TiO_5 よりも劣るため，モノリスとしての一体成型は困難であるが，SiC 同様のセグメント分割設計をとれば DPF への適用も可能になるかもしれない。$MgTi_2O_5$ も反応焼結により多孔体を得ることが可能であり，チタニア源のアナターゼとルチル比を変化させることで，連続的に多孔体の焼結前後のサイズ変化を制

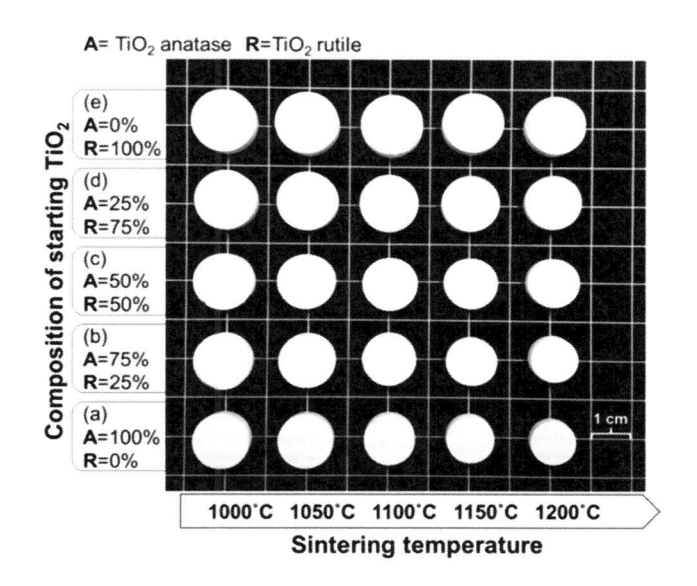

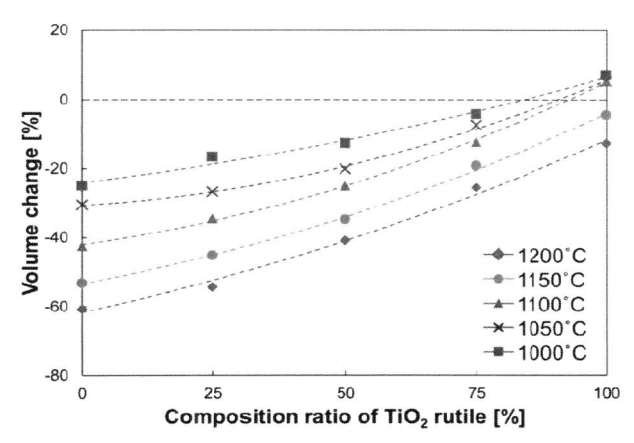

図7　TiO_2 源にアナターゼとルチルを混合して用いる精密反応焼結 $MgTi_2O_5$ 多孔体試料の自在なサイズ制御が可能となり，焼結時の収縮をゼロにすることも可能[14]（図の出典：許可を得て文献 14 より転載）。

御することが可能となる（図7）。筆者らはこのプロセスを「精密反応焼結」と名付けており，二チタン酸マグネシウム以外の多孔体にも順次適応をすすめているところである。

また，角柱状の単純形状ではあるものの，焼結過程でのサイズ変化を熱機械分析法を用いて定量的・リアルタイムにモニタリングすることも可能であり，所望の細孔構造を得るために焼成プロセスを最適化するのに効果を発揮している（図8）。

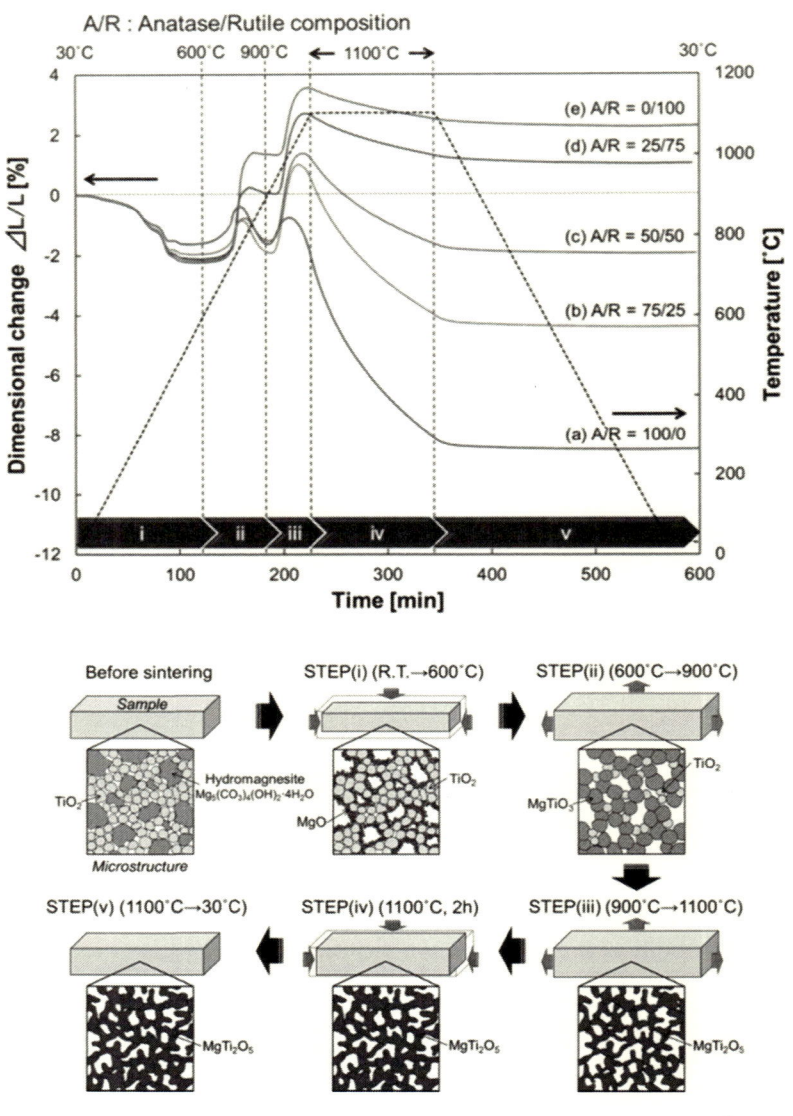

図8　MgTi$_2$O$_5$多孔体の反応焼結過程の動的解析と微構造形成モデル[15]
（図の出典：許可を得て文献15より転載）

6　まとめ

　本稿では，チタン酸アルミニウム系を中心とする第 3 世代の低熱膨張フィルターについて解説した。また，後半では，研究室レベルで検討されている，より微細な細孔をもつフィルター材料について紹介した。なお，本稿の第 2 節の一部については，文献 5 の解説記事に加筆を行ったものである。

文　　献

1)　市川周一，原田　節，浜中俊行，セラミックス，**38**，296（2003）
2)　宮入由紀夫，セラミックス，**45**，805（2010）
3)　山田啓二，セラミックス，**45**，810（2010）
4)　鈴木義和，セラミックス，**45**，834（2010）
5)　鈴木義和，中越悠太，セラミックス，**52**，596（2017）
6)　G. Bayer, *J. Less-Common Metals*, **24**, 129 (1971)
7)　大場　茂，日本結晶学会誌，**38**，201（1996）
8)　L. Pauling, *Z. Kristallogr.*, **73**, 97-112 (1930)
9)　K. Momma and F. Izumi, *J. Appl. Crystallogr.*, **41**, 653-658 (2008)
10)　米屋勝利，安藤元英，セラミックス，**31**，311（1996）
11)　福田匡晃，セラミックス，**40**，483（2005）
12)　根本明欣，岩崎健太郎，山西　修，土本和也，魚江康輔，當間哲朗，吉野　朝，住友化学，**2011**（2），4-13（2011）
13)　T. Hono, N. Inoue, M. Morimoto, Y. Suzuki, *J. Asian Ceram. Soc.*, **1**, 178（2013）
14)　Y. Nakagoshi, J. Sato, M. Morimoto and Y. Suzuki, *Ceram. Int.*, **42**, 9139（2016）
15)　Y. Nakagoshi and Y. Suzuki, *Ceram. Int.*, **43**, 5541（2017）